黄土三维微结构

范　文　邓龙胜　于　渤等　著

科 学 出 版 社

北　京

内 容 简 介

黄土是一种结构性、水敏性和地震易损性非常强烈的岩土类颗粒材料，具有干燥时坚硬、遇水后软化、扰动下强度急剧降低等特殊的工程性质。黄土的宏观物理力学特性和工程性质受其内部微结构特征的影响，主要有颗粒和孔隙的尺寸、形貌、定向，以及颗粒间排列组合与接触关系等。在荷载作用或复杂环境条件下，黄土的物理力学行为与其内部颗粒和孔隙的变化、微结构体系能量耗损和自适应调整能力等息息相关。研究黄土微结构特征及其变化规律有利于更深入地了解黄土的工程性质及其宏观灾变的内在物理机制。本书主要内容包括：黄土微结构研究现状及进展、研究方法和观测技术；基于连续切片技术的黄土三维微结构观测和分析方法；黄土三维微结构指标体系及定量表征；黄土微结构的区域变化规律；剪切荷载作用下黄土微结构特征；水-力作用下黄土微结构演化及微观湿陷机制。

本书可供岩土工程、地质工程领域的工程技术人员，以及高等院校研究生和科研院所科研人员参考。

图书在版编目（CIP）数据

黄土三维微结构 / 范文等著. —北京：科学出版社，2022.6

ISBN 978-7-03-071461-9

Ⅰ. ①黄… Ⅱ. ①范… Ⅲ. ①黄土-结构动力学-研究
Ⅳ. ①TU435

中国版本图书馆 CIP 数据核字（2022）第 023700 号

责任编辑：韩 鹏 张井飞 柴良木 / 责任校对：崔向琳
责任印制：吴兆东 / 封面设计：图阅盛世

科学出版社 出版
北京东黄城根北街 16 号
邮政编码：100717
http://www.sciencep.com

北京九州迅驰传媒文化有限公司印刷

科学出版社发行 各地新华书店经销

*

2022 年 6 月第 一 版 开本：787 × 1092 1/16
2025 年 4 月第三次印刷 印张：9 1/4
字数：213 000

定价：128.00 元

（如有印装质量问题，我社负责调换）

本书作者名单

范　文　邓龙胜　于　渤　魏亚妮

魏婷婷　于宁宇　苑伟娜　常玉鹏

前　言

黄土高原是华夏文明的发源地和走向世界的起点。在我国黄土高原地区，黄土分布十分广泛，是世界上黄土厚度最大、地层最全、沉积也最为连续的区域。该区自然生态环境脆弱、人类工程活动强烈、黄土工程性质特殊，导致地质灾害频发、工程问题严重。随着“一带一路”倡议、黄河流域生态保护和高质量发展国家战略等实施，大量黄土科学和工程问题亟待研究和解决。深刻认识和准确评价复杂环境条件下黄土的物理力学行为，对黄土地区重大工程建设和防灾减灾具有重要意义。

黄土是一种结构性、水敏性和地震易损性非常强烈的岩土类颗粒材料，具有干燥时坚硬、遇水后软化、扰动下强度急剧降低等特殊的工程性质，其中水敏性和地震易损性是外在因素导致其微结构破坏的宏观表现。黄土的宏观物理力学特性和工程性质受其内部微结构特征的影响，主要有颗粒和孔隙的尺寸、形貌、定向，以及颗粒间排列组合与接触关系等。在荷载作用或复杂环境条件下，黄土的力学行为表现与其内部颗粒和孔隙的变化、微结构体系能量耗损和自适应调整能力等息息相关。研究黄土微结构特征及其变化规律既可以探究黄土及黄土类土的形成条件，也可以建立微结构与黄土的水理性质、物理性质和力学性质等工程地质特性的内在关联，同时揭示黄土宏观灾变的内在控制机制。

对黄土微结构的研究，始于20世纪50～60年代。偏光显微镜、扫描电子显微镜、压汞法、计算机断层扫描等观测技术先后被应用于黄土微结构的研究。但受观测精度和技术方法的限制，前期所获得的成果往往是基于定性分析，或基于半定量和定量的二维微结构数据。到目前为止，基于高精度观测的三维微结构研究成果仍然较少。工欲善其事，必先利其器。随着观测精度的提高和技术的进步，以及图像处理技术的发展，以前无法观测和难以获取的微结构指标和参数的定量化成为可能。例如，对于黄土颗粒，现在不仅可以观测和量化其位置及大小，还能确定其扁平度、长短轴、球度等几何形貌特征，以及走向、倾角等颗粒定向参数；对于黄土孔隙，现在不仅能观测确定孔隙比和孔隙尺寸分布，还能量化孔隙的形貌、定向和连通性等。因此，借助最新观测技术和分析方法，系统化和定量化研究黄土三维微结构特征，以及复杂环境条件下微结构演化过程，对于揭示黄土宏观灾变行为的微观机制具有十分重要意义。

我于2010年在美国佐治亚理工学院做访问学者期间，系统学习了David Frost教授关于砂土三维微结构的研究工作。与此同时，我确定了黄土三维微结构定量化的研究思路和内容，于2011年回国后建立了基于连续切片技术的黄土三维微结构研究实验室。由于黄土颗粒以粉粒为主，且颗粒间孔隙尺寸小，在试样制备、连续切片研磨厚度控制等方面都遇到极大的挑战。之后，邀请了David Frost教授、陆烨博士和王梅博士来实验室进行了多次讨论和交流，并带领团队逐步开展相关的研究工作，从观测手段到图像分析方法等诸多方面都取得了很大的突破和进展，极大地拓展了研究问题的深度和广度，无论从基础研究还是应用研究等方面都取得了显著的成效。研究期间，团队成员分别获得了国家自然科学基金重点项目、面上项目和青年项目的支持，取得了一些阶段性的成果。由于黄土微结构研究对黄土性质和灾变机制研究具有重要的意义，越来越多的研究人员开始开展这方面的研究工作，我们有必要把我们多年的研究成果展现给读者，以便读者了解多年来我们在黄土微结构方面取得的研究进展和最新成果，为此撰写了本书。

本书主要内容包括：黄土微结构研究现状及进展、研究方法和观测技术；基于连续切片技术的黄土三维微结构观测和分析方法；黄土三维微结构指标体系及定量表征；黄土微结构的区域变化规律；剪切荷载作用下黄土微结构特征；水-力作用下黄土微结构演化及微观湿陷机制。

各章主要撰写人如下：

第 1 章，范文、于渤、魏亚妮；

第 2 章，范文、魏婷婷、于渤；

第 3 章，范文、邓龙胜、魏婷婷、于宁宇；

第 4 章，魏亚妮、邓龙胜、于宁宇；

第 5 章，邓龙胜、范文、常玉鹏；

第 6 章，魏婷婷、苑伟娜、魏亚妮；

第 7 章，于渤、魏亚妮。

在此特别感谢国家自然科学基金委员会的支持，才能使此项工作顺利开展，研究工作得到了国家自然科学基金(编号：41630634、41877245、41902281、42002285、41807238)的资助。本书凝聚了全体执笔作者和参加该项研究的诸多研究生的辛勤付出，在即将付梓之际，对在本书写作过程中给予帮助的老师和同学表示衷心的感谢。

由于黄土微结构研究的复杂性，加上我们的认识和水平有限，书中很多方面还有待进一步研究和探讨，不足之处在所难免。衷心希望得到相关的学者、专家、技术人员和广大读者的批评和指正，并和大家一起继续深化黄土微结构的研究工作。

范　文

2021 年 7 月

目　　录

第1章 绪　　论

1.1 微结构研究的意义

材料在不同尺度下的特征和行为截然不同却又紧密联系。以地质体为例，沙丘的变迁伴随着无数砂粒间的相互碰撞和相对运动；岩体的破坏起源于其内部微小裂纹的萌生和扩展；土体的物理力学特性取决于颗粒的空间排列和接触模式。对于土体这种天然的碎散颗粒材料，单一尺度的研究往往不足以让人们对其性能形成全面的认识。早在1925年，“土力学之父”太沙基就探讨了黏性土颗粒排列对于其强度的影响，在其后近百年的发展中，无数科学研究不断证明，微结构的深入认识和准确刻画对于揭示土体强度、变形、渗流等宏观性能内在机理的揭示起到至关重要的作用。

土体微结构研究的一个重要特点是对观测技术的依赖性，微观研究的阶段性进展都得益于观测和表征技术手段的发展和更迭。早期的一些重要认识主要基于光学显微镜的直接观察，如Lambe (1953)观察到在海水中沉积形成的黏土具有疏松多孔的“纸牌屋”结构，而淡水中沉积的黏土则具有更加致密的结构。20世纪70年代，扫描电子显微镜(SEM)的发展极大地推动了土体的微结构研究，人们对不同类型土体的微结构认识更加精细、系统和全面，也逐步开始了对土颗粒与孔隙大小、形状、空间定向等微结构要素的定量化研究。此外，X射线衍射(XRD)、压汞法(MIP)、氮吸附法等技术手段都在特定微结构特征的观测上发挥了不可替代的作用。进入21世纪以来，计算机断层扫描(CT)技术发展迅速，目前其观测精度可以达到微米甚至纳米级别，在诸多研究领域都催生出大量的突破性成果。CT技术相比其他技术的特点在于能够对微观结构进行三维无损的表征，在刻画真实的颗粒形貌、空间排列形式以及孔隙拓扑结构等方面表现出显著的优势。例如，学者利用微米CT观测到了荷载作用下砂土颗粒的相对运动以及局部变形(剪切带)的产生和演化过程(Hall et al.，2010)。

如果能够实现在不同外部条件下对微结构的无损、动态和三维观测，那么我们不仅能够揭示其宏观行为的微观机理，甚至可以基于微结构的演化过程建立模型并对宏观性能进行预测。在传统的土力学研究中，我们一般把土体视为连续介质，并基于宏观力学试验的结果建立起唯象的理论模型并应用到工程中。而当局部变形出现时，常规试验测得的应力和应变已经无法准确描述试样内部的真实物理状态。有学者提出了一种崭新的思路，即首先基于CT技术获得土体颗粒尺度的真实力学行为，在此基础上利用离散元数值模拟去研究颗粒间的运动和相互作用，进而通过颗粒材料力学理论以及均匀化思想得到宏观尺度下土体的本构模型(Andrade et al., 2012)。这种思路避开了连续介质的假设，直接以真实的微结构演化过程为依据，在建立更真实的土体力学行为模型方面具有很好的研究前景，并且在砂土相关研究中已经取得重要进展。

本书的研究对象——黄土，是一种典型的结构性土(陈存礼等，2006；骆亚生和张爱军，2004；邵生俊等，2004)，天然或干燥状态下具有很高的刚度和强度，而一旦浸水则其力学性能显著劣化，因此在黄土地区滑坡、崩塌、湿陷等地质灾害极为发育。黄土微结构的观测在其宏观行为内在机理揭示方面扮演着不可或缺的角色。例如，高国瑞(1980a，1980b)、雷祥义(1987，1989)、胡再强等(2000)研究了我国不同地区黄土湿陷性与微结构之间的联系；杨运来(1988)、Jiang 等(2014)研究了不同类型孔隙在湿陷过程中的演化特征等。目前虽然我们从微观已经能够定性地解释一些现象，但在基于真实黄土微结构建立其与宏观力学行为定量联系甚至建立模型方面仍然任重而道远(蒋明镜，2019；李晓军和张登良，1998；谢定义和齐吉琳，1999)。实现上述目标的前提是能够对黄土三维微结构进行准确、定量地表征，进而对荷载等因素作用下微结构的演化进行有效观测，因此，作者团队近些年针对黄土三维微结构的观测和表征开展了一系列探索性的工作，研究涉及观测方法、制样技术、定量指标体系构建等多个方面，取得了一系列阶段性的成果，将在本书中进行详细介绍和总结。

1.2　黄土微结构的探索历程

回顾黄土微结构研究的发展历程可以发现，一些重要的阶段性进展无不得益于观测技术的进步以及新方法的涌现。鉴于此，这里以黄土微结构研究采用的技术方法为主线，将时间轴大致分为三个阶段，对黄土微结构探索历程进行简要地回顾和总结。

第一阶段(20 世纪 50～70 年代)，人们主要采用光学显微镜对黄土微结构进行观察。例如，张宗祜(1964)利用偏光显微镜对黄土中一些较大的骨架颗粒形貌进行了观测和简单地分类；朱海之(1963，1964，1965)通过油浸光片法在偏光显微镜下观测了黄土孔隙形貌。受制于观测精度以及试样制备技术的限制，观测结果仅局限于一些初步的定性认识，距离黄土真实微结构的表征尚有距离，难以准确反映颗粒接触、孔隙连通性等微结构特征，更难以用定量的手段对微结构参数进行分析，因而在科学研究和工程上的应用极为有限。一些国外学者用假想的规则形状来描述黄土的颗粒，通过蒙特卡罗方法研究颗粒的排布形式，进而预测其宏观力学行为(Dibben et al.，1998a)，这与微观真实的物理过程也相去甚远。

第二阶段(20 世纪 70～90 年代)，扫描电子显微镜(SEM)、压汞法(MIP)等观测技术开始被广泛应用于黄土的微结构研究中。相比于光学显微镜，扫描电子显微镜可以实现从数十倍到数十万倍的放大倍数，能够对黄土中更小尺度的微结构要素(如黏粒、胶粒等)进行观测，进而能够对颗粒间的联结和接触特征进行识别和分类(高国瑞，1980a，1980b；雷祥义，1989；王永焱和滕志宏，1982；王永焱等，1982)。压汞法的优势在于可以获得有限体积样品内从几十纳米到几百微米不同孔径的孔隙分布，进而可以对不同地区、地层和加载条件下黄土试样内的孔隙分布变化开展定量的分析(雷祥义，1987，1989；杨运来，1988)。SEM 和 MIP 观测技术和制样方法成熟，至今仍大量应用于黄土微结构研究中。

第三阶段(20 世纪 90 年代至今)，精度更高、功能更强大的微观尺度观测技术手段大量涌现，尤其是计算机断层扫描(CT)技术，相比于 SEM、MIP 等手段最大的技术优势是其具有三维、无损、动态的特点，即可以在不损坏观测样品的基础上进行三维成像，并能够对同一试样在不同的变形阶段进行微结构的观测(Hall et al., 2010；王慧妮和倪万魁，2012；Fonseca et al., 2013；Cheng and Wang, 2018)。对于黄土来说，能够观测到的结构特征与所采用的空间分辨率(即观测精度)直接相关。例如，医用或工业 CT 的空间分辨率一般为毫米尺度，在该尺度下能够观测到较大黄土试样在荷载作用下内部裂隙产生以及试样崩解的过程(陈正汉等，2009；雷胜友和唐文栋，2004；蒲毅彬，2000)；若分辨率达到几十微米，黄土内部的根孔以及微裂隙网络则能够被有效观测到(Li et al., 2018, 2019a)；采用几微米及亚微米尺度的空间分辨率，则可观测到黄土内部的骨架颗粒以及粒间孔隙的空间分布。同时借助相应的图像处理和数据分析技术能够对上述结构特征及演化过程进行定量的表征(Deng et al., 2021；Wei et al., 2019a, 2019b；Wei et al., 2020a, 2020b；Yu et al., 2020, 2021；Zhang et al., 2020；李汉彬，2019；魏婷婷，2020；魏亚妮，2020；常玉鹏，2021)。这一阶段学者对于黄土不同尺度的微结构进行了更深入地分析，人们对黄土微结构的认识得到了极大的拓展，这为揭示黄土力学行为的内在机理和建立黄土微观力学模型打下重要基础。

1.3 研究现状及进展

1.3.1 黄土微结构表征

目前，黄土微结构研究主要涉及对黄土颗粒及孔隙大小、形貌等的观测分析和表征，进而在此基础上对黄土微结构的特征和类型进行总结和分类并与宏观性质建立联系。本节从黄土微结构的颗粒和孔隙两个方面针对黄土微结构的观测和表征研究作简要的回顾。

1) 颗粒

颗粒是黄土体最基本的构成单元，颗粒的级配分布直接决定了黄土的类型，颗粒的几何特征、联结方式直接影响黄土的强度、变形等宏观物理力学性质。黄土的颗粒按照粒径来说一般包含粉粒(5～75μm)和黏粒(小于 5μm，国际上常作小于 2μm)，一些地区的黄土也含有一定的细砂颗粒。黄土中的粉粒通常占比 70%以上，而根据不同粒组颗粒的相对含量，黄土可以分为砂质黄土(sandy loess)、粉质黄土(silty loess)和黏质黄土(clayey loess)，这些不同类型的黄土往往表现出基本物理力学特性的差异(Gibbs and Holland, 1960；Pye, 1984)，这可能是最早建立的黄土颗粒与宏观性质的联系。黄土颗粒尺寸跨度很大，形貌差异显著，在黄土微结构的构成上也扮演着截然不同的角色。

粉粒是构成黄土固体骨架的基本单元，有时也称为骨架颗粒(一些地区的黄土中黏粒构成的集粒亦可作为骨架颗粒存在)。这些粉粒的矿物成分由母岩决定，以石英和长石为主，在复杂的搬运过程中形成了多样的尺寸和形貌特征，而这些特征又对黄土沉积过程中所形成的颗粒排布具有重要影响，进而影响着黄土在荷载以及水等因素作用下的力学行为(Krinsley and Smalley, 1973；Smalley and Cabrera, 1970；Dijkstra et al., 1994；高国瑞，1980a, 1980b；王永焱和林在贯，1990；徐张建等，2007)。对于黄土骨架颗粒形状的研究由来已久，一般来说，尺寸较大的粉粒和少量的砂粒会呈浑圆状和块状，随着尺寸的减小则更多地表现出棱角状的特点。很多学者对于黄土骨架颗粒的不同形状进行了分类和命名，但是不同的形状类别之间往往没有清晰的界限，因而颗粒形状种类的数目和名称往往具有一定的主观性。例如，我国学者张宗祜(1964)通过对 0.01mm 以上粒径黄土颗粒的光学观测将颗粒形状分为四种：棱角状、半棱角状、半圆磨状和圆磨状；英国学者 Smalley(1966)利用 Zingg 分类法(Zingg, 1935)根据颗粒三个正交方向的特征长度，将颗粒分为片状(disc)、球状(sphere)、刃状(blade)和柱状(rod)，并指出黄土中骨架颗粒以刃状为主并给出了典型的特征长度比(Rogers and Smalley, 1993)。上述分类和表征方法能够对黄土颗粒形状进行定性或者简单的定量描述，但对于精确地构建黄土三维微结构定量模型是不够的。事实上，学者针对不规则颗粒形状提出过一些更系统的定量表征方法。例如，Santamarina 和 Cho(2004)指出从颗粒形貌的不同尺度层级可以用不同的指标来描述：球度(sphericity)用来描述颗粒整体的形状，圆度(roundness)用来描述颗粒局部棱角程度，而光滑度(smoothness)则用以描述颗粒表面的粗糙程度；Blott 和 Pye(2008)对现有颗粒形状表征方法进行了总结，进而通过考虑颗粒的细长率(elongation)和扁平率(flatness)将颗粒形状分为 25 类。需要指出的是，上述研究主要是以对砂土甚至碎石等粒径较大的颗粒开展大量三维形貌观测为基础的，对于黄土的适用性有限。这是因为，一方面目前其骨架颗粒三维形貌的观测数据还很有限，另一方面黄土颗粒的某些特征(如表面粗糙度)受到观测手段限制很难获得。因此，如何在现有的颗粒形状定量表征方法基础上，针对黄土骨架颗粒形状提出一个客观、全面的定量指标体系将是下一阶段研究的主要任务之一。除了大小和形状，黄土骨架颗粒的空间定向性也是一个重要的指标，一方面能在一定程度上反映颗粒的搬运过程，另一方面也是一些黄土具有各向异性结构的重要原因，使其在不同的加载方向下表现出差异显著的力学行为(Matalucci et al., 1969, 1970a, 1970b)。近年来，作者团队利用连续切片方法、微米 CT 扫描等手段和图像处理分析技术，针对黄土开展了大量的三维微结构的观测和分析，实现了对绝大多数骨架颗粒进行有效的三维重构和定量表征，并提出了包含颗粒大小、形貌以及定向性等特征的定量指标体系(Deng et al., 2020, 2021；Wei et al., 2019a, 2019b；Wei et al., 2020b；Yu et al., 2020)。

黏粒在黄土中占有的组分相对于粉粒较少，成分既有高岭石、伊利石、蒙脱石等黏土矿物，也有一部分风化、搬运过程中产生的石英、长石等。黏粒物理性质复杂、赋存形式多样，对黄土的物理力学性质起到非常重要的作用。黏粒除了通过胶结形成一些尺寸较大的集团(集粒)作为骨架构成单元外，更重要的是作为一些特殊的结构(通常有碳酸钙的参与)起到连接和固定骨架颗粒的作用。这些结构在遇水时会导致胶结强度降低，这是大多数黄土具有强烈的水敏性和湿陷性的内在原因(刘东生，1966；杨运来，1988；Barden et al., 1973；Klukanova and Sajgalik, 1994；Liu et al., 2016)。除此之外，渗透过程中黏粒的膨胀会改变有效的渗流通道，从而影响土体的渗透特性(Tan, 1988)。黄土中的黏粒结构可以概括为几种典型的形式(Derbyshire and Mellors, 1988；Klukanova and Sajgalik, 1994)：胶膜(coating)、桥接(bridge)和支托(buttress)。胶膜指黏粒胶结在较大的颗粒表面形成的，将颗粒完全或部分包裹一层“膜”或“壳”，由于黏粒间的库仑力作用以及水分的存在，胶膜能够在一定程度上加强颗粒间的连接；桥接指黏粒在骨架颗粒接触位置形成的连接结构，其具体的构成方式直接决定了颗粒间的胶结牢固程度(Grabowska-Olszewska, 1988, 1989；Phien-wej et al., 1992)；支托则指黏粒在颗粒间聚集形成的相对较大的不规则结构，又称为“凝块”(高国瑞，1980b)，与骨架颗粒之间大多形成面面接触，甚至有时看似骨架颗粒嵌入在黏粒基质中，对颗粒的支撑作用相比桥接也更加有效，因此黏粒含量多的黄土往往性质相对更加稳定。目前，人们通过研究对黏粒在黄土中的赋存状态以及在黄土遇水破坏过程中所起到的作用都有了较为全面的认识，但这些认识基本停留在定性层面并且依赖一定程度的假设，由于一些原因，对于黄土中黏粒进行三维的定量表征还有很大难度。首先，完好试样内部的黏粒尺寸太小，其三维结构极难观测；其次，黏粒之间的库仑力、范德瓦耳斯力和一定湿度下的表面张力等相互作用极难测量和量化；再者，不同黏土矿物颗粒在遇水时表现出不同程度的膨胀和散化等过程也对观测方法提出了很大挑战。因此，对于黄土中黏粒及其行为更深入的研究必须借助更加先进的观测和表征技术。

2) 孔隙

孔隙是黄土中骨架颗粒和胶结物等固体成分以外的空间，孔隙的数量、尺寸分布、连通性等直接决定了黄土持水和渗透特性，同时对湿陷、压缩等工程性质也有显著影响。

黄土以疏松多孔著称，孔隙比可达 0.8～1.2(孙建中，2005)。黄土中包含了尺度从纳米到毫米甚至更大的孔隙，这里我们不妨根据肉眼可见与否将黄土孔隙划分为宏观孔隙和微观孔隙。宏观孔隙包含根孔(0.3～4mm)、虫孔(0.5～5mm)、鼠穴(大于 5cm)、节理裂隙、溶蚀孔洞(1～1.5cm)等(雷祥义，1987)，基本都属于肉眼可见范围，除根孔外(可形成复杂网络，影响渗透特性)(Li et al., 2018, 2019b)，上述宏观孔隙一般不在黄土微结构的研究范畴之内。微观孔隙则指那些由于颗粒空间排列产生的、肉眼看不见的孔隙，绝大多数微观孔隙尺度在 0.1 mm 以下，黄土在荷载和水作用下产生的变形主要由微观孔隙的减少导致(杨运来，1988)。由于黄土颗粒本身粒径跨度比较大，其内部的孔隙尺寸也差异显著，而颗粒复杂的排列和连接形式也使黄土孔隙具有极其复杂的结构和形貌，本书讨论的黄土“孔隙”为这里提到的微观孔隙。骨架颗粒之间的孔隙称为粒间孔隙(inter-particle pore)，根据颗粒不同排列又可分为架空孔隙和镶嵌孔隙，黏粒形成胶结物内部的孔隙则称为胶结物孔隙(intra-aggregate pore)(高国瑞，1980b；雷祥义，1987)。上述两类孔隙对应着压汞法获得的孔隙分布曲线的两个独立峰，研究表明在湿陷前后粒间孔隙发生显著改变，而胶结物孔隙则几乎不受影响(Ng et al., 2016；Shao et al., 2018；Wang et al., 2019)。

除了成因和形貌，很多学者根据孔隙的大小对其进行分类，这样做的好处是能够对不同孔隙进行量化地描述和对比，但需要指出的是，这样的分类具有一定的主观性并且易受到观测手段和表征指标(即用什么来描述“大小”)的影响。例如，雷祥义(1987)采用压汞法获得了不同地区和地层的孔隙尺寸分布，将孔隙分为大孔隙(大于 16μm)、中孔隙(4～16μm)、小孔隙(1～4μm)和微孔隙(小于 1μm)。从原理上来说，压汞法只能够测量土体内部“通道”的孔径大小，如果一个较大的孔隙(如架空孔隙)仅通过若干狭窄的通道与外界连接，那么该大孔隙所占体积在压汞结果上仅能反映在这些通道的孔径大小上，其真实大小则无法测得，这是压汞法的一个典型特点，又称为“墨水瓶效应”(ink-bottle effect, Moro and Böhni, 2012)。另一种广泛采用的黄土孔隙观测手段则是扫描电子显微镜(早期学者亦采用光学显微镜)，该种方法能够获得孔隙的微观图像，借助图像处理方法可以直接对孔隙形貌进行观察和定量描述(李喜安等，2018；赵景波和陈云，1994；王梅，2010；张伟朋等，2018；张晓周等，2019)。Li 和 Li(2017)则基于扫描电镜对黄土试样进行切片观测，在对孔隙进行分割的基础上，根据孔隙的等效直径也将孔隙分为大、中、小、微四种孔隙，而他们用于分类的尺寸界限与雷祥义(1987)的完全一致(即 1μm，4μm 和 16μm)，而前者的分析结果中大孔隙所占比例远大于后者，这充分表明了对于大孔隙，压汞法结果反映的仅是连接大孔隙的通道孔径大小而非孔隙真实大小，也印证了不同观测和表征方式对孔隙分布结果的影响。

在未来的研究中，如何针对特定的问题，更合理地对黄土孔隙进行观测和表征将是一个重要的课题。近年来，微米 CT 等三维无损观测技术的发展为黄土孔隙的表征提供了新的手段，学者利用该技术对于黄土孔隙的三维定量表征以及其在荷载作用下的演化取得一系列成果(魏婷婷，2020；魏亚妮，2020；延恺等，2018；Wei et al., 2019b, 2020a)，研究发现，相比孔隙的尺寸，不同形貌和连通性的孔隙在黄土变形过程中表现出截然不同的特性(详见本书第 7 章)。此外，借助无损观测手段发现，黄土中的黏粒在水的作用下发生显著的膨胀与散化，造成较小孔隙通道的缩小甚至闭合，这是借助压汞法或扫描电镜难以观测到的(Yu et al., 2021)。

1.3.2　黄土微观灾变机制

黄土微结构研究的目的在于揭示其宏观行为的内在机理，进而对宏观灾变进行有效预测。目前，黄土微观灾变机制的研究主要集中在微结构与强度、变形等宏观力学性质，以及与湿陷、震陷、冻融等工程特性的定量关系方面。

在黄土微结构与宏观力学性质关系研究方面，Hu 等(2001)通过研究强夯作用下黄土剪切行为及微观结构变化提出，抗剪强度基本受其微观结构状态的控制，颗粒分布的不均匀性、颗粒取向的改变和微结构的损伤是引起剪切强度变化的主要原因。王梅和白晓红(2006)利用扫描电镜对强夯前后不同深度土样微结构进行定量分析，发现大量架空孔隙在夯击作用下变为镶嵌孔隙，大于 20μm 的孔隙含量减少，小于 5μm 的孔隙含量增加，黄土湿陷性消失。谷天峰等(2011)对循环荷载作用前后 Q_3 黄土的孔隙面积、孔径、圆度、形态比等参数进行对比分析，结果表明循环荷载作用下的变形主要由大孔隙的破坏引起，孔隙原有的定向性也随之改变；动应力作用下，大孔隙数量减少，土颗粒发生转动，排列逐渐密实，接触关系由点接触变为面接触。Li(2013)制备不同粒径级配的土样，开展直剪试验，研究土体颗粒形状和尺寸对抗剪强度的影响，认为大颗粒占比较大的土体内摩擦角越大，提出了利用大颗粒比例和颗粒形状系数估算内摩擦角的公式。Wen 和 Yan(2014)通过电镜扫描和非饱和土三轴剪切试验，对比分析原状和重塑黄土剪切带内孔隙分布的变化和颗粒间接触的变化，证明剪切强度降低主要由剪切带颗粒之间黏结的断裂引起。Jiang 等(2014)基于压汞法和扫描电镜对比研究了三轴剪切条件下原状黄土与重塑黄土的微结构演化规律，强调了颗粒胶结对土体宏观强度与变形的重要影响。韦雅之等(2021)研究了微细观结构特征对非饱和 Q_3 黄土强度特性影响效应。

在黄土微结构与湿陷机理关系研究方面，高国瑞(1980b；1990)提出粒状、架空接触结构湿陷性最强。雷祥义(1987)认为黄土中的大(>32μm)、中(8～32μm)孔隙是湿陷的主导因素，并提出把大、中孔隙含量作为评价黄土湿陷性指标，当该含量大于 40%时，可初判为湿陷性黄土。Rogers(1995)提出有棱角以及分选性较好的颗粒更容易形成易破坏的亚稳态结构，进而影响黄土的湿陷性。胡瑞林等(1999)等基于土体微观结构定量分析系统，研究了太原黄土湿陷系数与不同结构参数的相关性，结果表明除孔隙大小分维和孔径之外，粒度、颗粒分布及定向、表面起伏、接触带分布等结构参数均与湿陷系数存在统计意义上的相关性，进而得出“大孔隙是黄土湿陷的主导因素”的说法难以成立。蒲毅彬(2000)利用CT 技术对单轴、三轴、渗水及综合作用下的黄土试样进行扫描，研究发现黄土浸水后，水分分布于毛细孔隙中形成渗透通道，最终使土体结构瓦解，导致湿陷。雷胜友和唐文栋(2004)开展了原状黄土三轴剪切、浸水湿陷过程的 CT 扫描，发现湿陷后 CT 图像更加均匀，说明湿陷过程中微结构发生根本性破坏，形成新的结构，而肉眼可见的大孔隙在剪切湿陷过程中调整不明显，与湿陷性没有必然联系。Wang 和 Bai(2006)、Wang 等(2010)建立孔隙面积比与湿陷系数之间的对数关系。孙强等(2008)、高凌霞等(2012)基于微结构参数开展黄土湿陷性评价。方祥位等(2013)对陕西蒲城电厂 Q_2 黄土浸水前后试样的微结构参数进行对比，结果发现浸水后孔隙(颗粒)的面积比、定向度、圆形度及分布分维等参数减小(增大)。一些学者通过分析湿陷过程中颗粒形态、定向以及孔隙大小、孔隙面积等参数的定量变化，并结合黄土中物质成分分析，提出黄土湿陷机理(Li et al., 2019a；Li et al., 2019c；Li and Li, 2017；Liu et al., 2016)。

在黄土微结构与震陷、冻融机理关系研究方面，陈永明等(2000)通过对 1995 年永登地震震陷现场的考察，结合室内震陷试验以及黄土微结构的观测对比提出，黄土震陷产生的机理为地震力剪切作用下孔隙结构破坏，在重力和压力作用下振动质密所致。王兰民等(2007)通过扫描电镜获取黄土中架空孔隙面积的定量化数据，结合相关原理，建立黄土震陷系数的计算公式，提出黄土震陷过程中应力-应变发展的 5 个阶段，认为黄土震陷是由于不同大小的架空孔隙不断破坏而导致的多个突变过程的最终宏观结果。裘国荣等(2010)研究了黄土震陷过程中孔径、连通性及颗粒定向等参数的定量变化，并建立其与动应力的对应关系。邓津等(2013)根据黄土的微观结构及震陷性大小，将我国中西部黄土微结构划分为五种类型，其中永登、定西以及兰州部分地区的冷干慢速降尘弱成壤型黄土震陷性最强。倪万魁和师华强(2014)研究了洛川黄土反复冻融作用下微结构和强度的变化规律，反复冻融使黄土颗粒原始胶结逐渐减弱，颗粒间接触点增多，黏聚力不断降低，内摩擦角不断增大，抗剪强度与重塑黄土接近。叶万军等(2018)以延安市黄陵县黄土为研究对象，开展了类似研究。王谦等(2020)研究了冻融作用下兰州饱和黄土的液化特性。

1.4　现有研究不足

随着先进的观测技术以及分析手段的涌现和普及，学者对于岩土类材料微结构的研究热情空前高涨，人们对于黄土微结构的认识得到了极大的加深，然而从现阶段黄土微结构的研究水平、最终目的以及研究手段来看尚存在一些亟待解决的问题，需要在未来的研究中进行逐一攻克。

(1) 对黄土三维微结构的体系化认识仍然需要更全面的观测数据。目前对黄土三维微结构的观测技术手段和图像分析技术日臻成熟，黄土微结构的定量指标体系也基本建立，然而，要通过微结构的角度来阐明不同地区、不同地层以及不同加载状态下黄土的强度、变形、渗流等宏观行为仍然任重道远。黄土的微结构要素众多，因此在探讨微结构特征与宏观特性的因果关系时很难实现单一变量的精准控制。以黄土的湿陷性为例，研究表明颗粒级配、空间排列以及胶结种类都起到重要作用，但哪些因素起到主要和次要作用是很难判断的。要解决这些问题势必要对不同类型的黄土样品开展大量的观测，形成一个相对全面、系统的三维微结构信息数据库，进而通过多变量分析甚至借助基于大数据的人工智能方法，以明确单一微结构要素对于黄土宏观特性的定性和定量的控制作用。

(2) 建立黄土微观结构与宏观性能的定量联系仍是一大科学瓶颈。微观研究的最终目的在于解释宏观行为的内在机理以及预测不同条件下的宏观响应。目前的微结构研究已经能够对一些实验现象做出解释，但是仍然难以将微结构的定量参数通过严谨的方法转化成用于宏观问题的理论模型。在建立微观与宏观之间的联系方面，针对砂土的研究已经取得重要进展。例如，学者已经能够根据微观观测到的微结构数据，并利用离散元等数值方法建立宏观尺寸的模型，计算结果与试验结果得到很好的吻合(Andrade et al., 2012)。对于黄土这种材料，其远比砂土更复杂的微结构特征使得目前仍然难以用上述方法建立足够真实、客观的宏观尺度模型，黏粒间的相互作用、不同含水率下的接触强度等因素目前都难以从微结构的观测中获得。此外，黄土作为细粒土，宏观尺度模型包含的颗粒数量也是惊人的，这对计算机的存储和计算能力都提出了非常严苛的要求。因此，作者认为在微观结构建立宏观模型的过程中，势必要对庞杂的微结构要素进行合理地简化，而具体简化哪些要素以及如何简化都将是未来建立宏观模型的重要课题。

(3) 颗粒间胶结结构的物理化学性质表征将是黄土微结构研究的重要补充。黄土的特殊性在很大程度上是由其颗粒间复杂的胶结方式及其在加载、浸水条件下的演化模式决定的，而仅仅对黄土三维微结构进行几何层面的刻画显然是不够的。学者通过研究发现，黄土的湿陷性在采用不同溶液浸润时表现出显著的差异(关文章，1986；杨运来，1988)，因而即使对于相同或者相似的几何微观结构，胶结处的盐类以及矿物的种类都能够对宏观性能产生重要影响。可见，事实上颗粒间胶结的物理化学性质也应纳入黄土微结构的探讨范畴之内。因此，在对黄土三维微结构精细观测的基础上，还必须有针对性地开展一系列的物理化学实验，以厘清不同盐和矿物对颗粒间连接强度的影响效应，最终才能全面地认识黄土微结构对于宏观特性的决定性影响。

第 2 章　黄土微结构研究方法和观测技术

2.1　黄土微结构的研究方法

土承载着绝大多数的建筑和土木结构，亦可作为一种天然材料用于一些工程建设，人们往往要根据土的渗透特性、变形特性、强度特性等开展有针对性的工程结构设计，从而避免或者控制可能发生的材料破坏和结构失稳。在工程设计中，土被视为具有特定宏观特性的连续介质，其特性一般通过场地或室内试验获得并作为参数代入相应的本构模型或对模型进行修正。然而，不同种类的土体工程性质差异极大，同一种土体在复杂加载、多场耦合等特殊条件下的行为亦难以用宏观的唯象模型进行准确描述。土本质上是一种颗粒材料，不同类型土的颗粒尺寸涵盖了从米到纳米的区间范围，颗粒的级配、几何形貌、空间排布以及胶结方式等都对土的宏观性能起到决定作用，颗粒以及胶结物质的化学成分往往也对土的行为产生显著影响。土的这些微结构要素对揭示宏观特性内在机理至关重要，也有助于针对土复杂条件下的行为进行一定程度的预测。近年来，土的微结构研究借助于观测和分析方法的进步不断取得重要进展，人们对于不同种类土的微观特征的了解也更加深入。

黄土作为一种第四纪风成松散沉积物，其骨架主要由粉粒构成，粉粒之间通过黏土矿物以及碳酸钙等构成的复杂介质相互胶结。众所周知，大多数黄土具有显著的水敏性和湿陷性，而黄土微结构研究则是揭示黄土特性内在机理以及预测其宏观行为的关键所在。与砂土和黏土不同，黄土的颗粒尺寸跨度大，颗粒的接触方式和空间排布结构多样，具有独特且极其复杂的微结构特征。这就要求在研究黄土的微结构时，必须面向研究目标锁定微结构要素，进而选取有针对性的观测技术和分析手段。作者团队经过多年的探索，形成了一套针对黄土微结构的系统研究方法，深化了对不同微结构要素的认识，并在此基础上提出了黄土微结构的指标体系和定量化模型。我们采用的黄土微结构的总体研究思路和方法如图 2.1 所示。

在开展微结构研究之前，首先应明确要分析哪些微观机理或预测哪些性能(如湿陷性、渗透性等)，进而确定通过微结构研究需要表征哪些参数、提取何种模型，在此基础上选取相应尺度的微结构观测方式以及具体设备，最后根据观测方式确定试样尺寸和制样方法，概括起来就是分析→表征→观测→制样。而在确定研究方案后开展具体工作时，环节顺序则与研究思路流程相反，即制样→观测→表征→分析，最终实现预定的研究目的。

以黄土湿陷性为例，微结构研究要解决两个核心问题：黄土“如何”和“为何”湿陷。要研究黄土在微观尺度“如何”湿陷的问题，就必须考察在湿陷过程中颗粒排布和孔隙分布等微结构要素的演化以及相关参数的定量变化。这些特征和参数的获得可以通过对湿陷前、后的两个不同试样的微结构观测获得，也可以通过对同一试样在湿陷不同阶段的微结构观测获得，前者属于“静态”观测方式，而后者属于“动态”观测方式。一般通过静态观测获取的主要是统计学意义上的微结构参数，可以通过 SEM、MIP、微米 CT 等多种具体观测技术实现；动态观测能够实现同一试样内部颗粒或孔隙的跟踪，只能通过三维、无损的微米 CT 技术实现，但需要借助对微型试样进行加载的试验设备。对黄土“为何”湿陷的问题，则必须将重点放在颗粒间胶结结构以及胶结物质化学成分上。颗粒间的接触部分相比颗粒(粉粒)本身的尺度更小，因此分辨率更高的 SEM 相比微米 CT 能够对胶结结构进行更加精细地观测；而胶结物质化学成分的分析则要借助 X 射线衍射(XRD)技术进行测定。不同的微结构观测技术对试样的尺寸和制备技术往往提出不同的要求。例如，采用 SEM 或 MIP 方法观测或测试的试样一般具有 1cm 左右的尺寸，在试验前需要干燥处理；而采用微米 CT 观测的试样若要实现微米级的分辨率，土样的尺寸则不超过几毫米，制备过程中可能会产生一定的扰动，但无须干燥处理。

总之，微结构观测方案的确定必须以研究目标为导向，依次确定表征参数、观测技术以及制样方法各个环节，再按流程开展工作并最终实现预期目标。

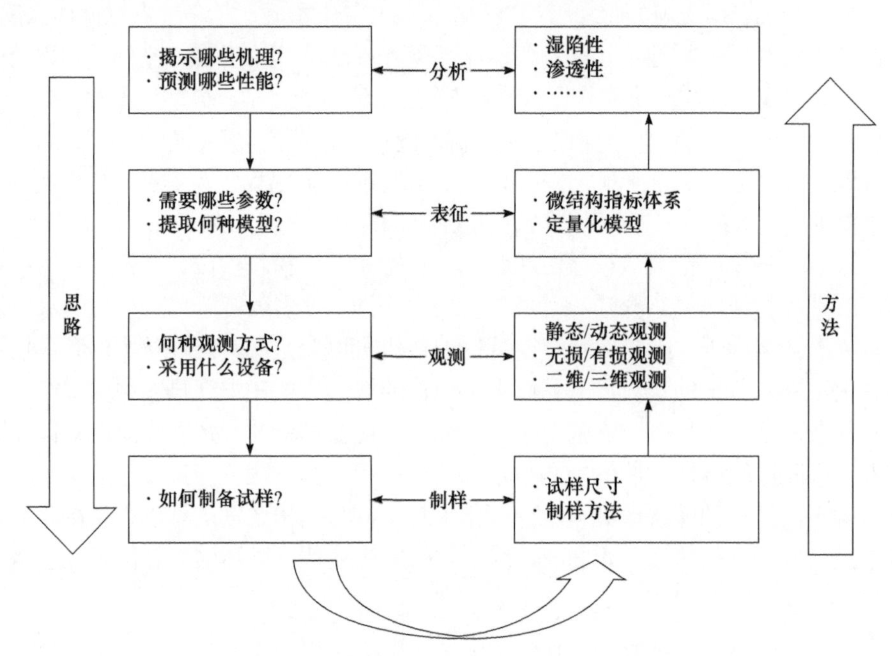

图 2.1 黄土微结构的总体研究思路和方法

2.2 主要观测技术

土体微结构研究对观测技术的依赖性较强，很多微观研究的阶段性进展都得益于观测技术的发展和更迭。目前，土体微结构观测技术多种多样，每一种观测技术有其自身的优势和局限性，不同的观测技术对试样制备也有不同的要求。本节主要介绍几种常见的微结构观测技术及其在黄土微结构研究中的应用。

2.2.1　偏光显微镜

偏光显微镜(polarizing optical microscope)主要特点是将普通光改变为偏振光进行镜检，以鉴别某一物质是单折射或双折射，凡具有双折射的物质，在偏光显微镜下均可清楚分辨。双折射是晶体的基本特征，目前，偏光显微镜被广泛应用于地质学、化学及生物学等领域的微观研究。

1) 观测目标及制样要求

对土体而言，偏光显微镜一方面可用于观测土体中的颗粒及孔隙的大小、形态、颗粒之间的胶结特征及颗粒组合排列方式等；另一方面可根据矿物的晶形、解理、形态以及颜色等对矿物进行鉴定。偏光显微镜放大倍数一般在数十倍至数千倍之间，可有效识别毫米级至微米级的目标。所观测试样需要制备成岩石薄片。

2) 偏光显微镜在黄土微结构研究中的应用

二十世纪五六十年代，偏光显微镜技术成熟发展并逐渐被引入黄土微结构研究中。如张宗祜(1964)在偏光显微镜下观察甘肃、宁夏、陕西、山西等地区黄土类土的颗粒成分、颗粒形态、颗粒接触关系、孔隙特征以及胶结特征等[图 2.2(a)]，并将我国黄土类土概括为七种显微结构类型。朱海之(1965)对张宗祜的分类方法做了简化，将在偏光显微镜下观察到的黄土微结构划分为接触胶结、接触-基底胶结和基底胶结三种类型。

也有一些学者利用偏光显微镜对黄土中的矿物进行鉴定，如钱亦兵和叶玮(2000)利用偏光显微镜对伊犁地区黄土和古土壤的微结构及矿物类型进行对比研究，提出黄土中粗颗粒矿物以石英、长石和原生碳酸钙为主，而古土壤中矿物蚀变现象明显。谢巧勤等(2008)利用偏光显微镜对黄土中的磁性矿物进行了研究[图 2.2(b)]。

随着微结构观测技术的不断发展更新，偏光显微镜在精度上已难以满足研究所需，且由于制样复杂，其在黄土微结构研究中已较少采用。

(a) 宁夏固原黄土类土偏光显微照片(张宗祜，1964)

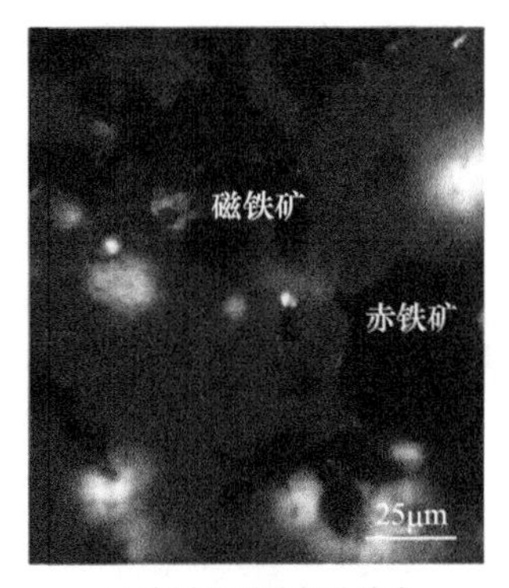

(b) 洛川S5磁选部分偏光显微照片(谢巧勤等，2008)

图 2.2　偏光显微镜扫描照片

2.2.2　扫描电子显微镜

扫描电子显微镜(SEM)利用样品室中的探测器收集发射电子与试样相互作用后产生的信息(如二次电子和背散射电子等)达到成像目的。从试样表面逸出的二次电子经光电倍增管和视频放大器等转化为试样表面的形貌图(洪宝宁和刘鑫，2010；余凌竹和鲁建，2019)。扫描电子显微镜分辨率高、放大倍数范围广，观测样品景深大，成像直观、立体感强。目前，扫描电子显微镜已被广泛应用于地球科学、生命科学、材料学等领域的微观研究。

1) 观测目标及制样要求

对土体而言，扫描电子显微镜可观测颗粒、孔隙及颗粒间胶结物的空间形貌，以及颗粒空间排列组合方式等。同时，扫描电子显微镜可结合能量色散 X 射线光谱仪(EDX)等，进行物质微区成分分析。扫描电子显微镜放大倍数最高可达数十万倍，可有效识别纳米级目标。对于常规扫描电子显微镜，样品一般需要进行脱水、导电处理；对于环境扫描电子显微镜(ESEM)，试样一般无须做特殊处理。扫描电子显微镜样品尺寸和形状限制较小。

2) 扫描电子显微镜在黄土微结构研究中的应用

二十世纪七十年代，扫描电子显微镜逐渐被引入黄土微结构研究中。高国瑞(1980a)在扫描电子显微镜下将颗粒形态分为粒状、粒状-凝块和凝块三类，将排列方式分为架空、架空-镶嵌和镶嵌三类，将连接形式分为接触、接触胶结和胶结三类，进而提出十二种黄土微结构类型(图 2.3)，并与湿陷性大小建立了关联。王永焱等(1982)、雷祥义(1989)也基于扫描电子显微镜对黄土微结构进行了分类。

(a) 粒状-架空接触结构(×540)

(b) 凝块、镶嵌、胶结结构(×210)

图 2.3 黄土微结构 SEM 图像(高国瑞，1980a)

此外，学者基于扫描电子显微镜图像也开展了一些黄土微结构定量表征(图 2.4)，以及水、荷载作用下颗粒、孔隙尺寸、形貌及定向等微结构参数变化的定量研究(图 2.5)。也有一些学者利用树脂将黄土样品进行固化，通过切割、研磨等处理获取黄土微结构的平面 SEM 图像，并开展定量分析(Wang and Bai, 2006; Wang et al., 2010)。

将扫描电子显微镜与能量色散 X 射线光谱仪(EDX)相结合，能够分析黄土中颗粒及颗粒间胶结物质的化学成分和矿物组合。该技术是根据不同元素在高能量电子束照射下会产生不同的特征 X 射线来进行元素分析，可以实现样品表面某一微区元素的组成及含量分析，也可获取样品表面不同元素的分布。目前，SEM-EDX 技术已在黄土物质成分研究中广泛应用。郭玉文(2005)等利用 EDX 技术，获取黄土样品断面上 Si、Al、Ca 等元素的分布，进而研究了黄土中碳酸钙的分布。Liu 等(2016)读取了黄土样品断面上典型点如碎屑颗粒、聚集体、颗粒胶结处的元素组成及含量(图 2.6)，定性判断其矿物组成，并分析了其对黄土湿陷性的影响效应。

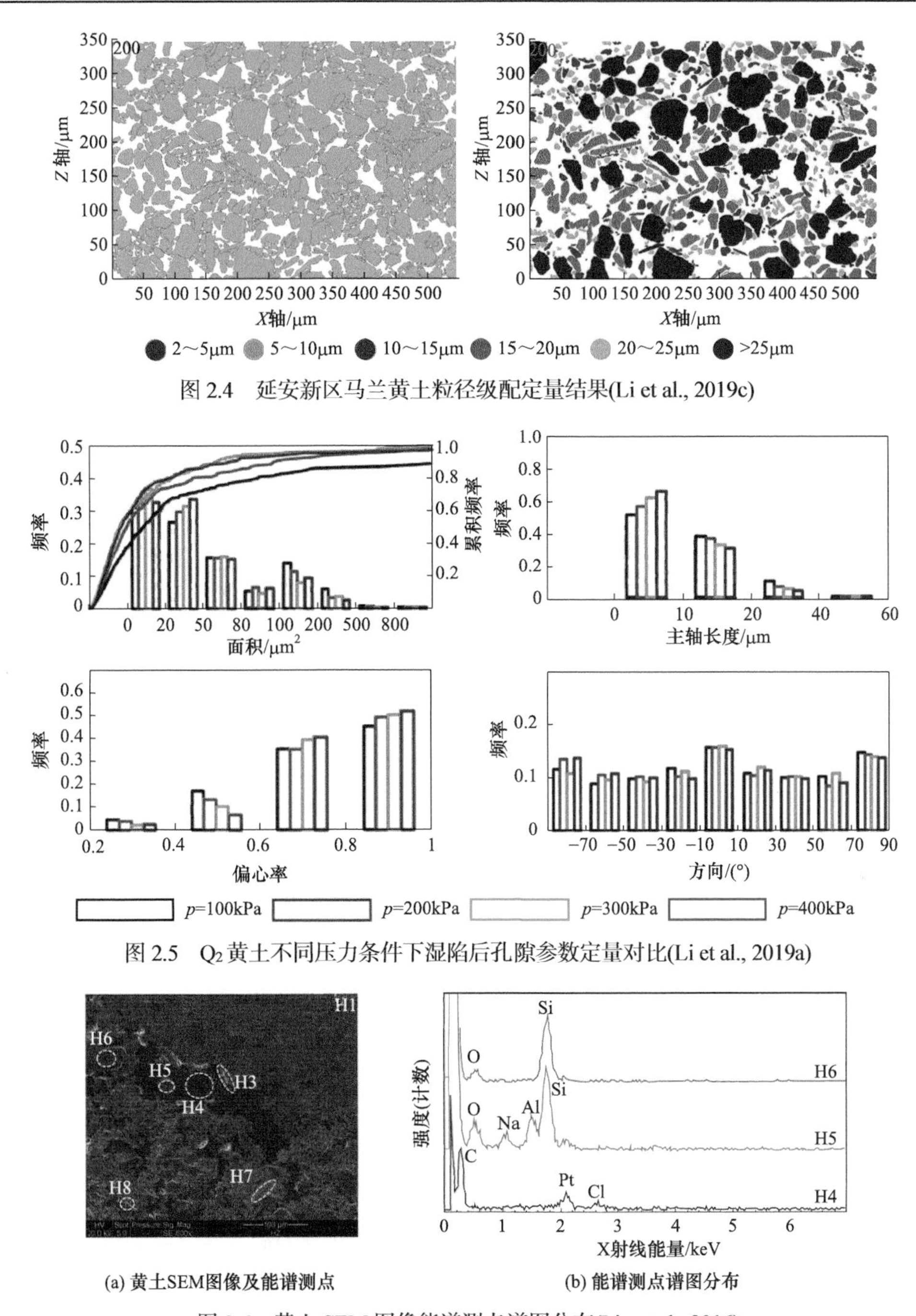

图 2.4　延安新区马兰黄土粒径级配定量结果(Li et al., 2019c)

图 2.5　Q_2黄土不同压力条件下湿陷后孔隙参数定量对比(Li et al., 2019a)

图 2.6　黄土 SEM 图像能谱测点谱图分布(Liu et al., 2016)

目前，扫描电子显微镜技术在黄土微结构的研究中仍存在不足。例如，在样品的制备过程中难以避免地会对微结构造成一定程度的扰动，观测过程中电荷聚集会影响图像的质量等。

2.2.3 压汞法

压汞法(MIP)能够测定孔隙的孔径尺寸及其分布。其测试原理是通过施加压力使汞克服表面张力进入孔隙，压力越大，汞可进入的孔隙直径越小。根据不同压力下进汞量即可得到孔隙尺寸分布及孔隙率。压汞法可测孔隙尺寸范围较大，技术成熟。目前，压汞法已被广泛应用于岩土、石油工程、材料科学等领域。

1) 观测目标及制样要求

对土体而言，压汞法主要用于测定土体孔隙率及孔隙尺寸的分布。压汞法可测孔隙范围一般在纳米级至毫米级之间。样品在测试前需要干燥处理，样品尺寸和形状限制较小。

2) 压汞法在黄土微结构研究中的应用

二十世纪八十年代，压汞法逐渐应用于黄土微结构研究中。例如，雷祥义(1987)利用压汞法研究了我国黄土孔隙的分布特征，并按尺寸将黄土中孔隙分为四类，即大孔隙(>32μm)、中孔隙(8～32μm)、小孔隙(2～8μm)和微孔隙(<2μm)，进而将黄土湿陷性与孔隙分布进行关联。李同录等(2020)研究了不同地区黄土的孔隙分布特征(图 2.7)，发现甘肃和平镇及陕西泾阳县黄土的孔隙尺寸分布分别呈单峰特点及双峰特点，而甘肃正宁县黄土的孔隙呈三峰分布特点。也有一些学者利用压汞法研究了冻融循环、不同应力路径等外部因素作用下黄土中孔隙分布的变化规律(图 2.8)，以此分析黄土宏观力学行为的微观机制(胡海军等，2014；肖东辉等，2014)。

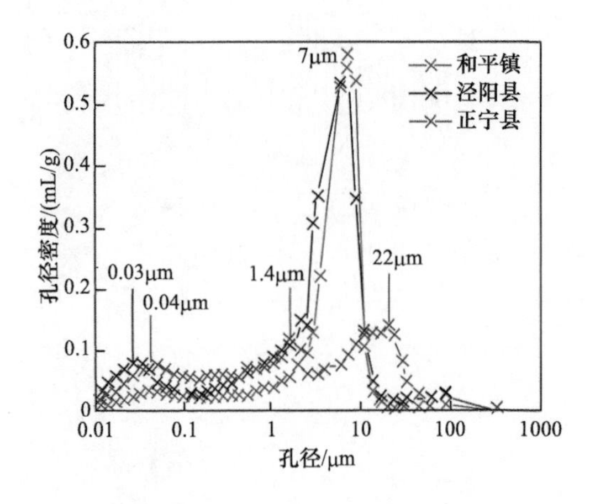

图 2.7 原状黄土孔隙分布(李同录等，2020)

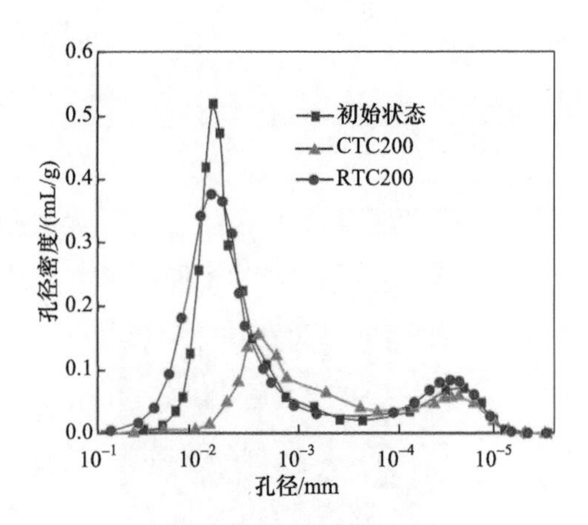

图 2.8 不同应力路径孔隙分布(胡海军等，2014)

目前，压汞法的不足主要表现在以下几个方面：①汞具有轻微的压缩性，在一定压力下，汞的体积会产生一定变化，使所测孔隙体积与实际体积相比有一定偏差；②测量过程中，高压可能会导致黄土试样压缩变形，孔隙破坏；③对于黄土内的封闭孔隙，压汞法无法测定；④所测孔隙不是真实孔隙的大小，而是连接孔隙对应的孔喉大小。因此对于一些由小孔喉连通的大孔隙，其所测的体积百分比可能会对应小孔喉的尺寸，这样大孔隙的体积百分比会偏低(Lange et al., 1994)。

2.2.4　计算机断层扫描

计算机断层扫描(CT)利用 X 射线通过不同密度物体时能量衰减的特性，能够得到反映物体内部空间结构的三维数字图像。该图像由一定数目不同灰度的像素按点阵排列构成，这些像素的灰度值反映了物体对 X 射线的吸收程度，暗区表示低吸收区，即低密度区，如土样中的孔隙；亮区表示高吸收区，即高密度区，如土样中的颗粒。CT 技术可实现样品的无损、动态、三维观测，目前已被广泛应用于医学、材料及地球科学等领域。

1) 观测目标及制样要求

对土体而言，CT 技术可对二维连续图像进行三维重构，建立土体结构的三维模型，提取颗粒、孔隙等三维空间信息。同时，CT 技术可以捕捉试样结构演化、裂纹扩展以及液体流动等动态过程。CT 扫描对样品表面及含水量无特殊要求，但分辨率与试样尺寸成反比，所需分辨率越高，试样尺寸越小，一般微米级的分辨率需要毫米级的试样尺寸(图 2.9)。

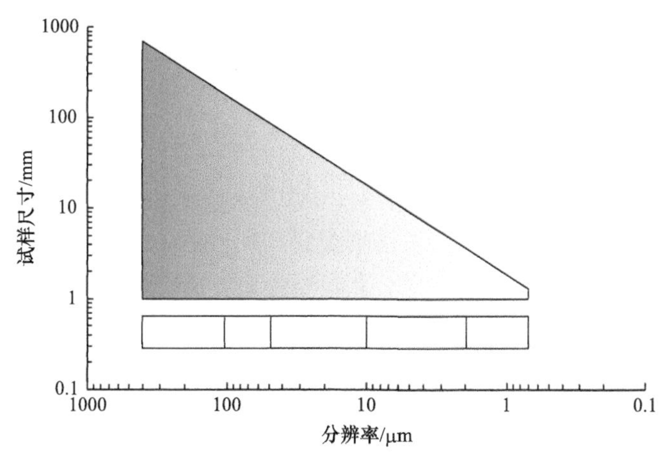

图 2.9　扫描试样尺寸与分辨率的关系

2) 计算机断层扫描在黄土微结构研究中的应用

二十世纪九十年代，CT 技术开始应用于黄土微结构研究中。李晓军和张登良(1999)对不同压实度的西安黄土试样开展了 CT 扫描，通过 CT 数和 CT 图像分析压实黄土的初始结构。蒲毅彬(2000)、雷胜友和唐文栋(2004)等对黄土单轴压缩、三轴剪切及浸水湿陷过程进行了 CT 扫描，分析了黄土受力变形过程中裂隙扩展过程及水分运移过程(图 2.10)。倪万魁等(2005)、朱元青和陈正汉(2009)、方祥位等(2011)也开展了类似的研究工作，这些成果使黄土微细观研究有了阶段性的进展。

随着 CT 扫描观测精度的提高和图像处理技术的发展，人们开始能够对土体中不同尺度的微结构进行三维定量的表征。例如，Li 等(2018)基于空间分辨率为 59μm 的 CT 图像，重构了黄土中的三维孔隙结构，对孔隙直径、定向性、连通性等参数进行量化(图 2.11)，并将其与渗透性关联。Li 等(2019b)对延安新区马兰黄土中的大孔隙进行三维定量表征。

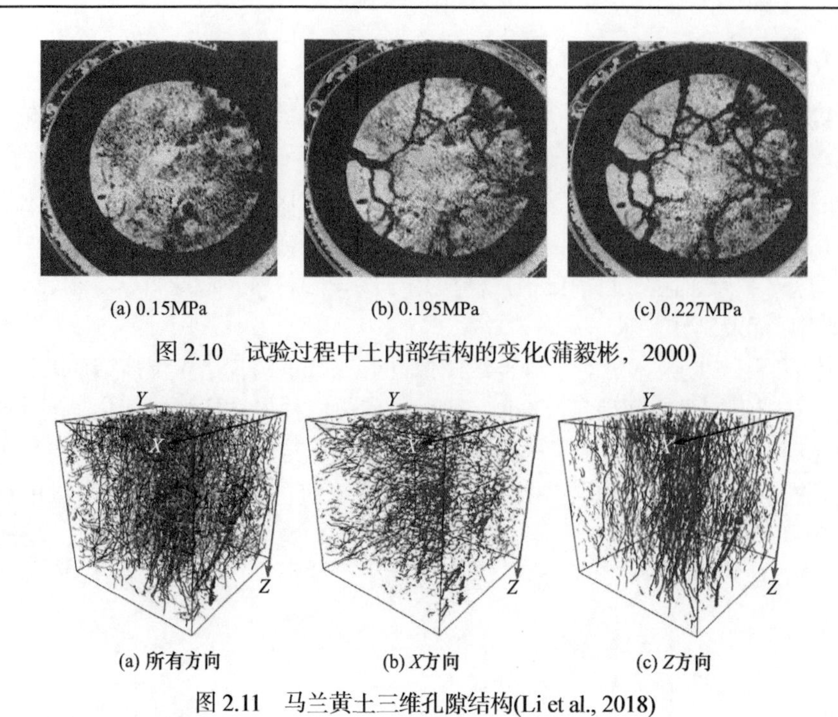

(a) 0.15MPa　　(b) 0.195MPa　　(c) 0.227MPa

图 2.10　试验过程中土内部结构的变化(蒲毅彬，2000)

(a) 所有方向　　(b) *X*方向　　(c) *Z*方向

图 2.11　马兰黄土三维孔隙结构(Li et al., 2018)

目前，CT 观测精度可以达到微米(微米 CT)甚至纳米(纳米 CT)级别，在该精度下，黄土中的大部分颗粒以及微小孔隙均可被清晰观测，黄土颗粒的形貌、排列方式及孔隙的拓扑结构均可在三维空间高精度表征，这对准确描述及预测黄土宏观力学行为、揭示宏观行为机理具有重要意义。

2.3　小　　结

对于黄土微结构研究的思路及方法，首先应明确研究目标，并以该目标为导向，依次确定表征参数、观测技术以及制样方法各个环节，再按流程开展工作并最终实现预期目标。

目前常用的微结构观测技术中，偏光显微镜在精度上已难以满足研究所需，且由于制样复杂，其在黄土微结构研究中已较少使用；扫描电子显微镜、压汞法在黄土微结构研究中应用广泛，计算机断层扫描技术以其无损、动态、三维观测等优势被越来越多的学者采用。

基于观测技术获取微结构内部信息后，对观测图像或数据进行处理是重要环节，直接影响定量分析结果。扫描电子显微镜、计算机断层扫描等，需要借助图像处理技术对微结构参数进行提取量化，压汞法可直接获取测试数据。

第 3 章　基于连续切片技术的黄土三维微结构观测和分析方法

目前用于黄土微结构研究的观测技术主要有光学显微镜、扫描电子显微镜、X 射线计算机断层扫描、核磁共振和压汞法等。光学显微镜和扫描电子显微镜常用于二维微结构图像的观测；核磁共振主要通过检测孔隙中水分分布来分析微结构特征，但目前最高观测精度仅为毫米级；X 射线计算机断层扫描技术可获取高分辨率连续二维图像，目前测试费用普遍较高；压汞法主要用于获取孔隙级配孔隙尺寸及分布。连续切片技术是一种将二维图像光学观测、试样研磨和图像三维重建技术相结合的三维微结构研究方法。采用该方法能获取高分辨率的大面积图像，观测视域从颗粒级到局部区域，能够实现对土体三维微结构的全面观测。其研究技术方法和思路见图 3.1 所示。

3.1　试样制备和观测技术

连续切片技术属于一种有损观测方法，需要对样品进行连续研磨抛光，以获取平整的观测平面和不同层位的二维图像。黄土作为一种岩土类颗粒材料，颗粒间作用形式主要有接触、黏结或胶结等，但无论哪种形式，颗粒间的黏结力均比较小。未经处理的黄土样品在研磨抛光时，由于样品与研磨砂纸间摩擦力较大，会导致黄土颗粒的位移、转动，甚至解体，从而无法观测到样品的原始微结构。因此，连续切片观测技术所用试样需要进行专门制备和特殊处理，主要是进行试样干燥和嵌固。

3.1.1　试样干燥

当试样内部含有一定的水分时，固化液无法充满样品的所有孔隙，会影响样品的嵌固效果。因此，在样品制备时，需要对试样进行脱水干燥处理，并保持干燥过程中样品微结构不发生变化。

目前常用的试样干燥方法主要有烘干法和冷冻干燥法。烘干法将样品置于 105～110℃下烘干至恒重，时间一般约为 8 小时。但由于黄土具有弱膨胀性，在长时间的烘干过程中会发生微弱收缩变形甚至产生龟裂，进而影响样品微结构特征。因此，该方法不宜用于黄土微结构研究中的试样干燥处理。冷冻干燥法是通过液氮快速冻结土样内部水分再在低温降压条件下升华脱水，通过抽离孔隙内蒸汽的方式达到样品干燥而保持不变形的目的。本研究采用冷冻干燥法对微结构试样进行干燥处理(Wei et al., 2019a)。具体过程如下：

(1) 将黄土试样制备为 3～4cm 的方形块体；

(2) 将块体置于液氮(−196℃)中进行快速冷冻；

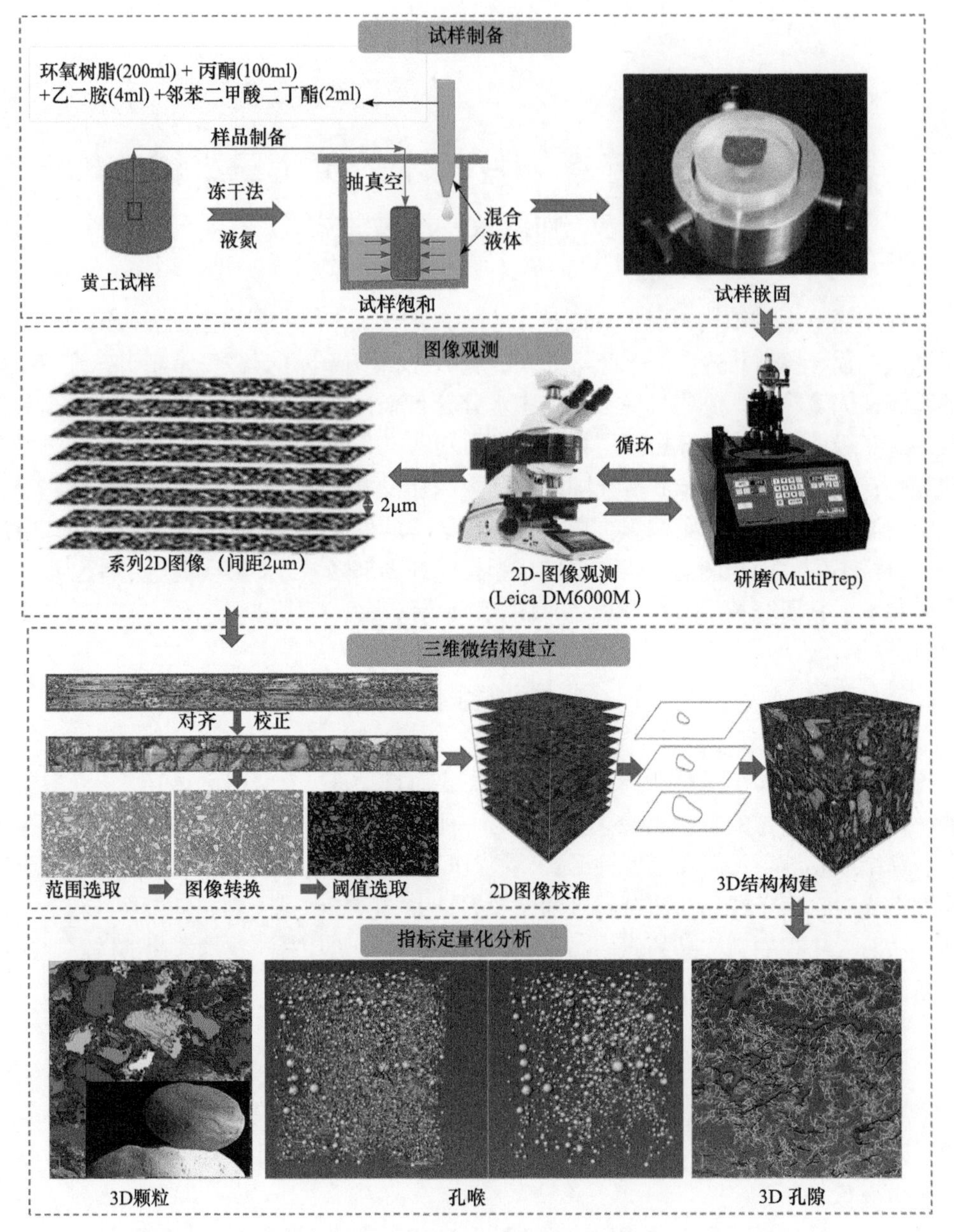

图 3.1　基于连续切片技术的黄土三维微结构研究技术方法和思路

(3) 采用真空冷冻干燥机进行干燥处理，型号为北京博医康 FD-1-50，如图 3.2 所示；

(4) 将干燥机腔体温度降至–50℃左右，防止非结晶冰发生重结晶；

(5) 将冷冻样品快速放入真空冷冻干燥机内，打开真空设备使腔体真空度达到 5Pa 左右；

(6) 真空作用使样品中的水分直接从固态升华为气态，达到干燥试样的目的；

(7) 升华过程的时间取决于样品中颗粒的组分、孔隙大小及样品尺寸等，经反复试验，上述尺寸黄土样品最优干燥时间为 7～8 小时。

图3.2　黄土样品真空冷冻干燥试验设备

3.1.2　试样嵌固

试样嵌固是指在不改变黄土样品微结构的条件下，通过往样品中注入胶结力强和可固化的黏结体，将黄土这种颗粒类材料处理成近似连续的固体材料，以便于开展样品的研磨试验。

1) 固化液的配制

目前在研究中常用于颗粒类材料固化的液体主要是环氧树脂。但对于黄土样品，其孔隙的尺寸分布从几纳米到几百微米，即使选择流动性较好的树脂，也难以充分进入黄土内部，完全填充所有小孔隙和微孔隙。因此，选择和配制流动性强和黏稠度低的固化液至关重要。

丙酮由于具有溶于树脂且易挥发等特点，被选为本研究的稀释液体。在环氧树脂中添加丙酮，降低固化液的黏度和提高其流动性。同时，在溶液中添加了一定比例的乙二胺，确保树脂在一定时间内能达到要求的硬度；添加邻苯二甲酸二丁酯，用于降低树脂的脆性，以免试样在研磨过程中产生裂缝。经过反复配比和多次试验，采用丙酮、树脂、固化剂、塑性剂体积比为200：100：4：2时，可达到较好的固化效果。

2) 嵌固装置

为了使固化液能更好地进入样品孔隙，我们基于土体抽真空饱和系统，改进组装形成了黄土试样固化真空树脂灌注系统，如图3.3所示。该系统由真空泵、真空压力表、干燥剂、分液漏斗等组成。

3) 嵌固步骤

通过试样抽真空，使固化液充分浸入样品，具体灌注步骤如下：

(1) 将冷冻干燥后的样品放入透明塑料容器，并置于真空压力室中，将真空泵打开，检查系统的密闭性，使系统真空度维持在0.09MPa左右；

(2) 将配制好的固化溶液倒入分液漏斗中，旋转分液漏斗阀门，使液体沿塑料容器壁逐滴滴入容器中，提前在试样底部加上一层海绵或粗砂，使液体从试样底端被吸入试样孔隙中；

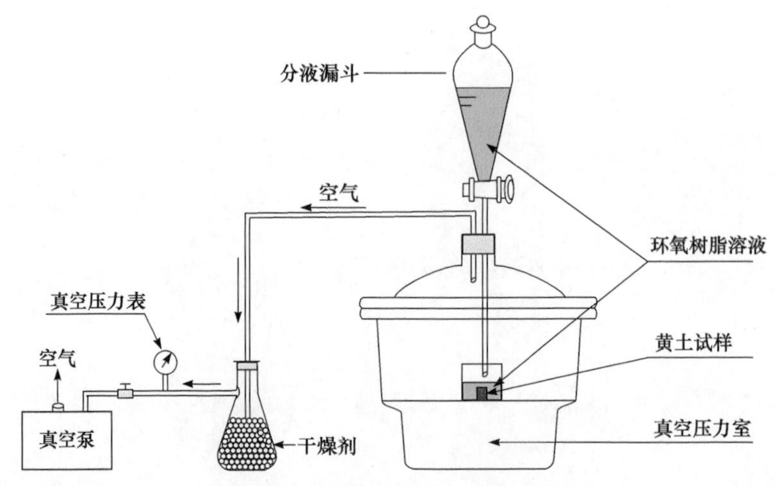

图 3.3　黄土试样固化真空树脂灌注系统

(3) 当液体超过试样表面 1cm 时，关闭分液漏斗阀门并将试样杯从真空装置中取出，用保鲜膜密封杯口以防止丙酮快速挥发，使液体能充分浸入孔隙；

(4) 放置一周左右，打开密封保鲜膜使丙酮自由挥发，试样开始逐渐硬化，约 30 天试样可达到要求的硬度。

3.1.3　研磨与抛光

1) 切割和研磨设备

连续切片技术需要对试样进行切割、循环研磨抛光和图像采集。采用 BUEHLER 精密切割机(型号为 IsoMet1000)，该切割机可以精密调整所要切割样品尺寸，精度达 0.02mm。样品研磨采用 MultiPrep™高精度自动研磨系统。该系统拥有双测微计(倾斜度和摆动度)，能对研磨盘进行精确的样品倾斜度调整；具有精密的 Z 主轴指示器，保证在整个研磨/抛光过程中维持预定义的几何方向，具有 1μm 的分辨率。切割和研磨设备见图 3.4 所示。

2) 试样研磨与抛光

试验研磨是针对切割后的观测样品，采用砂纸抛光打磨，去掉试样表层的突起部分使试样表面平整，同时控制不同的研磨进度以便获取目标层位的图片(Deng et al., 2020)。试验研磨步骤主要为：

(1) 采用较粗糙的砂纸进行初步打磨；

(2) 当试样表面较为平整或打磨厚度大于 1mm 时，采用逐级研磨的方法，研磨砂纸精度和抛光液由粗到细；

(3) 当上一级打磨后试样表面的纹路被次级打磨掩盖则可停止本级打磨；

(4) 打磨过程中辅以清水作为润滑剂和清洗剂；

(5) 用最细规格的砂纸打磨至试样表面没有明显纹路和擦痕时，开始对试样表面进行抛光；

(6) 抛光采用逐级多次抛光的方法，抛光剂规格依次为 6μm、3μm、1.5μm、1μm、0.5μm、0.25μm；

(7) 采用每一个规格的抛光剂大约需要抛光 20min，其中 0.25μm 抛光时间较长，一般约 30min，直至试样表面为镜面状，且在光下检查无擦痕。

抛光的过程要控制转盘的速度，太快会导致颗粒磨损严重，太慢会使抛光时间过长，经多次试验，确定研磨速度为 200r/min 较佳。在抛光的同时，打开研磨机夹样摆臂左右摆动和转盘的自转功能，保证试样表面水平。抛光结束后，用水冲洗试样表面的抛光剂，待干燥后即可在光学显微镜下进行观测。

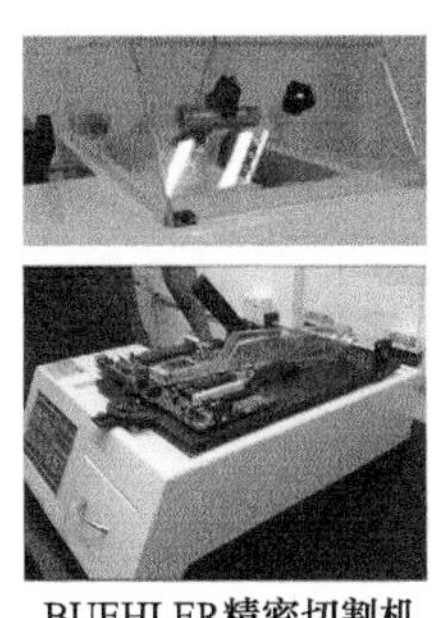
BUEHLER精密切割机
(IsoMet1000)

研磨砂纸及抛光液

MultiPrep^{TM}高精度
自动研磨系统

图 3.4　黄土试样切割和研磨设备

3.1.4　连续切片观测

1) 观测设备

采用徕卡研究级智能化正置显微镜 DM6000M 开展黄土切片的微结构观测。该设备采用无限远校正光学系统，反射光路明场、暗场正向显示，放大倍率可选用 100 倍、500 倍、1000 倍。配备有电动扫描三板载物台，允许样品在 x、y 方向 100mm 和 z 方向 45mm 范围内移动，载物台位置可存档并快速复位，可重复性精度优于 1μm，分辨率(最小步长)0.05μm；内嵌样品夹尺寸 160mm×116mm，可夹持样品最大尺寸 70mm×70mm。

2) 观测过程

(1) 将抛光好的样品置于光学显微镜下进行不同放大倍数的观测拍照；

(2) 观测拍照完成后，取出试样继续进行研磨抛光；

(3) 控制研磨进尺，达到预计层位时停止；

(4) 将样品置于显微镜下二次观测，获取该层位试样图像；

(5) 如此反复循环，获取足够数量的二维图像。

3) 注意事项

研磨进尺可通过研磨系统数显初步获取，辅以经验方法、高精度激光测量、样品埋设标志测算等方法确定。

循环研磨的持时及转速决定了两层图像之间的厚度，若厚度太大，黄土中的部分细小颗粒可能在二次研磨后丢失，若厚度太小，则两层微观图像之间变化不明显。不同黄土样品由于粒径级配不同，其研磨进度也会受到影响。因此，对研磨时间和转速需谨慎选择。以泾阳南塬离石黄土为例，经多次试验发现，采用 0.25μm 抛光剂对试样表面产生的损耗较小，且不会快速打磨掉较小的颗粒，因此可选用该抛光剂进行循环抛光，抛光时转盘转速为 200r/min，持续时长 5min 时，抛去厚度为 1.2μm。

3.2 三维微结构模型建立

采用连续切片观测技术，获取黄土试样的连续等间距的微结构原始图像，并将这些图像进行校正、滤波、二值化等技术处理，获得标准化系列图像。在此基础上，对每张图像进行分割以获取孔隙和颗粒。将孔隙或颗粒的连续图像依次组合叠加实现在三维空间中的形貌重构，可建立黄土的三维微结构模型。本节基于法国 FEI 公司开发的 Avizo 三维可视化分析软件，介绍黄土三维微结构模型构建和定量化指标参数的获取方法，给出了相关参数、算法和处理方式的选取经验。

3.2.1 图像处理

1) 校准和对齐

虽然连续切片技术有比较精确的定位方法，但每观测完某一层图像，需要将样品再次进行抛光研磨，导致相邻切片图像之间不可避免地存在位移或角度偏差。因此，需要对连续切片图像进行校准和对齐，否则难以获取颗粒、孔隙的真实形态。

一般常用的图像对齐方法有主轴旋转法、边缘检测法、自定义地标法以及手动匹配对齐等。本研究结合上述多种方法，辅以特征点匹配，在微观图像中选取特征明显的颗粒作为参照，可更好地将系列切片图像进行匹配对齐。

2) 滤波降噪

滤波降噪能够提高图像质量。目前，已有很多降噪算法可供选择噪声问题，如非局部均值(Non-local means)滤波、Nagao 滤波、中值(Median)滤波、Majority 滤波等。我们对比了多种滤波算法的降噪效果，确定了最优降噪方案。图 3.5 比较了不同滤波方法的效果，其中图 3.5(a)为黄土微结构原始图像。

(1) Nan-local means 滤波。通过对比图像中所有像素的邻域值与当前像素的邻域值来确定当前像素的值，其相似性决定了整个计算区域对当前研究点像素的贡献，最终权重由相似值代入高斯方程计算而来。此滤波方法能够最大限度地保存图像信息和边界。

(2) Nogao 滤波。采用自适应的 5×5 的邻域来计算中心像素周围的平均邻域值。对于每一个像素，在一个预定义的集合中根据最小方差准则选择所使用的几何图形，用户可以选择将此条件切换为最小范围条件，该方法模糊了高频与低频相邻处，不利于边界的保留。

(3) Median 滤波、高斯(Gaussian)滤波、箱式(Box)滤波、递归指数(Recursive exponential)滤波都是低通滤波器，允许低频通过但是也削弱了高频噪声，导致物体边缘被模糊，降低了对比度，往往使图像散焦。

(4) Majority 滤波。使用滤波核中最常用的值替换目标点的值，如果几个值出现的频率相等，此滤波就会选择原始图像的像素值，图 3.5(e)为 Majority 滤波处理后的图像，目标元素面积有所缩减。

(5) Sigma 滤波计算中心像素周围像素点的平均值，计算时避免考虑远离中心点的像素的影响，也存在Nagao滤波所存在的问题，模糊了高频与低频相邻处，不利于边界的保留。

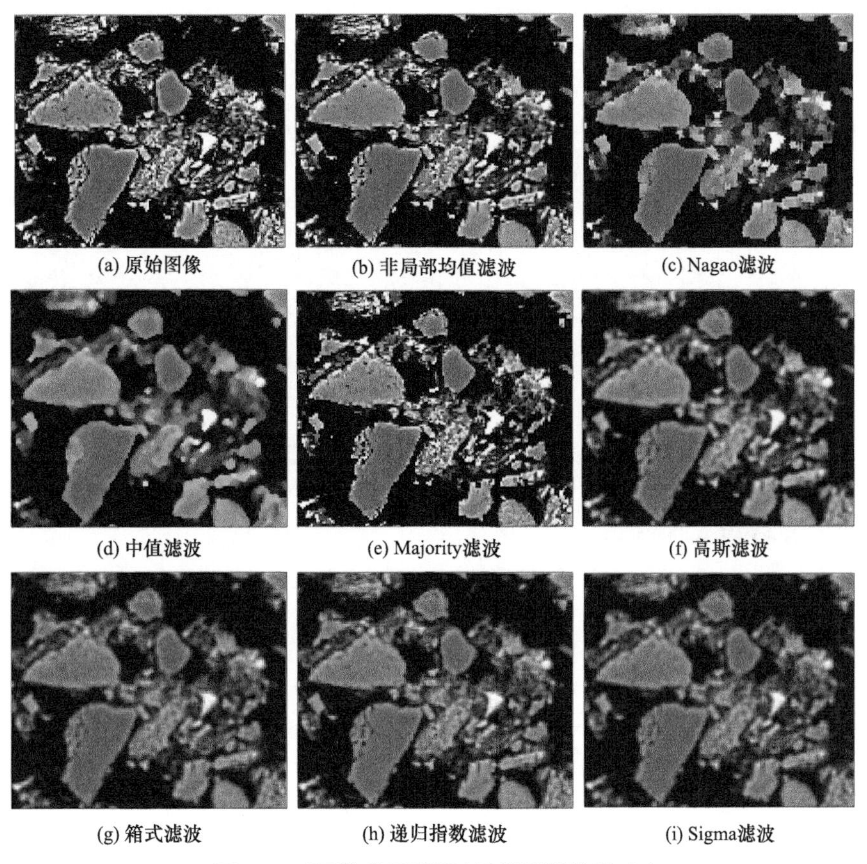

图3.5 对图像采用不同滤波器降噪结果对比

对比上述几种滤波器对图像处理的结果，Non-local means滤波最大限度地保留了图像中的信息，滤掉了图像中存在的干扰噪声，图像边缘保留完整，因此，本次研究最终选择Non-local means滤波处理图像。

3) 二值化

要提取颗粒和孔隙，首先要对原始灰度图像进行二值化处理，将孔隙和固体颗粒范围进行区分。二值化阈值的选择对分割结果具有决定性的影响，目前已有很多确定阈值的成熟算法，但对于黄土，仍然经常需要肉眼的观察和经验的判断来选择阈值，实测的孔隙率可以作为参考来评价分割的合理性。

如何选取阈值是颗粒、孔隙分割中的关键。目前，常用的确定阈值方法有双峰法、直方图法、最大类间方差(Otsu)法以及自适应阈值法等。不同方法有各自的适用条件及优缺点，如直方图法对于不同灰度区域较为明显的图像，其阈值选择较为容易，但是如果直方图中出现单峰或具有宽且平的峰谷时，很难通过直方图确定阈值；Otsu法对噪声以及目标大小十分敏感，当目标与背景大小比例悬殊时(如受光照不均、反光或背景复杂等因素影响)，Otsu 法分割效果不好。针对不同特征的灰度图像，应选用合适的阈值分割方法。

图 3.6 给出董志塬黄土二维图像阈值选取方法。二维图像为 16bit 的灰度图，色彩值有 65536 个，灰度分布直方图有两个明显的波峰，波谷即是两种介质的分界点，可选取灰度值曲线最低点为颗粒和孔隙的阈值(图 3.6)，计算出三维孔隙度为 0.45，与压汞法和室内物理试验测得的结果接近。本次试验参考黄土实测孔隙率值及颗粒边界，最终确定峰谷偏固体方向的色彩值 11440 为最佳阈值(图 3.6)。

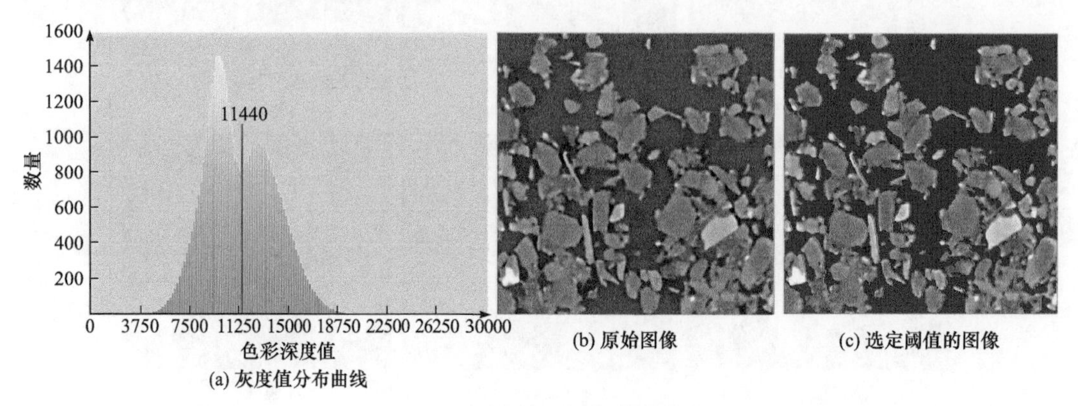

(a) 灰度值分布曲线　(b) 原始图像　(c) 选定阈值的图像

图 3.6　董志塬黄土图像阈值确定

图 3.7 给出了董志塬 Q_3 原状黄土微结构图像采用不同阈值分割结果的对比。图像为 8bit 的灰度图，色彩值有 256 个，很难通过灰度分布直方图精确找出固体颗粒和孔隙的分界点。选取阈值分别为 10、60、100 的孔隙分布与原图进行对比分析，发现当阈值较小时，部分团聚体内部的孔隙被忽略掉，树脂造成的阴影也被划分为颗粒，造成孔隙面积比偏小；当灰度值较大时(峰值前)，团聚体中的黏粒被划分到孔隙中，一些粉粒也被过分分割，导致孔隙面积比偏大。

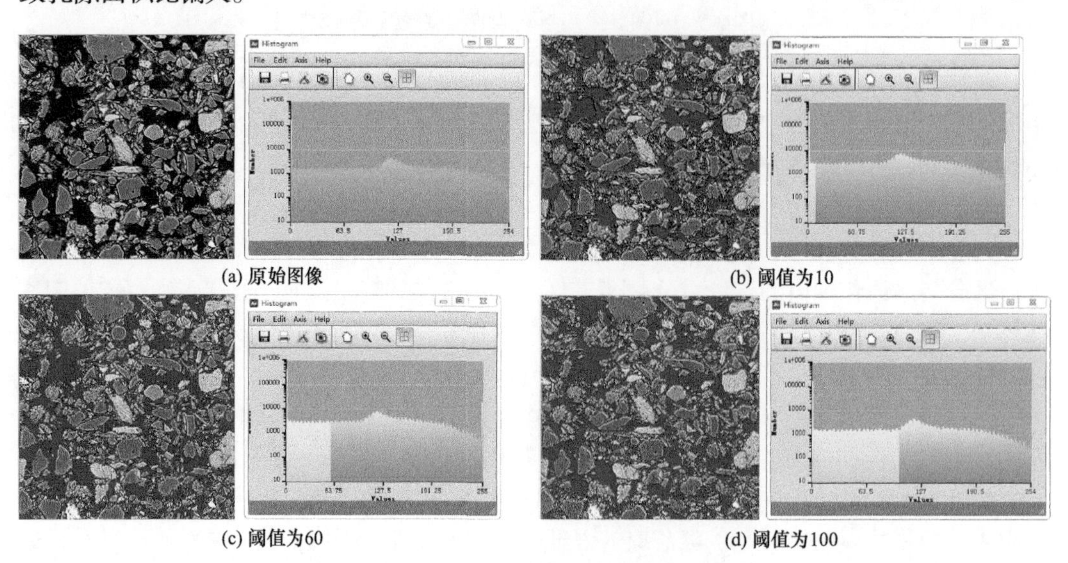

(a) 原始图像　(b) 阈值为10

(c) 阈值为60　(d) 阈值为100

图 3.7　同一张二维图像采用不同阈值对比

为了研究孔隙面积随阈值的变化规律，我们统计了不同位置得到的孔隙面积比与阈值的对应关系。图 3.8 给出了董志塬黄土 10 张代表性图像在采用不同灰度阈值时孔隙面积比分布曲线。随着阈值的增加，每一张图的孔隙面积比基本呈线性增长。

阈值取 40～80 均可得到接近宏观孔隙率的分割结果，即使是同一取样点的试样，其微结构图像灰度分布并不完全相同，且无法通过峰值的位置准确地确定阈值，得到的孔隙面积比并不是恒定的。通过人为识别，示例中的图像在阈值为 60 处对孔隙和颗粒的分割比较理想。而且从图 3.8 可知，当阈值为 60 时，多张图片孔隙面积比的平均值最接近宏观孔隙度。因此，对于本次研究的董志塬 Q_3 原状黄土，树脂浸泡后扫描的图像选取 60 为分割阈值。

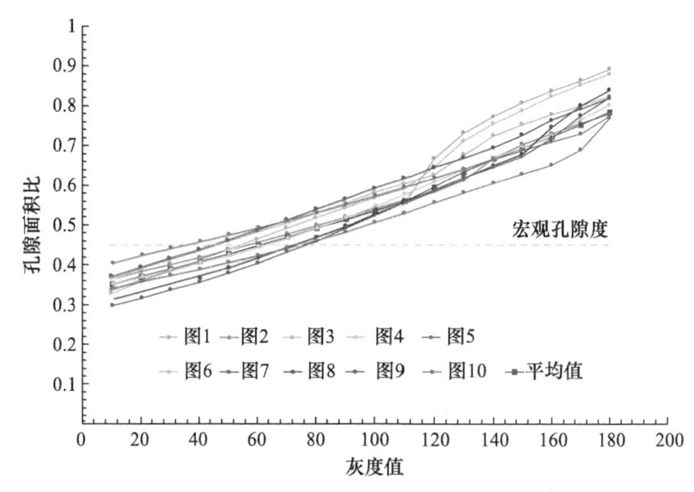

图 3.8　不同图像采用不同灰度阈值时孔隙面积比(图 1～图 10 代表 10 张不同的图像)

当研究黄土湿陷微观机制时，需要获取原状黄土、荷载及湿陷条件下黄土的微观图像。黄土浸水后，颗粒之间的黏粒胶结膨胀、散化，这些细小的黏粒与孔隙界限模糊不清，往往被视为固体颗粒。因此，确定阈值时，一方面需要选择合理的阈值分割方法，另一方面要反复尝试，以孔隙率或孔隙面积比作为衡量阈值选择是否合理的参考依据，最终确定最佳阈值。

3.2.2　三维微结构建模

1) 三维重构

二值化之后，可以对图像上某一部分对象(颗粒、孔隙)进行三维重构，实现从连续的二维图像到三维对象的构建，主要有基于目标表面和基于目标体数据的两种方法。

(1) 基于目标表面的三维重构

该方法是对图像某部分对象进行拼接，拟合实际对象的表面，建立实际对象三维空间形貌的方法，主要有两种。第一种是边界轮廓线表示法，通过确定连续图像中拟重建区的轮廓线，将每一层的轮廓线按照图像顺序堆叠，进而构建对象的三维表面形状；该方法优点在于过程简单且计算量小，缺点是重建结果不适合对单体对象进行精确计算和分析。第二种是表面曲面表示法，根据每层图像的轮廓线重建三维物体的表面；该方法优点在于保证了每层图像的表面轮廓连通性，缺点是所构造的为分片光滑的表面。

基于目标表面的重建方法计算数据量小，运行速度快，而缺点是重建的三维图形与实际形貌差异较大。

(2) 基于目标体数据的三维重构

该方法直接将图像中体像素投影至平面上，基于体像素进行三维重建，不需要重构对象表面和内部中间面的空间几何形状，主要有两种方法。第一种是基于等值面的由面构造体的体绘制方法；第二种是基于体数据直接进行重建与显示的直接体视法，采用概率的方法对原始图像数据进行分类，确定图像中不同结构的百分比及所占用的像素。

基于目标体数据的三维重构方法的优点是重建过程伪像痕迹小，缺点是运算量大。本研究所采用的是基于体数据的直接体视法。

2) 对象分割

对象分割目的是实现对该部分对象单体的形貌量测，常用的方法主要有边缘检测法、区域分割法及分水岭法等。本研究将传统分水岭算法进行改进，提出更适用于黄土三维微结构研究的图像分割方法。

(1) 基于传统分水岭算法的三维微结构

传统分水岭算法，是一种基于拓扑理论的数学形态学分割方法，其基本思想是将图像看作地学上的拓扑地貌，图像中每一点像素的灰度值代表该点的海拔，每一个灰度极小值及其影响区域称为集水盆地，集水盆地的边界构成分水岭。分水岭的概念和形成可以通过模拟浸入过程来说明，即在每一个局部极小值表面，刺穿一个小孔，然后把整个模型慢慢浸入水中，随着浸入的加深，每一个局部极小值的影响域逐渐向外扩展，在两个集水盆地汇合处形成分水岭，原理如图 3.9 所示。

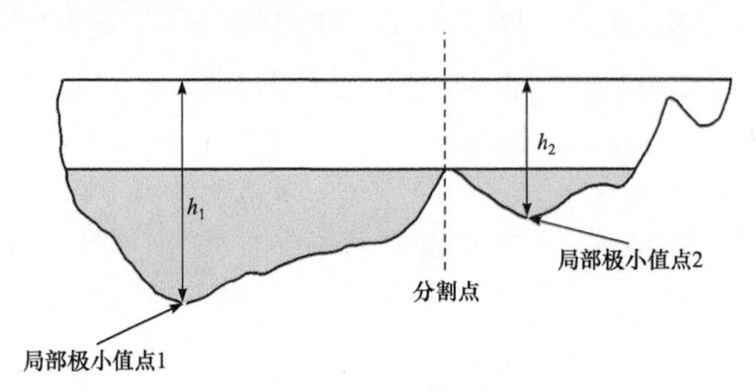

图 3.9　分水岭算法原理

传统分水岭算法在大尺寸图像处理中可以很好地分割出两个相连的图像，但是该算法对图像的噪声、物理表面细微的灰度变化响应十分敏感，对于黄土这种颗粒尺寸跨度较大，形貌及组分复杂的结构，仍存在一些缺陷。例如，对尺寸较大的颗粒，会产生颗粒欠分割现象，如图 3.10 所示；而对尺寸较小的颗粒以及内部存在封闭孔隙的颗粒，会产生颗粒过度分割现象，尤其对片状颗粒过度分割现象更明显，如图 3.11 所示。

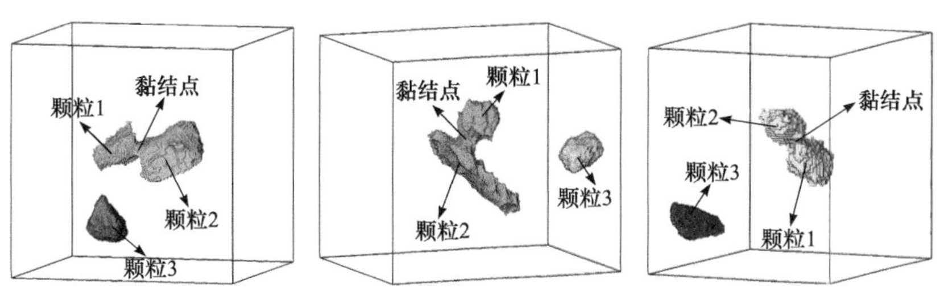

图 3.10　颗粒欠分割现象

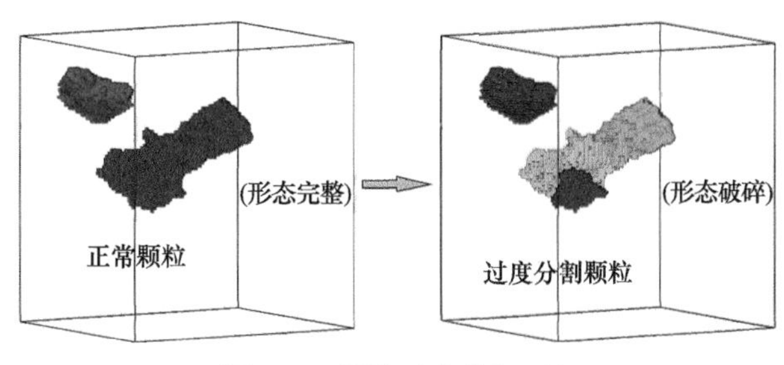

图 3.11　颗粒过度分割现象

(2) 基于分水岭算法迭代分割方法的三维微结构

颗粒欠分割与颗粒过度分割现象对颗粒尺寸、形貌的定量分析均会产生影响，找到一种适合黄土颗粒的图像分割方法，是研究黄土微结构的重要工作。参考 D.Kong 和 J.Fonseca 关于壳状砂土颗粒自适应分割的图像分割算法，对传统分水岭算法进行改良。采用“降水位”的方法获取两个相连集水盆地分水岭位置，原理如图 3.12 所示(Yu et al., 2020)。对颗粒 1、2、3 进行分割时，首先选定最大结构尺寸(图像中形成的集水盆地最大深度，记为 h_{max})的颗粒 1 为本次分割目标，使各个相连的颗粒所形成的集水盆地浸水，此时水位为 h_{max}，第一次降水位至 h_1 处，获得颗粒 3 与颗粒 2 的分水岭点，采取一次分割，去除颗粒 3，保留颗粒 2 与颗粒 1 的黏结体；继续降水位至 h_2 处，获得颗粒 2 与颗粒 1 的分水岭点，采取一次分割，去除颗粒 2，保留颗粒 1，此时颗粒 3 在此水位情况下，可能发生过度分割现象，但是获得了未发生欠分割和过度分割现象的颗粒 1，将目标颗粒 1 取出；继续降水位至 h_3 处，颗粒 1 不会再继续分割，去除的颗粒 2 和颗粒 3 会发生过度分割。至此，一轮降水位分水岭图像分割工作结束，获得了具有完整结构的最大颗粒 1。

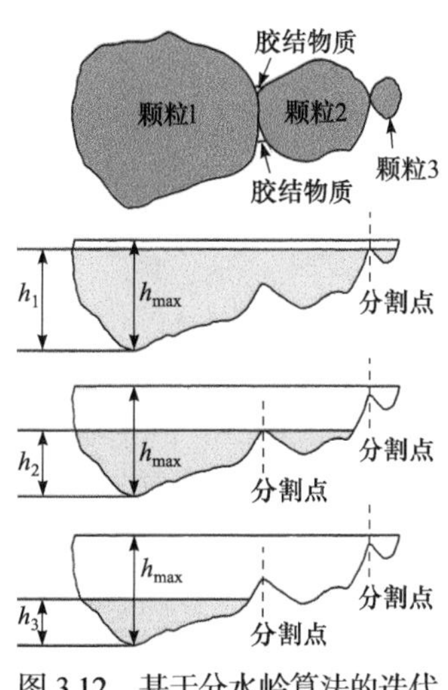

图 3.12　基于分水岭算法的迭代分割原理图

利用基于分水岭算法迭代分割方法分割出最大尺寸的颗粒后，对该颗粒进行二值化处理。利用二值化图像的减法原理，从原始二值图像中减去分割好的颗粒，剩下的部分作为新一级迭代分割的初始数据，此时分割的数据中已经不包含最大尺寸的颗粒，新一级的迭代分割目标是比最大尺寸小一级的颗粒，如此反复，对颗粒的尺寸合理分类，即可准确分割出全部尺寸的颗粒。试验证明，采用基于分水岭算法迭代分割方法对黄土颗粒的分割效果良好，极大程度地减少了颗粒的欠分割和过度分割现象。图 3.13(a)～(e)是按颗粒等效直径 D^{g}_{eq}(与颗粒具有相同体积的球体直径)分类的黄土颗粒分割效果，将分割好的颗粒重新合并，即黄土三维微结构模型[图 3.13(f)]。

孔隙的分割同样采用分水岭算法，相互连通的孔隙被孔径相对较小的孔喉分割，但是孔隙之间仍保持连通。采用 Avizo 软件中的 pore network 模块，生成孔隙网络模型，即将分割后的孔隙等效为体积相同的球体，将孔隙之间的连接部分等效为柱状通道，如图 3.14、图 3.15 所示，据此可对孔隙等效尺寸、孔隙连通性、孔喉尺寸及喉道长度等参数进行量化。

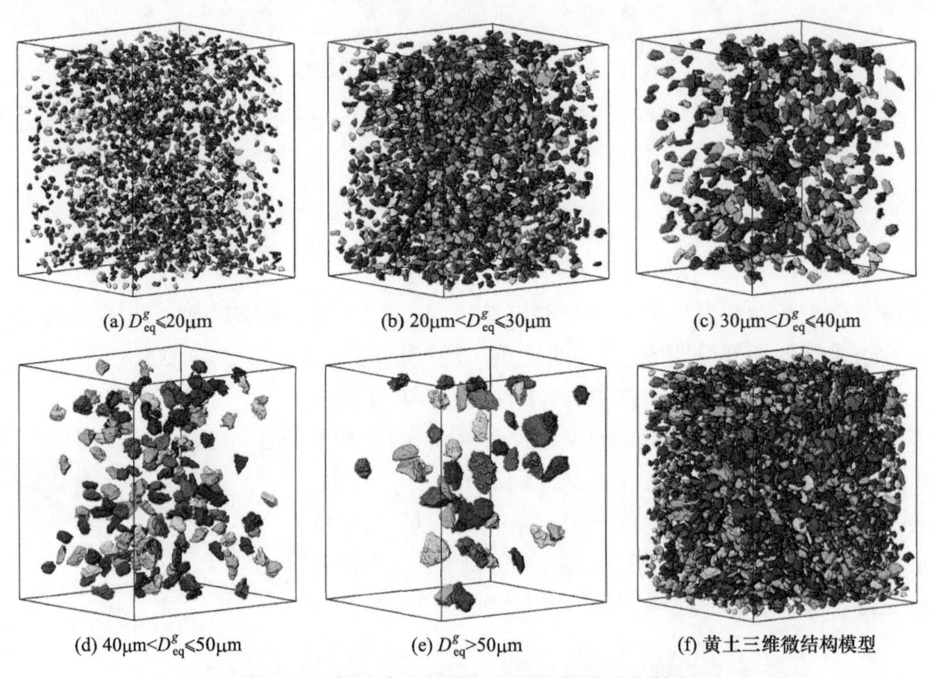

(a) $D^{g}_{eq}\leqslant 20\mu m$　(b) $20\mu m<D^{g}_{eq}\leqslant 30\mu m$　(c) $30\mu m<D^{g}_{eq}\leqslant 40\mu m$

(d) $40\mu m<D^{g}_{eq}\leqslant 50\mu m$　(e) $D^{g}_{eq}>50\mu m$　(f) 黄土三维微结构模型

图 3.13　基于分水岭算法的颗粒迭代分割结果

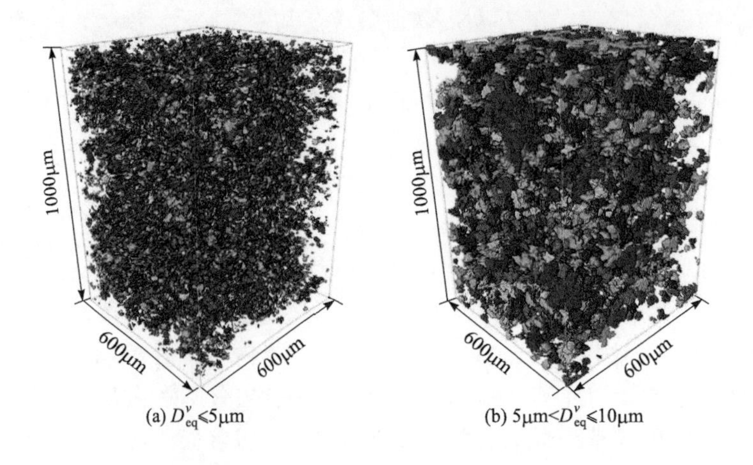

(a) $D^{v}_{eq}\leqslant 5\mu m$　(b) $5\mu m<D^{v}_{eq}\leqslant 10\mu m$

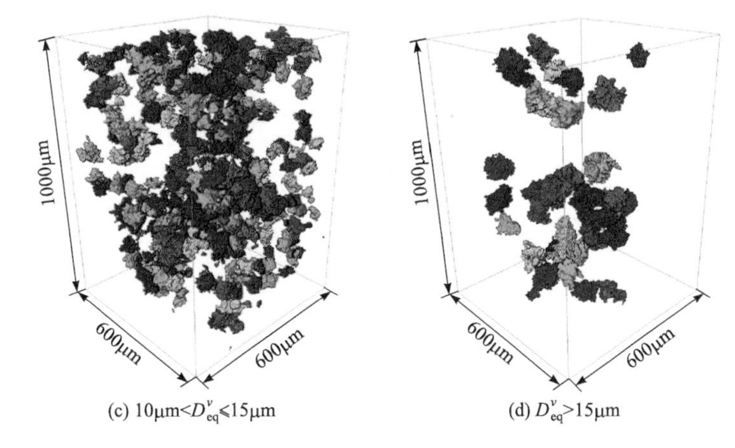

(c) 10μm<D_{eq}^{v}≤15μm　　(d) D_{eq}^{v}>15μm

图 3.14　孔隙分割结果

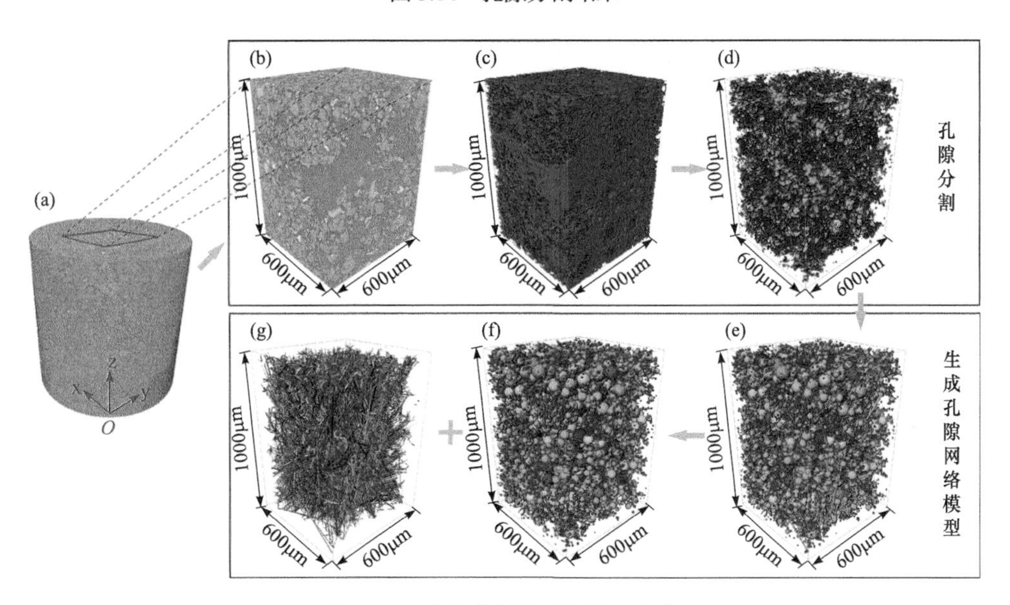

图 3.15　孔隙分割及网络模型生成

(a) 灰度图像堆叠；(b) 选取计算区域；(c) 二值化选取孔隙；(d) 分水岭算法分割孔隙；(e) 生成孔隙网络模型；(f) 和(g) 为孔隙网络模型中的“球”和“棍”模型

3.3　小　　结

采用基于连续切片技术的图像观测和三维微结构建模方法，可有效获取黄土颗粒、孔隙、孔喉等的三维形貌、空间位置、分布和定向等，为定量化研究黄土的三维微结构特征提供了重要的技术条件。

该方法通过试样干燥、试样固化、试样循环研磨抛光、光学显微镜逐层观测和图像三维重建等过程，建立黄土三维微结构模型。通过反复试验，我们在试样制备、图像观测、图像预处理和三维微结构建模等方面，建立了相关试验流程和处理方法，为后续黄土微结构的定量化研究积累了经验。

通过二维图像建立三维微结构模型的方法，不仅适用于连续切片光学显微镜观测，也可用于高精度计算机断层扫描、扫描电子显微镜观测等获取图像，结合图像处理进行三维微结构建模。

第 4 章　黄土三维微结构指标体系及定量表征

微结构指标是能够反映微结构特征并可用于统计和分析的定量参数。指标的系统化和定量化是准确描述和定量刻画黄土微结构特征及其演化过程的重要前提条件。早在 20 世纪 50～60 年代，研究黄土结构性问题的科研工作者就开始采用一些定量指标来描述黄土的微结构特征，如颗粒的大小和级配、孔隙的大小和类型、颗粒间的胶结情况等。但受当时观测手段和技术方法精度的限制，所提出的往往是定性分析指标，或基于半定量和定量二维图像观测的微结构参数，很难获得基于高精度观测的三维微结构数据。因此，所提出的指标往往局限于黄土微结构的某些方面，且针对某一指标的描述参数也不够具体和系统。随着观测技术精度的提高和图像三维重构分析技术的应用，很多以前无法观测和难以获取的指标和参数的定量化成为可能，如对于黄土颗粒，目前不仅可以观测和量化其大小，还能确定其扁平率、长短轴比、球度等几何形貌特征，以及倾向、倾角等颗粒定向参数；对于黄土孔隙，现在不仅能观测确定孔隙大小和孔隙比，还能定量化孔隙的位置、形貌、定向和连通性等参数。因此，结合现有观测技术和分析方法，系统梳理和建立描述黄土三维微结构的定量化指标体系，确定各指标的定量表征参数，对系统化和定量化研究黄土三维微结构特征、演化过程，以及宏观灾变的微观物理机制具有重要的意义。

本章在前人研究的基础上，结合作者团队近期的研究认识和成果，系统总结并提出黄土三维微结构指标体系，并确定各指标的定量化表征参数，主要包括颗粒表征参数、孔隙表征参数、排列和接触表征参数，并在此基础上，进行黄土微结构类型研究。

4.1　黄土三维微结构定量化指标体系

黄土是由固体颗粒、水和气体组成的三相体系。固体部分构成了黄土的基本骨架，土骨架间布满相互连通的孔隙，孔隙间则被水、气充填。各组成部分本身的性质以及它们之间的比例关系和相互作用决定了黄土的物理力学性质。黄土的微结构指固体颗粒在空间的排列和它们之间的相互联结，对黄土的宏观物理力学特性和工程性质起决定性作用。定量化表征黄土微结构的指标包括与颗粒、孔隙、排列和接触相关的系列参数。

固体颗粒构成了黄土的骨架结构，是黄土微结构的最基本建造单元。固体颗粒的表征通常涉及颗粒尺寸、形貌及定向几个方面。颗粒尺寸的表征参数主要有粒径大小、级配和概率分布等。颗粒尺寸的差异将影响黄土的孔隙特征和微结构，决定土体的岩土类型，进而影响其工程性质。如不同颗粒级配的黄土其工程性质往往差异显著；当细颗粒含量较多时属于黏黄土，具有较高的黏性、塑性、黏聚力和较低的渗透性及内摩擦角；当粗颗粒含量较多时属于砂黄土，具有相对较低的黏性、塑性、黏聚力和较高的渗透性及内摩擦角。颗粒形貌指黄土颗粒的外形特征，主要受颗粒矿物成分和磨蚀历史控制，并影响着黄土孔隙形状、颗粒间联结特征、粗糙度和堆砌排列结构类型等，从而影响黄土的抗剪强度。例如，棱角状颗粒之间咬合力大小影响摩擦强度；球度较高的颗粒容易滑落形成较稳定的排列结构；片状或长条状颗粒的沉积方向会影响黄土工程特性；基于颗粒形貌的比表面积反映黄土颗粒与四周介质相互作用的强烈程度，是代表黏性土特征的重要指标，等等。颗粒定向主要用来描述非球状颗粒在空间的沉积优势方向。颗粒定向受搬运距离、沉积环境、上覆压力等因素影响。颗粒沉积的优势方向影响黄土的力学特性。Matalucci 等(1970a, 1970b)指出，当土体所受剪应力与颗粒方向垂直时，抗剪强度较大，而与颗粒方向平行时，则抗剪强度降低。根据试验结果，黄土场地的水平向和竖直向渗透系数差异显著，两个方向渗透系数之差可达 3 倍以上，这在一定程度上与黄土颗粒定向有关。

孔隙是黄土中骨架颗粒和胶结物以外的空间，常充满水、气，或二者皆有。黄土富含孔隙，一般孔隙度可达 42%～55%，孔隙比可达 0.8～1.2。黄土孔隙是在其沉积、成岩整个自然环境中发展变化的，因此黄土的孔隙也是其环境特征与变化的记录者(孙建中，2005)。黄土孔隙的尺寸、形貌、定向及连通性等密切影响黄土的湿陷性、压缩性和渗透性等工程性质。例如，孔隙类型影响土体结构的稳定性能，具有架空结构孔隙的黄土一般稳定性较差；大、中孔隙含量较多的黄土往往具有较强的湿陷性；密闭孔隙难以与渗流路径连通形成渗流通道，影响土体的渗透性。孔喉是孔隙之间相互连接比较狭窄的通道，因此也属于孔隙部分。孔喉的大小往往对渗透率有直接影响，孔喉越大，水越容易在孔隙中流通(Wei et al., 2019b, 2020b)。

黄土是一种结构性非常强烈的沉积物。对于具有相同密度、含水量等物理状态的原状和重塑黄土，其力学性质往往差异显著。也就是说，黄土的组成和物理状态尚不是决定黄土性质的全部因素，另一个对黄土性质影响很大的因素是黄土的结构。黄土的结构指颗粒或集粒、团粒在空间的排列和它们之间的相互联结。联结的形式可以是接触或胶结等，是颗粒间结合力的表现。颗粒的排列方式影响土体的密实程度，如黄土中颗粒的架空排列相比镶嵌排列为土体的变形提供更大的空间，因此具有更大的变形潜能。颗粒的接触关系影响土体对水、力作用的敏感性，如黄土中的黏粒胶结遇水后水化膜增厚，导致其颗粒间距离增大，联结强度降低。结构类型的变化显著影响黄土的湿陷性，如黄土高原地区从西北向东南，黄土微结构从支架大孔微胶结结构演化为凝块胶结结构，黄土的湿陷性由强到弱，湿陷系数由大到小，湿陷起始压力由低到高(王永焱等，1982)。

基于第 3 章构建的黄土三维微结构模型，考虑黄土固体颗粒、孔隙和结构三个一级指标，颗粒尺寸、颗粒形貌、颗粒定向、孔隙连通性、颗粒排列等 9 个二级指标，并进一步细化为 38 个三级指标，系统构建了黄土三维微结构定量化指标体系，见表 4.1 所示。

4.2 颗粒指标与表征

本研究中颗粒指标主要涉及颗粒的尺寸、形貌、定向等信息，具体指标参数如下。

(1) 等效直径(D_{eq}^{g})，即为与颗粒具有相同体积的球体直径，其表达式为

$$D_{\mathrm{eq}}^{g}=\sqrt[3]{\frac{6\times V^{g}}{\pi}} \tag{4.1}$$

式中，V^g 为颗粒的实际体积。

表 4.1　黄土三维微结构定量化指标体系

指标分级	一级指标	二级指标	三级指标
黄土三维微结构指标体系	颗粒指标	颗粒尺寸	等效半径 R_{eq}^g 等效直径 D_{eq}^g 颗粒体积 V^g 等效体积 V_{eq}^g 颗粒长轴 L_l^g 颗粒中轴 L_m^g 颗粒短轴 L_s^g 颗粒表面积 A^g 不均匀系数 C_u 曲率系数 C_q 颗粒等体积球体表面积 A_{eq}^g
		颗粒形貌	颗粒球度 S^g 细长率 E^g 扁平率 F^g 长短轴比 R^g
		颗粒定向	倾角 φ^g 倾向 θ^g
	孔隙指标	孔隙尺寸	孔隙度 n 等效半径 R_{eq}^v 等效直径 D_{eq}^v 孔隙体积 V^v 孔隙长轴 L_l^v 孔隙中轴 L_m^v 孔隙短轴 L_s^v
		孔隙形貌	细长率 E^v 扁平率 F^v 长短轴比 R^v
		孔隙连通性	配位数 CN^v 三维欧拉数 EN_{3d} 孔喉等效半径 R_{eq}^t 孔喉等效直径 D_{eq}^t 孔喉面积 S^t 孔喉通道长度 L^t
		孔隙定向	倾角 φ^v 倾向 θ^v

续表

指标分级	一级指标	二级指标	三级指标
黄土三维微结构指标体系	结构指标	颗粒排列	概率熵 H_m
		颗粒接触	配位数 CN 接触指数 CI

根据等效直径可将所提取的颗粒按等效直径 D_{eq}^{g} 大小划分成若干个粒径组 N，并对落入某一粒径组的颗粒数目进行统计，计算其概率 $D(d)$，计算公式如下：

$$D(d)=\frac{m_d}{m} \tag{4.2}$$

式中，m 为统计的颗粒数目；m_d 为在第 d 组粒径内的颗粒数目。根据等效直径分布，可以绘制出颗粒的直径分布累计曲线，从曲线中得到累计含量为 10%、30%和 60%的相应颗粒等效直径 D_{10}^{g}、D_{30}^{g}、D_{60}^{g}，从而可以计算不均匀系数 C_{u} 和曲率系数 C_{q}。

$$\begin{cases} C_{\mathrm{u}}=\dfrac{D_{60}^{g}}{D_{10}^{g}} \\ C_{\mathrm{q}}=\dfrac{D_{30}^{g\,2}}{D_{10}^{g}D_{60}^{g}} \end{cases} \tag{4.3}$$

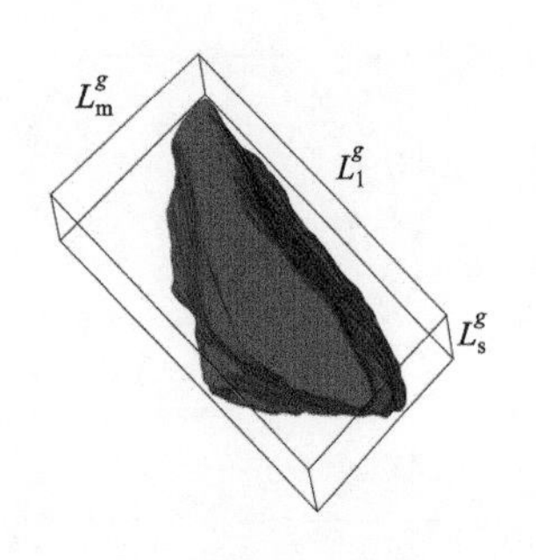

图 4.1　颗粒长、中、短轴示意图

(2) 长、中、短轴(L_{l}^{g}、L_{m}^{g}、L_{s}^{g})，即用两条距离可变的平行线贴近颗粒，不断旋转平行线的方向，得到的最大的平行线的距离就是颗粒的长轴，中轴是在与长轴正交的平面上的两条平行线之间的最大距离，短轴是位于与长轴正交的平面且与中轴垂直的最长线段(图 4.1)，长轴 L_{l}^{g} >中轴 L_{m}^{g} >短轴 L_{s}^{g} 。

(3) 细长率(E^g)，即为中轴与长轴之比($L_{\mathrm{m}}^{g}/L_{\mathrm{l}}^{g}$)，范围为 0～1，比值越小，说明颗粒形状越细长。图 4.2(a)为庆阳马兰黄土颗粒细长率分布。

(4) 扁平率(F^g)，即为短轴与中轴之比($L_{\mathrm{s}}^{g}/L_{\mathrm{m}}^{g}$)，范围为 0～1，比值越小，说明颗粒的形状越扁。图 4.2(b)为庆阳马兰黄土颗粒扁平率分布。

(5) 长短轴比(R^g)，即为长轴与短轴之比($L_{\mathrm{l}}^{g}/L_{\mathrm{s}}^{g}$)，范围大于 1，比值越大，说明颗粒越长，但形状不固定，有可能呈扁长状(中轴 L_{m}^{g} 较大)，有可能呈细长状(中轴 L_{m}^{g} 较小)。

(6) 颗粒球度(S^g)，是一个描述颗粒整体形貌的参数，即与颗粒体积相等的球的表面积与颗粒的表面积的比值，球度的取值范围介于 0～1 之间。当取值为 1 时，代表颗粒是球状，随着球度值逐渐减小，颗粒逐渐向不规则形状发展。

$$S^{g}=\frac{A_{\mathrm{eq}}^{g}}{A^{g}}=\frac{\sqrt[3]{36\pi V^{g\,2}}}{A^{g}} \tag{4.4}$$

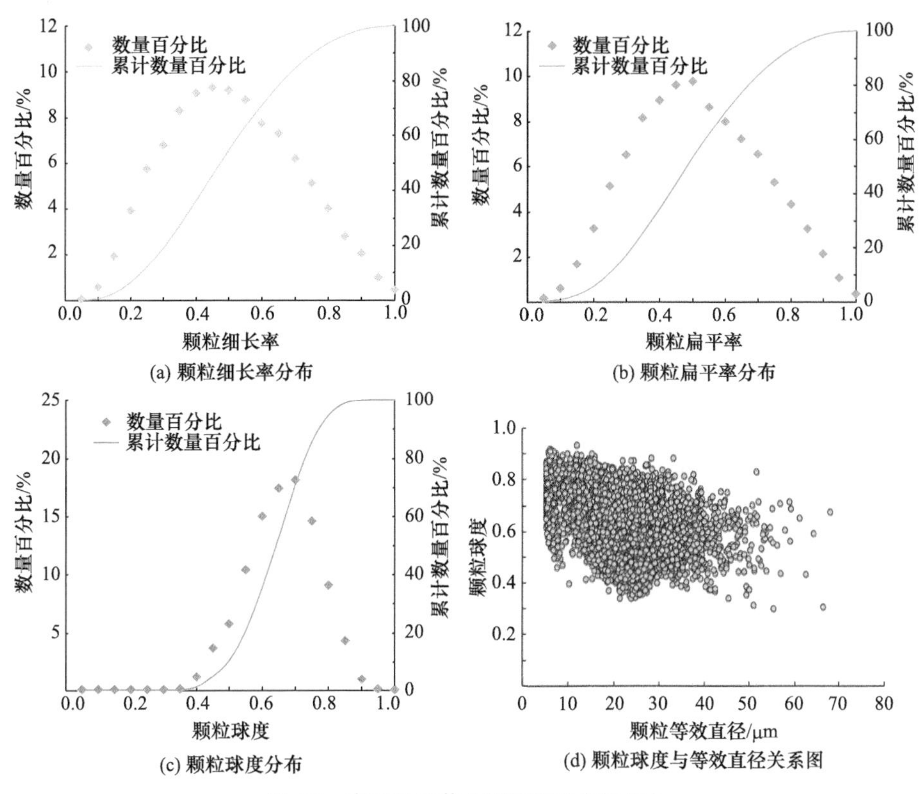

(a) 颗粒细长率分布　(b) 颗粒扁平率分布

(c) 颗粒球度分布　(d) 颗粒球度与等效直径关系图

图 4.2　庆阳马兰黄土颗粒形貌参数分布

式中，V^g 和 A^g 分别为颗粒的真实体积和表面积；A^g_{eq} 为与颗粒具有相同体积的球体表面积。图 4.2(c)、(d)分别为庆阳马兰黄土颗粒球度分布，以及颗粒球度与等效直径关系图。

根据颗粒球度和长短轴比，可将颗粒三维形态划分为六类，即片状、长条状、多棱角状、次棱角状、亚球状和球状，如图 4.3 所示。

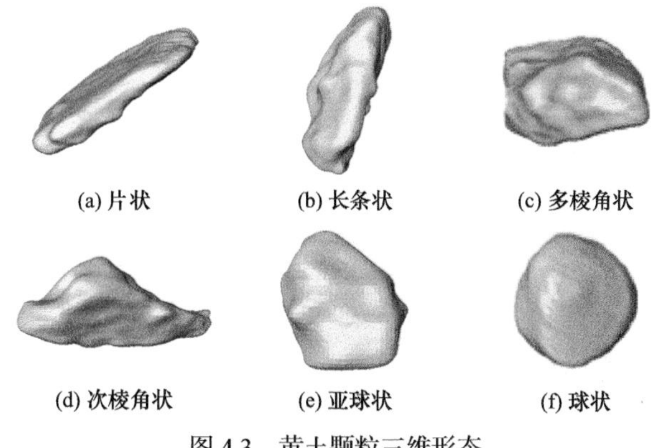

(a) 片状　(b) 长条状　(c) 多棱角状

(d) 次棱角状　(e) 亚球状　(f) 球状

图 4.3　黄土颗粒三维形态

(7) 方向角(φ^g，θ^g)，对于二维图像来说，颗粒的方向只需要一个角度来表示，而三维表示的颗粒方向需要两个角度来确定，如图 4.4 所示，倾角 φ^g 表示 z 轴与颗粒长轴之间的夹角，取值范围介于 0°～90°之间，倾向 θ^g 代表长轴在水平面上的投影与 x 轴之间的夹角，取值范围介于 0°～360°之间。图 4.5 为白鹿塬马兰黄土倾角 φ^g 分布。

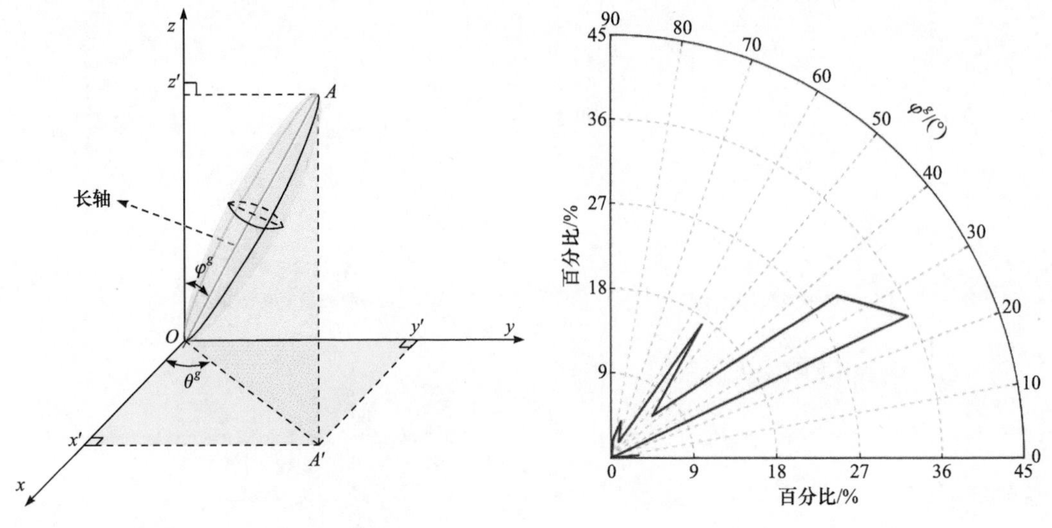

图 4.4　颗粒方向角示意图　　图 4.5　白鹿塬马兰黄土倾角 φ^g 分布

4.3　孔隙指标与表征

孔隙指标所涉及的参数用于描述孔隙的尺寸、形貌、定向等信息。采用类似于颗粒指标的定义方式；孔喉指标主要涉及配位数、欧拉数、孔喉半径、面积及长度等用以描述孔隙的连通性及孔喉尺寸的参数。

(1) 孔隙度(n)，即孔隙总体积与土体总体积之比，常以百分数表示，其表达式为

$$n = \frac{V^v}{V} \times 100\% \tag{4.5}$$

式中，V^v 为孔隙体积；V 为土体总体积。

(2) 等效半径(R_{eq}^v)，即为与孔隙具有相同体积的球体半径，其表达式为

$$R_{eq}^v = \sqrt[3]{\frac{3 \times V^v}{4\pi}} \tag{4.6}$$

图 4.6 为庆阳马兰黄土孔隙等效半径分布。

(3) 细长率(E^v)、扁平率(F^v)和长短轴比(R^v)的定义与颗粒的一致。孔隙的细长率即为孔隙中轴与长轴之比(L_m^v/L_l^v)；孔隙的扁平率即为孔隙短轴与中轴之比(L_s^v/L_m^v)；孔隙的长短轴比即为孔隙长轴与短轴之比(L_l^v/L_s^v)。

(4) 方向角(φ^v，θ^v)，φ^v 表示 z 轴与孔隙通道之间的夹角，取值范围介于 0°～90°之间；θ^v 表示孔隙通道在水平面上的投影与 x 轴之间的夹角，取值范围介于 0°～360°之间。

(5) 配位数(CN^v)，孔隙的配位数是衡量孔隙连通性的参数之一，代表一个孔与周围孔

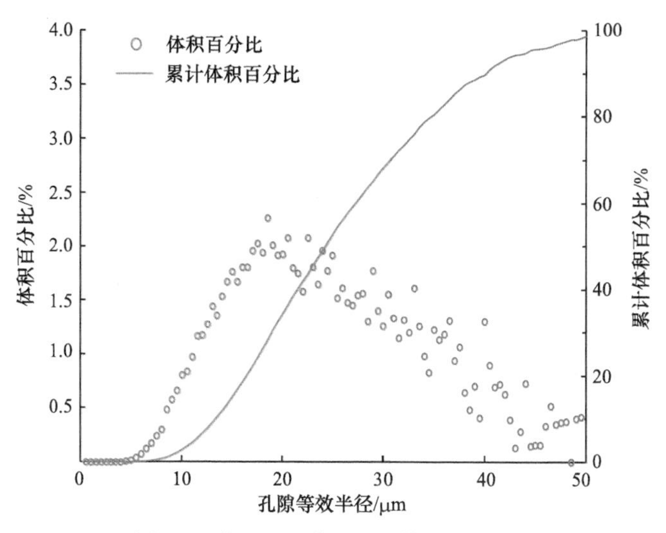

图 4.6　庆阳马兰黄土孔隙等效半径分布

隙的连通能力，配位数越大，孔隙的连通性越好。当 $CN^v=1$ 时，表示该孔隙只与一个孔隙相连接，在研究黄土渗流问题时，该孔隙无法作为渗流通道；当 $CN^v=0$ 时，表示该孔隙为孤立孔隙。如图 4.7 所示，等效孔隙 Node 1 周围没有孔隙与其连通，则 $CN^v=0$；等效孔隙 Node 4 与周围三个孔隙连通，则 $CN^v=3$。

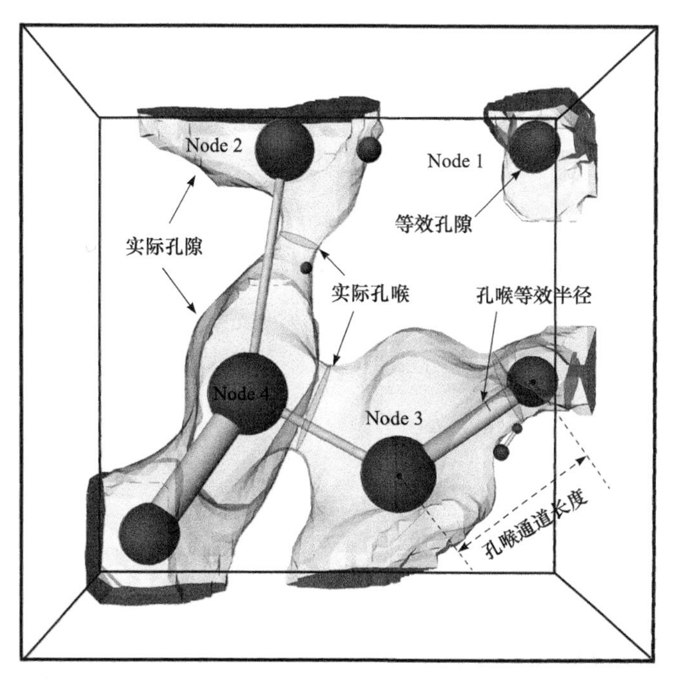

图 4.7　孔隙网络模型示意图

(6) 三维欧拉数(EN_{3d})，也是衡量孔隙连通性的参数，其表达式为

$$EN_{3d} = \beta_0 - \beta_1 + \beta_2 \tag{4.7}$$

式中，β_0为连接体数；β_1为不产生分离的最大切割数；β_2为闭合的空穴数。一般情况下，欧拉数越小，孔隙连通性越好。

(7) 孔喉等效半径(R_{eq}^t)，即连接两个孔隙通道的等效半径，如图 4.7 所示。图 4.8 为洛川马兰黄土孔喉等效半径分布。

(8) 孔喉面积(S^t)，即连接两个孔隙通道最细部分的截面面积，如图 4.7 中深色椭圆形所示。

(9) 孔喉通道长度(L^t)，即两个孔隙之间的距离，如图 4.7 所示。

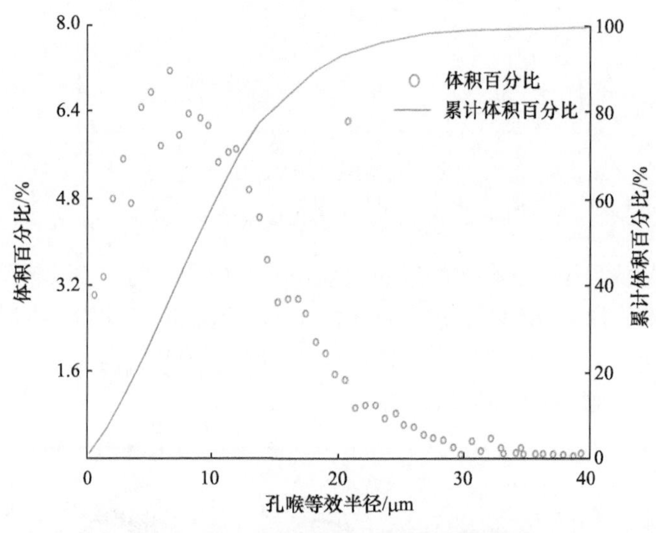

图 4.8　洛川马兰黄土孔喉等效半径分布

不同地区、不同时代黄土的颗粒、孔隙指标可能会服从不同的分布函数，如 Gamma 分布、Gaussian 分布、LogNormal 分布等，在研究黄土微结构及其水、荷载作用下微结构演化时，可通过分布函数中参数的变化情况分析微结构参数的变化特征。

4.4　排列与接触

颗粒的排列和接触关系可以反映黄土的微结构特征，但是这两种指标属于非确定型指标，难以数学表达和量测。目前，对黄土颗粒的排列与接触关系研究主要为定性表征，定量表征鲜有涉及。胡瑞林、张礼中等借助分形理论，利用开发的新版土体微观结构定量分析系统对这些非确定型指标进行量化表示(胡瑞林等，1999；张礼中等，2008)。颗粒排列方式可用颗粒定向分维 D_{di} 表示，其表达式如下所示：

$$D_{di} = -\lim_{X \to 0} \frac{\sum P_i \cdot \ln P_i}{\ln X} \tag{4.8}$$

式中，X为颗粒方位夹角增量；P_i为颗粒取向于某一被X分割的方向区间的概率，反映颗粒的定向程度。

颗粒接触关系可用接触带分布分维 D_{CO} 表示，其表达式如下所示：

$$D_{CO} = -\lim_{X \to 0} \frac{\ln N(Y)}{\ln Y} \tag{4.9}$$

式中，Y 为图像分割格网边长；$N(Y)$为对于 Y 的图像上含有接触带的网格总数，反映接触带分布密度及复杂性。

参考其他土体中颗粒排列与接触关系的定量表征(Fonseca et al., 2013; 吴义祥，1991)，如颗粒排列特征可用概率熵(H_m)量化；颗粒接触关系可用配位数(CN)、接触指数(CI)量化。

(1) 概率熵(H_m)，该指标可反映颗粒单元体排列的有序性(吴义祥，1991)。其定义如下：

$$H_m = -\sum_{i=1}^{n} P_i \log_n P_i \tag{4.10}$$

式中，P_i 为结构单元体在某一方位区中呈现的概率；n 为单元体排列方向中等分的方位区数。H_m 取值在 0～1 之间，当 H_m=0 时，表明所有的结构单元体排列方向均在同一方位，有序度最高；当 H_m=1 时，表明单元体完全随机排列，完全无序。

(2) 配位数(CN)，表示为一个颗粒的平均接触数量(Fonseca et al., 2013)，其表达式为

$$\mathrm{CN} = \frac{2N_c}{N_p} \tag{4.11}$$

式中，N_p 为颗粒的数量；N_c 为接触数量。需要说明的是，这里的 CN 不同于 4.3 节中的配位数，该指标是描述颗粒的接触数量，而 4.3 节中的配位数是描述孔隙的连通性。

(3) 接触指数(CI)，表示为集合体中平均一个颗粒接触的面积与颗粒表面积之比(Fonseca et al., 2013)，其表达式为

$$\mathrm{CI} = \frac{1}{N_p} \sum_{i=1}^{N_p} \frac{1}{A_{p,i}^g} \sum_{j=1}^{N_{c,i}} S_{c,j} \tag{4.12}$$

式中，N_p 为集合体中颗粒的数量；$A_{p,i}^g$ 为颗粒 i 的表面积；$S_{c,j}$ 为颗粒 i 的所有接触中第 j 个接触的接触面积；$N_{c,i}$ 为颗粒 i 的接触数量。例如，当 CI=0.3 时，表示在集合体中平均一个颗粒表面约三分之一的面为接触面。

4.5　黄土微结构类型

开展黄土的微观结构类型研究，有利于更好地揭示黄土的灾变机理，为有效开展黄土灾害的评价和防治提供基础。针对黄土的微结构类型划分，科研和工程人员开展了大量研究工作，提出了多种分类方案。迄今为止，朱海之(1963)、张宗祜(1964)、高国瑞(1980a, 1980b)、王永焱等(1982)、雷祥义(1989)等提出的黄土微结构类型划分方案已为大家熟知，这些分类中主要考虑了颗粒大小和颗粒黏结状态的变化。张宗祜根据偏光镜观测结果，将黄土微结构划分为 7 种类型：粉砂质孔隙胶结结构、粉砂质孔隙斑状胶结结构、粉土质孔隙斑状胶结结构、粉砂质细粒斑状胶结结构、粉土质基底胶结结构、粉砂质接触胶结结构、粉砂质薄膜胶结结构；朱海之划分为接触胶结、接触-基底胶结、基底胶结 3 种类型；高

国瑞考虑颗粒、镶嵌、接触和胶结情况划分为 12 种类型；王永焱和雷祥义则将中国黄土微结构分为 3 个组合，6 个类型，见表 4.2 所示。但是，上述这些微观结构分类方法主要是在抽象基础上提出的概念模型，很少基于高精度观测和定量化微结构试验数据。并且，由于每一种分类方案考虑的类别太多，有些识别条件难以区分和确定，使得这些分类方案在实践中难以应用。因此，以高精度实验数据为基础的更简单、更普遍、更直观的分类方法更具有科学意义。

表 4.2　我国黄土的微结构类型(孙建中，2005)

张宗祜 (偏光镜下)	朱海之 (偏光镜下)	高国瑞 (扫描电镜下)	王永焱 (扫描电镜下)	雷祥义 (扫描电镜下)
1. 粉砂质孔隙胶结结构 2. 粉砂质孔隙斑状胶结结构 3. 粉土质孔隙斑状胶结结构 4. 粉砂质细粒斑状胶结结构 5. 粉土质基底胶结结构 6. 粉砂质接触胶结结构 7. 粉砂质薄膜胶结结构	1. 接触胶结 2. 接触-基底胶结 3. 基底胶结	1. 粒状、架空接触结构 2. 粒状、架空-镶嵌-胶结结构 3. 粒状、架空-镶嵌接触结构 4. 粒状、架空、胶结结构 5. 粒状、架空、镶嵌、接触-胶结结构 6. 粒状、架空、镶嵌、胶结结构 7. 粒状-凝块、架空、胶结结构 8. 粒状-凝块、架空-镶嵌、胶结结构 9. 粒状、镶嵌接触结构 10. 粒状、镶嵌、胶结结构 11. 粒状-凝块、镶嵌、胶结结构 12.凝块、镶嵌、胶结结构	支架-镶嵌结构组合 1. 支架大孔结构 2. 镶嵌微孔结构 半胶结结构组合 3. 支架大孔半胶结结构 4. 镶嵌微孔半胶结结构 胶结结构组合 5. 絮凝胶结结构 6. 凝块胶结结构	微胶结结构组合 1. 支架大孔微胶结结构 2. 镶嵌微孔微胶结结构 半胶结结构组合 3. 支架大孔半胶结结构 4. 镶嵌微孔半胶结结构 胶结结构组合 5. 絮凝胶结结构 6. 凝块胶结结构

本节以马兰黄土为例，为了更方便地识别、确定马兰黄土微结构类型，根据不同地区马兰黄土微结构试验结果，结合前人的分类方案和土力学对土体微结构类型分类的通用方案，本着简化和易于应用的目的，将马兰黄土的微观结构分为四类，包括单粒架空结构、单粒镶嵌结构、集粒架空结构和絮凝结构。其中单粒架空结构是指马兰黄土的骨架由较大尺寸的黄土颗粒支架组成[图 4.9(a)]；单粒镶嵌结构是指马兰黄土的骨架由较大尺寸的黄土颗粒镶嵌而成[图 4.9(b)]；集粒架空结构是指马兰黄土的骨架由部分集粒与单粒之间相互支架形成架空结构[图 4.9(c)]；絮凝结构是指马兰黄土的骨架由单粒、集粒以及较小尺寸的细

(a) 单粒架空结构

(b) 单粒镶嵌结构

(c) 集粒架空结构

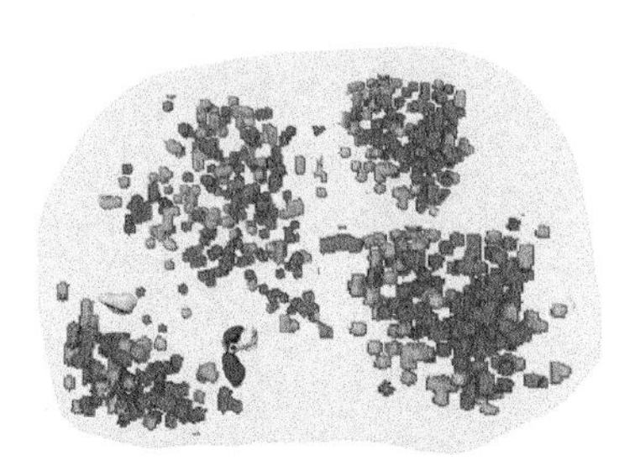

(d) 絮凝结构

图 4.9　马兰黄土的主要微结构类型

粉粒聚集而成[图 4.9(d)]。图 4.9 源于 CT 图像，由于精度受限，黄土中一些黏粒无法准确判断其边界，因此以图中阴影部分代表聚集的黏粒团的分布情况。

4.6　小　结

本章基于黄土三维微结构数字化几何模型，考虑黄土固体颗粒、孔隙和结构三个一级指标，尺寸、形貌、定向、连通性、排列等 9 个二级指标，并进一步细化为 38 个三级指标，系统构建了黄土三维微结构定量化指标体系。

相比传统基于二维图像的定量表征，微结构的高精度三维表征更能客观、真实地反映黄土的微结构特征。基于高精度三维微结构参数，可定量化研究不同区域、不同时代地层黄土微结构的分布特征和变化规律，定量刻画水、荷载作用下黄土微结构的演化规律，为更深入地揭示黄土的工程性质及其灾变力学机制奠定基础。

第5章　黄土微结构的区域变化规律

黄土的微结构是在黄土沉积时及沉积后的成土作用过程中形成的，其微结构类型、特征和参数往往受其所处的地质环境条件和所经历的地质历史过程等的影响，主要包括物质来源、搬运距离、沉积地貌、气候环境、成壤作用、上覆地层厚度、浸润和侵蚀过程等。因此，黄土的微结构特征往往会因地区不同、因地层时代和位置不同而异。然而，原状黄土作为一种风积沉积物，其微结构特征与原生地质环境条件具有很强的关联性，在很大程度上体现了黄土的沉积背景和沉积韵律。由于黄土高原地质环境条件的区域性、气候多样性和气候变化近周期性等，某一典型地层黄土的微结构在统计上往往具有区域性特征，不同黄土地层之间微结构差异也非常显著。研究黄土微结构的区域变化规律可为黄土的形成和古地质环境条件演化分析提供一定的科学依据。

马兰黄土是黄土高原分布范围最广、工程性质特殊且与工程建设最为密切的典型黄土地层(刘东生，1966；孙建中，2005)。马兰黄土中往往发育有大量垂直节理，具有大孔隙架空结构，表现出强烈的结构性和水敏性，是非常典型的结构性土。由于其分布特征、工程特性和环境敏感性，马兰黄土是研究黄土微结构的典型地层。对于不同时代的黄土，重点考虑地层连续性和次生扰动作用弱等要求，选取黄土塬区大厚度连续原状黄土-古土壤地层为研究对象。本章重点研究黄土高原马兰黄土以及白鹿塬和洛川不同时代黄土的微结构特征和变化规律。采用基于连续切片技术的黄土三维微结构研究方法，通过试样制备、样品抛光循环打磨、光学显微镜观测、连续切片、图像处理和三维重构等技术处理，获取黄土三维微结构特征和定量化表征参数，在此基础上重点研究马兰黄土和不同时代地层黄土的微结构特征和变化规律，研究结果可为黄土工程特性的确定及灾变机制的揭示提供基础。

5.1　马兰黄土三维微结构特征及区域变化规律

5.1.1　研究方案

1) 取样点布设

基于我国黄土湿陷性分区特征，考虑取样点的区域分布规律及其在平面上的控制作用，分别在陇西、陇东-陕北-晋西、关中、山西-冀北等地区设置取样点。形成了数条贯穿黄土高原地区的横、纵向控制剖面。本次研究共设置了17个取样点，取样点分布如图5.1所示。为了降低次生扰动作用对黄土结构的影响，取样点一般位于黄土塬、梁和峁的顶部。为了尽量减少上覆土层产生的影响，取样点深度均统一设置为2.0～3.0m。为了尽量减少开挖对试样的扰动，首先在取样点开挖探坑或探槽，然后在坑壁人工获取Ⅰ级不扰动原状试样。

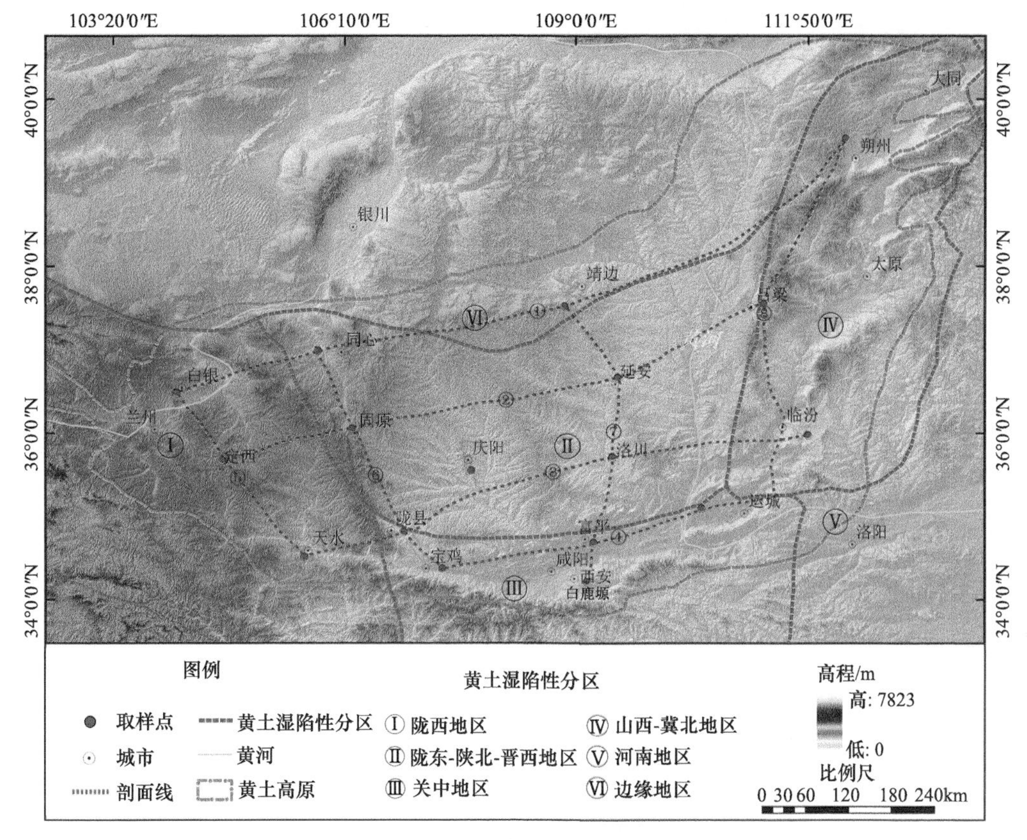

图5.1 取样点的位置和分布

2) 试样物理力学参数

针对不同取样点的马兰黄土开展室内物理力学试验，确定其物理力学参数。各取样点位置坐标、样品密度、液限、塑限等参数见表5.1所示，其中，黏聚力 c 和内摩擦角 φ 根据直剪试验确定，湿陷系数则由双线法测试确定。

表5.1 样品物理力学参数

序号	取样点	东经/(°)	北纬/(°)	样品密度/(g/cm³)	液限指数 L_l/%	塑限指数 P_l/%	渗透系数 k/(cm/s)	黏聚力 c/kPa	内摩擦角 φ/(°)	湿陷系数 δs
1	白银	104.108070	36.487720	1.30	12.8	7.6	3.59×10^{-4}	2.23	29.87	1.310
2	同心	105.839971	36.989577	1.41	15.6	3.8	3.62×10^{-4}	2.17	30.81	0.510
3	靖边	108.865797	37.524558	1.41	16.0	8.5	1.45×10^{-4}	1.30	23.50	0.028
4	朔州	112.303328	39.530151	1.36	15.2	6.2	8.03×10^{-5}	2.22	30.46	0.380
5	定西	104.667692	35.675888	1.22	16.8	11.1	3.42×10^{-4}	3.67	28.74	1.360
6	固原	106.251831	36.057281	1.32	13.2	7.8	3.59×10^{-4}	5.14	27.73	0.145
7	延安	109.504034	36.664456	1.40	11.5	8.0	5.82×10^{-5}	0.28	31.02	0.140
8	吕梁	111.287598	37.548616	1.48	15.4	8.0	3.34×10^{-5}	2.85	30.59	0.030
9	天水	105.676237	34.519598	1.39	15.2	7.9	3.94×10^{-4}	3.47	25.52	0.525

续表

序号	取样点	东经/(°)	北纬/(°)	样品密度/(g/cm³)	液限指数 L_I/%	塑限指数 P_I/%	渗透系数 k/(cm/s)	黏聚力 c/kPa	内摩擦角 φ/(°)	湿陷系数 δs
10	陇县	106.928084	34.865727	1.43	18.6	12.8	3.30×10^{-4}	3.42	25.57	0.015
11	庆阳	107.722263	35.551338	1.64	14.2	7.2	1.88×10^{-5}	1.31	44.32	0.240
12	临汾	111.838418	35.977374	1.75	17.8	8.0	1.72×10^{-5}	1.13	30.23	0.095
13	富平	109.212720	34.683702	1.99	15.3	7.0	1.06×10^{-4}	3.24	31.64	0.100
14	运城	110.531427	35.099101	1.62	14.0	7.9	1.48×10^{-5}	2.03	34.22	0.060
15	白鹿塬	109.127478	34.220378	1.81	32.0	23.7	6.12×10^{-5}	3.05	25.34	0.026
16	宝鸡	107.361741	34.382616	1.37	16.4	11.2	4.65×10^{-4}	2.29	28.87	0.730
17	洛川	109.432358	35.7091565	1.32	16.2	11.7	1.43×0^{-4}	63.50	23.53	0.027

采用激光粒度仪对样品的颗粒级配进行测试，不同试样粒度分布曲线如图 5.2 所示。由图可见，取自不同地区马兰黄土试样的颗粒粒径范围主要分布在 0.1～100μm 间，其中，粒径小于 2μm 的黏粒含量占 5%～20%，粒径小于 75μm 的颗粒含量达 80%以上。由不同地区级配曲线位置关系可见，取自黄土高原西北部的同心、白银、固原等地的黄土大颗粒含量较多。

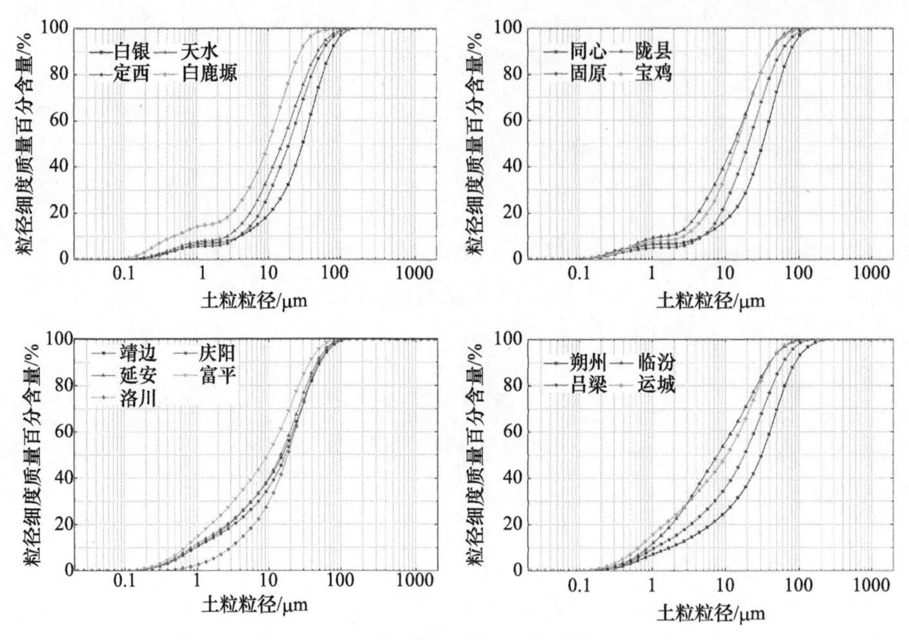

图 5.2 不同试样粒度分布曲线

5.1.2 颗粒特征及区域变化规律

1) 等效直径及区域变化规律

颗粒是黄土骨架的重要组成部分，其大小、级配和分布在一定程度上反映了黄土的沉积环境、微结构特征和物理力学性质。采用基于连续切片技术的黄土三维微结构研究方法，获取了不同地区马兰黄土三维微结构特征和定量化参数，提取了与黄土颗粒相关的形貌、粒径、定向等指标，并分析其变化规律。

根据三维重建，获取了不同地点黄土颗粒的等效直径，统计分析等效直径与相应颗粒数量的关系，确定马兰黄土颗粒等效直径的概率分布曲线、函数及概率密度。虽然不同地点黄土颗粒直径的具体数据有一定差异，但颗粒等效直径-数量的分布形式和特征比较相似。选取延安黄土为例，给出了延安马兰黄土颗粒等效直径-概率密度统计结果。根据统计数据的分布特征，采用 Gamma 分布、Gaussian 分布和 Rational 分布等函数进行拟合，结果见图 5.3 所示。

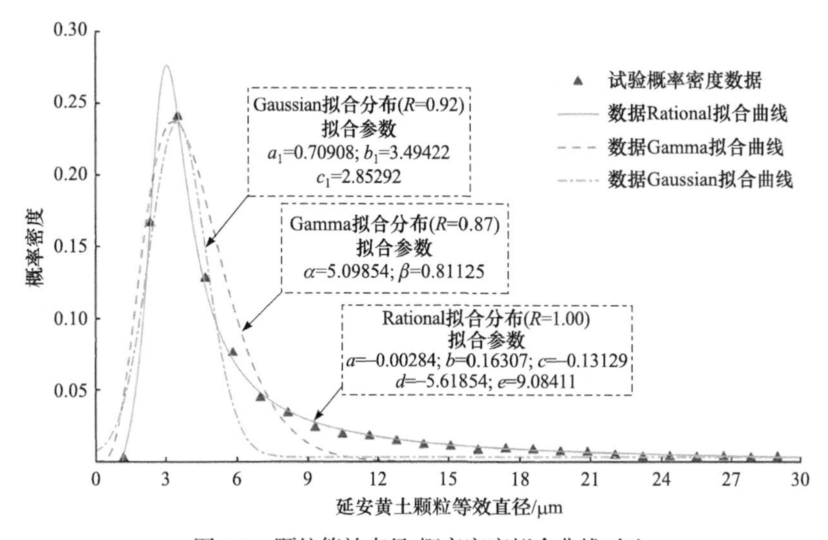

图 5.3　颗粒等效直径-概率密度拟合曲线对比

Rational 分布的分布函数表达式如式(5.1)所示。

$$f\left(D_{\mathrm{eq}}^{g}\right)=\frac{a\left(D_{\mathrm{eq}}^{g}\right)^{2}+bD_{\mathrm{eq}}^{g}+c}{\left(D_{\mathrm{eq}}^{g}\right)^{2}+dD_{\mathrm{eq}}^{g}+e} \tag{5.1}$$

式中，D_{eq}^{g} 为颗粒等效直径；a，b，c，d，e 为拟合参数。

Gaussian 分布的分布函数表达式如式(5.2)所示。

$$f\left(D_{\mathrm{eq}}^{g}\right)=a_1\times \mathrm{e}^{-1\times\left(\frac{D_{\mathrm{eq}}^{g}-b_1}{c_1}\right)^2} \tag{5.2}$$

式中，a_1，b_1，c_1 为拟合参数。

Gamma 分布的分布函数表达式如式(5.3)所示。

$$f\left(D_{\mathrm{eq}}^{g}\right)=\frac{\beta^{\alpha}}{\Gamma(\alpha)}{D_{\mathrm{eq}}^{g}}^{\alpha-1}\mathrm{e}^{-\beta D_{\mathrm{eq}}^{g}},\ D_{\mathrm{eq}}^{g}>0 \tag{5.3}$$

式中，α，β 为拟合参数。

根据各取样点试验结果的拟合情况，Rational 函数拟合度最高，其次是 Gaussian 函数，再次是 Gamma 函数。因此，本节选用 Rational 分布，据此研究不同地点黄土颗粒直径及分布的区域变化规律。

图 5.4 给出了不同地区马兰黄土试样的试验概率密度数据、概率密度拟合曲线和概率累计曲线。

为了定量对比黄土颗粒的区域变化规律，一般选取某个特征粒径或某粒径范围内颗粒数量作为依据。本章分别选取中位数颗粒等效直径、等效直径为 0～5μm、0～10μm 和 0～20μm 范围的颗粒数量百分比为参数，采用最小二乘法进行插值计算，获得马兰黄土颗粒特征参数在黄土高原地区的分布云图和变化规律，结果如图 5.5 所示。由图可见，位于黄土高原北部靖边地区较大粒径黄土颗粒的数量较多，位于黄土高原西南部的定西、天水、陇

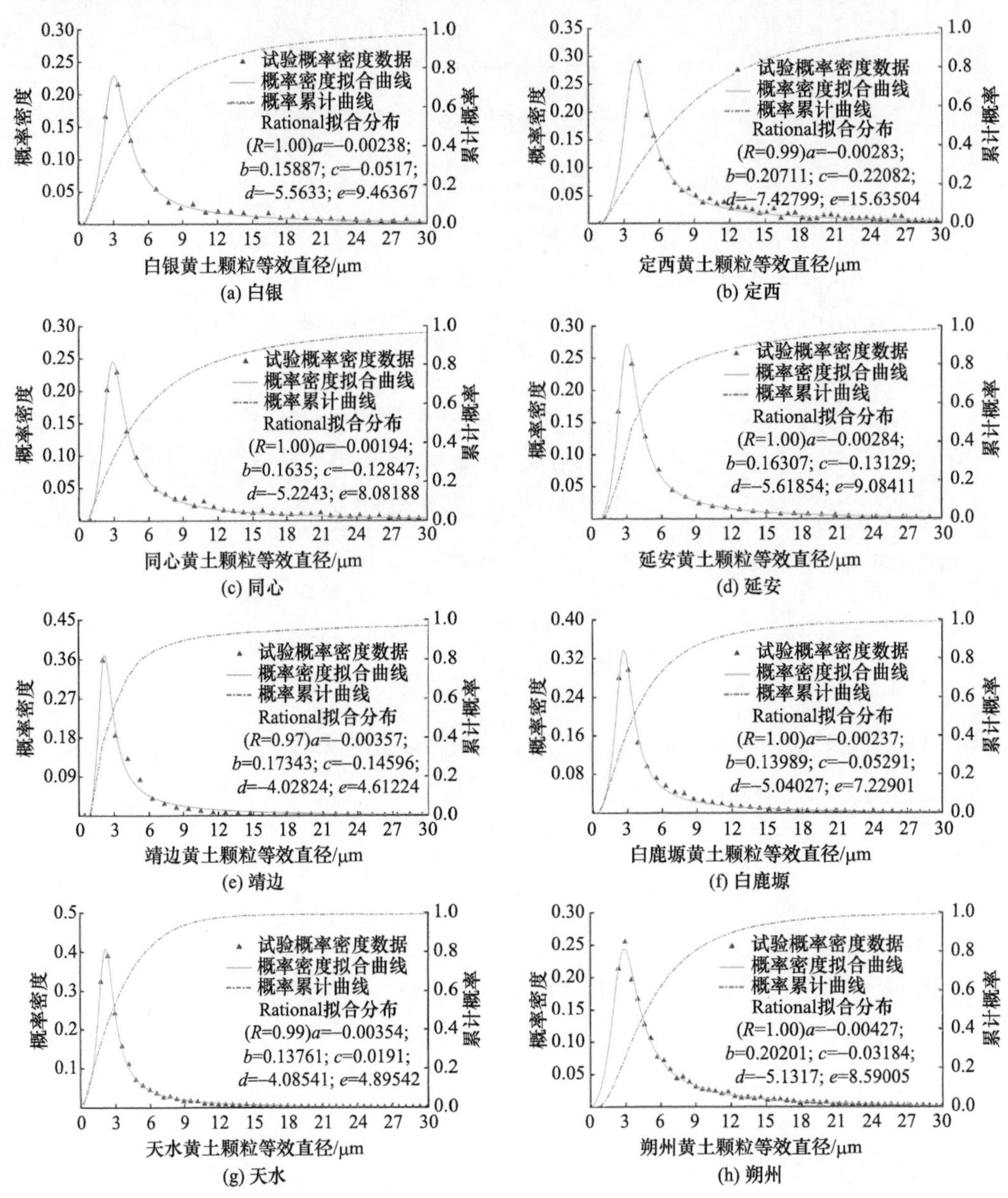

(a) 白银　(b) 定西　(c) 同心　(d) 延安　(e) 靖边　(f) 白鹿塬　(g) 天水　(h) 朔州

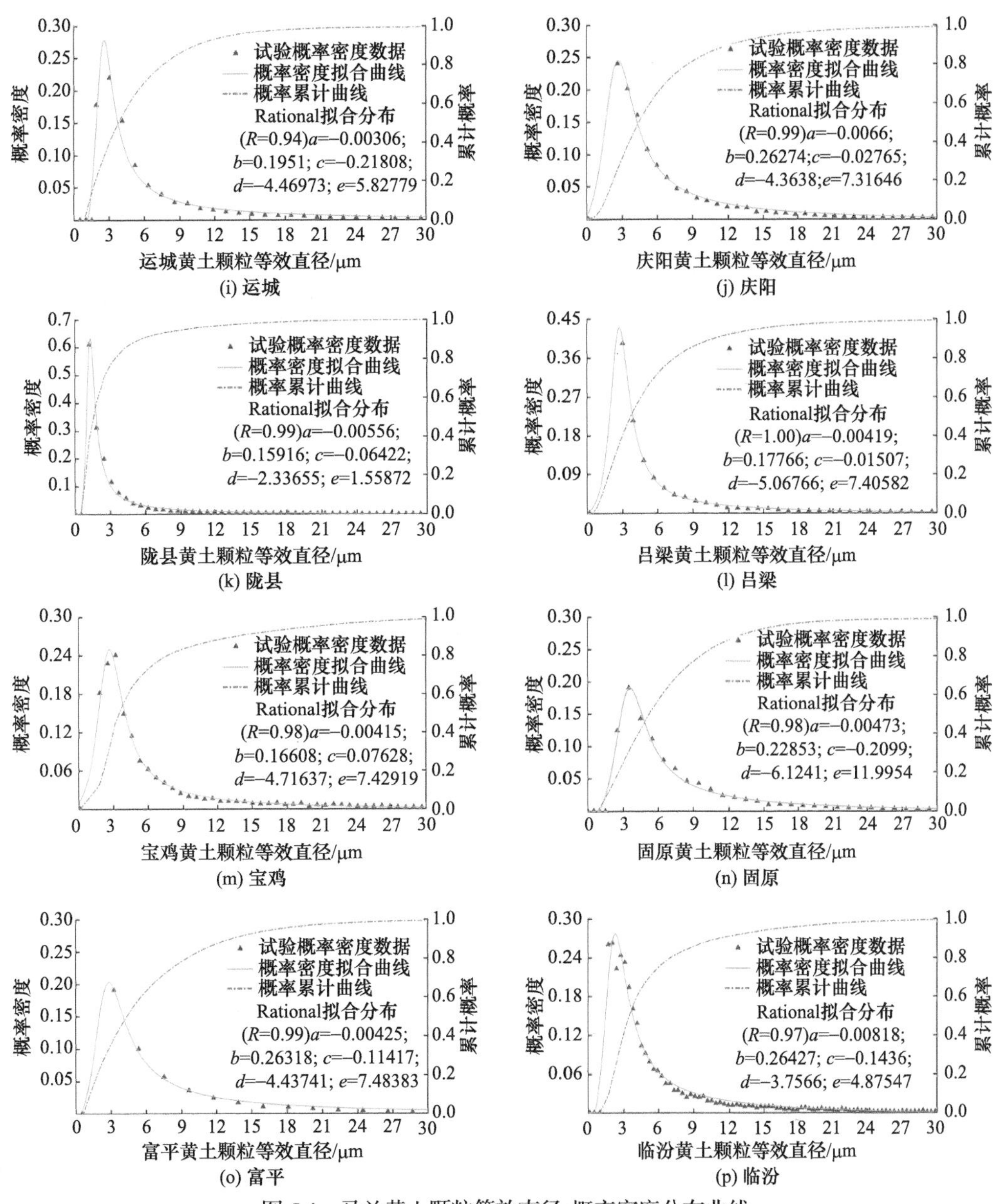

图 5.4　马兰黄土颗粒等效直径-概率密度分布曲线

洛川黄土数据见图 5.27(a)

县地区较小粒径的黄土颗粒数量较多。中位数等效直径由靖边向黄土高原其他地区逐渐减小，沿西南方向递减幅度最大，向东北方向减小幅度最小。

目前，黄土的风积成因已被大家广泛接受。从沉积过程的角度分析，黄土粒径大小分布特征主要与黄土颗粒的物源、距离和风积动力有关，其中风积动力则受气候环境和地质条件影响。黄土物质的搬运主要受冬季季风的影响，末次冰期强烈的季风和干冷气候环境，使得黄土高原西北地区地表剥蚀作用加强，戈壁沙漠地带植被覆盖率降低，沙漠边缘整体南移。黄土颗粒从物源地被剥离、滚动、扬起，在季风作用下多次搬运沉积，形成了从北

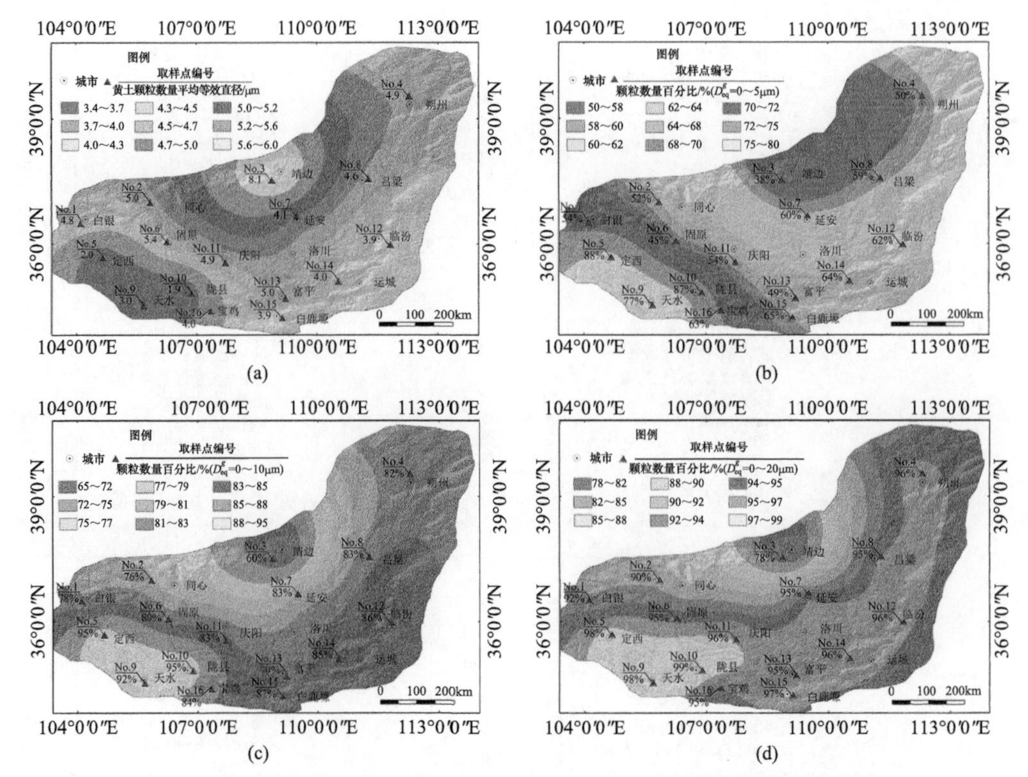

图 5.5　黄土高原马兰黄土颗粒粒径参数分布云图

至南粒径逐渐变小的区域变化规律。由于黄土高原西侧的青藏高原地势较高，而冬季气候的高、低气压区分别位于黄土高原的西北和东南部，黄土高原冬季季风的主导方向和较高速度运动方向主要是西北-东南向，导致沿该方向搬运动力较强，黄土颗粒的粒径变化梯度较小，而垂直于该方向黄土粒径的梯度变化较大。

黄土颗粒物质主要来源于黄土高原西北部，在风动力作用下向黄土高原的东南向搬运。受气候和地质环境条件的影响，黄土高原北部地区马兰黄土的大颗粒含量较多，南部和东南部地区马兰黄土小颗粒含量较多，西南部地区马兰黄土的小颗粒含量最多。

2) 颗粒形貌特征及区域变化规律

黄土颗粒的形貌特征受母岩成分、搬运和沉积过程等的影响。根据微结构试验结果，采用黄土颗粒球度、形态比(长短轴比)等参数作为定量化指标，分析颗粒形貌特征及其区域变化规律。

根据微结构试验结果，马兰黄土颗粒三维形貌类型主要分为片状、长条状、多棱角状、次棱角状、亚球状和球状等几种。根据马兰黄土三维微结构试验的定量化分析结果，确定了不同地区不同形貌类型颗粒比例，结果见表 5.2 所示。可见，马兰黄土颗粒三维形貌类型的数量由多至少依次为：次棱角状和亚球状>多棱角状和长条状>球状和片状，其中，片状和球状颗粒含量极少。

由表 5.2 可见，运城、临汾、宝鸡、天水等靠近黄土高原南边界附近地区的马兰黄土含有更多磨圆度较高的黄土颗粒，而位于黄土高原北边界附近靖边等地区马兰黄土则含有更多磨圆度较低的黄土颗粒。

表 5.2 不同地区不同形貌类型颗粒比例

地区/类型	片状	长条状	多棱角状	次棱角状	亚球状	球状
运城	/	/	10	37	53	/
延安	/	1	9	50	40	/
同心	/	/	9	47	44	/
天水	/	/	10	33	57	/
朔州	/	1	11	52	36	/
庆阳	/	1	6	42	50	1
吕梁	/	1	11	52	35	1
陇县	/	1	20	55	24	/
临汾	/	/	7	29	58	6
靖边	/	10	12	40	48	/
固原	/	1	12	81	6	/
富平	/	/	9	45	45	1
定西	/	2	38	53	7	/
宝鸡	/	1	13	36	50	/
白银	/	/	11	48	40	/
白鹿塬	/	/	14	62	24	/
洛川	/	1	11	32	48	/

图 5.6 给出了黄土高原马兰黄土颗粒球度和长短轴比的中位数值及其区域分布特征。由图可见，颗粒球度中位数较大值沿白银、同心至临汾一带分布，处于黄土物质的主要搬运路径和方向，受磨蚀历史的影响作用较为显著。长短轴比则呈东部大西部小的分布趋势，其等值线与粒径等值线呈大角度相交，可见颗粒长短轴比与运动距离相关性较低，主要受颗粒物源属性及其物理性质的影响。

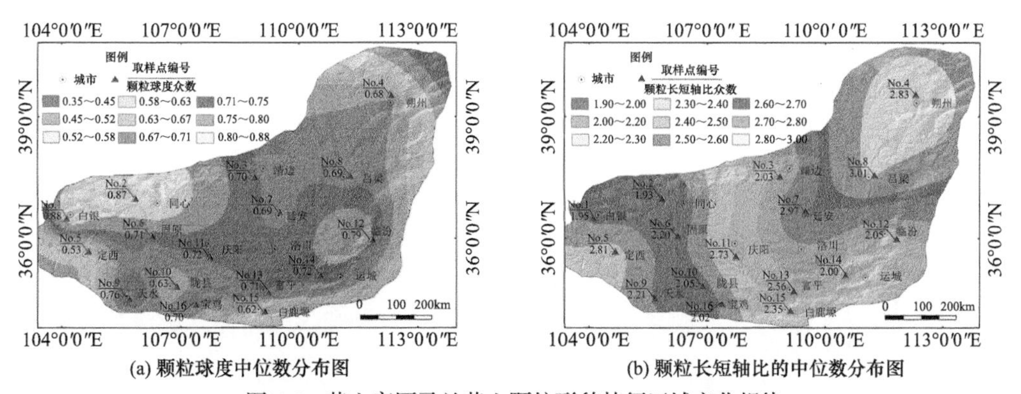

(a) 颗粒球度中位数分布图　　(b) 颗粒长短轴比的中位数分布图

图 5.6 黄土高原马兰黄土颗粒形貌特征区域变化规律

综上所述，马兰黄土颗粒球度主要与颗粒大小和搬运距离相关，受控于黄土颗粒的磨蚀历史；长短轴比则主要与颗粒物理性质相关，受控于颗粒物源特性。马兰黄土颗粒形貌特征及其区域变化规律由颗粒大小、物理性质和磨蚀历史综合确定。

3) 马兰黄土颗粒定向特征及区域变化规律

根据试验结果统计分析，不同地区马兰黄土颗粒的倾角 φ^g 分布特征差异显著。其中白鹿塬、天水、固原等地颗粒倾角 φ^g 主要集中在 20°～40°之间；白银、宝鸡、靖边、临汾、同心、运城等地颗粒倾角 φ^g 主要集中在 50°～60°之间；定西、富平、陇县、吕梁、庆阳、朔州、延安等地颗粒倾角 φ^g 主要集中在 70°～90°之间。颗粒倾向 θ^g 分布特征的差异性相对较小。各典型地区马兰黄土颗粒定向分布曲线如图 5.7 所示。

黄土高原马兰黄土颗粒倾角 φ^g 和倾向 θ^g 的中位数大小区域分布特征如图 5.8 所示。由图可见，中位数具有明显的区域性特征。在黄土高原的腰线附近分布着一条明显的近北东向条带，沿该条带黄土颗粒的倾角 φ^g 和倾向 θ^g 整体较大，颗粒倾角更趋于竖直，颗粒走向趋于南北向。在条带外，随着距离的增加，颗粒倾角更趋于平缓，颗粒走向趋于东西向。

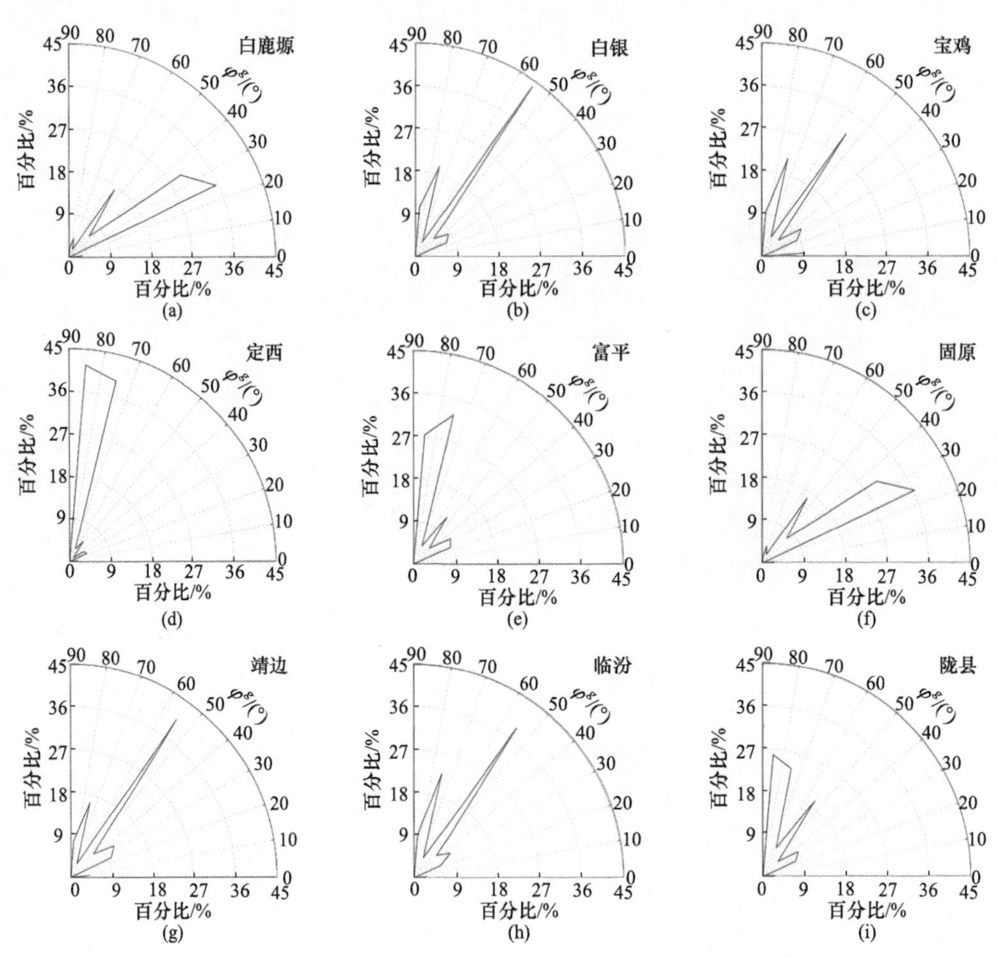

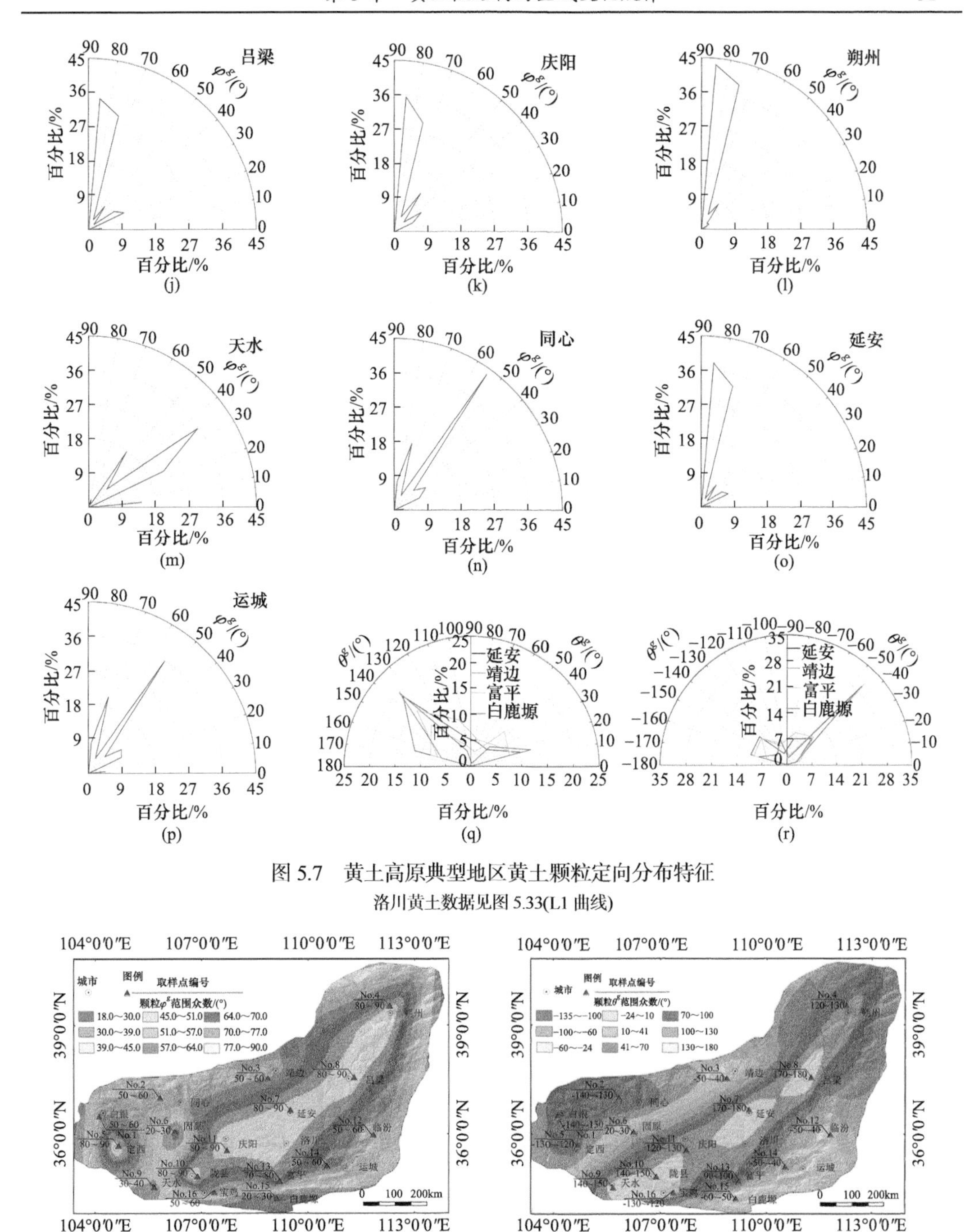

图 5.7　黄土高原典型地区黄土颗粒定向分布特征

洛川黄土数据见图 5.33(L1 曲线)

图 5.8　黄土高原颗粒定向分布特征

马兰黄土颗粒倾角和倾向的优势带状近似为黄土高原的腰线，整体上与黄土颗粒的风积搬运方向近似垂直，并与颗粒的搬运距离相关。因此，马兰黄土颗粒定向特征及区域分布规律主要由风积过程控制，受运动方向、距离等的影响。

5.1.3 孔隙特征及区域变化规律

1) 孔径特征及其区域变化规律

黄土中的孔隙是指骨架颗粒和胶结物以外的空间，常充满水或气，或二者皆有。孔隙的种类、形态、大小分布等与黄土的空间位置、形成时代和环境条件等密切相关，并对黄土的压缩性、湿陷性和渗透性等物理力学性质有显著的影响。

采用连续切片和三维重构技术，获取了不同地区马兰黄土的三维微结构，在此基础上提取分离并建立了黄土孔隙的三维形貌。根据前述研究，孔隙的大小可采用等体积球体的等效半径来描述。

根据三维微结构试验结果，统计获取了马兰黄土中不同等效半径孔隙的数量，在此基础上，确定了孔隙半径与数量百分比的对应关系，并以延安黄土试验结果为例，采用Gamma分布、Gaussian 分布、LogNormal 分布三种函数进行拟合和对比分析，如图 5.9 所示。由图可见，上述三种函数均可用于孔隙的分布拟合，具有更高的相关性，LogNormal 分布次之。本节主要采用 Gaussian 分布进行拟合分析，其中高阶 Gaussian 分布的相关性更好。

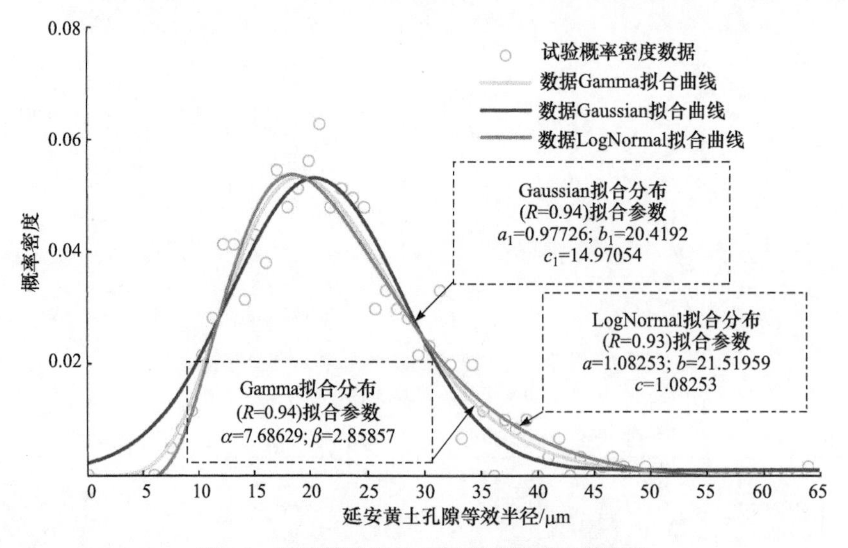

图 5.9 孔隙等效半径-概率密度拟合曲线对比

图 5.10 给出了典型地区马兰黄土孔隙等效半径-概率密度分布及拟合曲线。由于各取样点曲线比较类似，仅给出部分结果。根据各取样点试验结果的拟合情况，相关系数接近于 1.0。

选取靖边、延安、富平和白鹿塬地区马兰黄土试验结果，作为一条南北向的控制剖面，分析沿该剖面马兰黄土孔隙特征的变化规律。图 5.11(a)给出了不同取样点黄土高原孔隙等效半径-概率密度分布拟合曲线的对比。结果表明，孔隙等效半径主要集中在 2～50μm 之间；黄土孔隙等效半径-概率密度分布拟合曲线随取样点从黄土高原北部向南部变化而逐渐向左移动，从北到南其覆盖宽度逐渐减小，其峰值逐渐增大。图 5.11(b)为马兰黄土孔隙等效半径众数值在黄土高原区域分布特征。由图可见，黄土高原北部马兰黄土的孔隙等效半径众数值一般大于南部马兰黄土的等效半径众数值，马兰黄土孔隙的等效半径众数值主要集中在 10.0～20.0μm 范围内，最大为 21.5μm 来自靖边黄土试样，最小为 11.0μm 来自白鹿塬黄土试样。

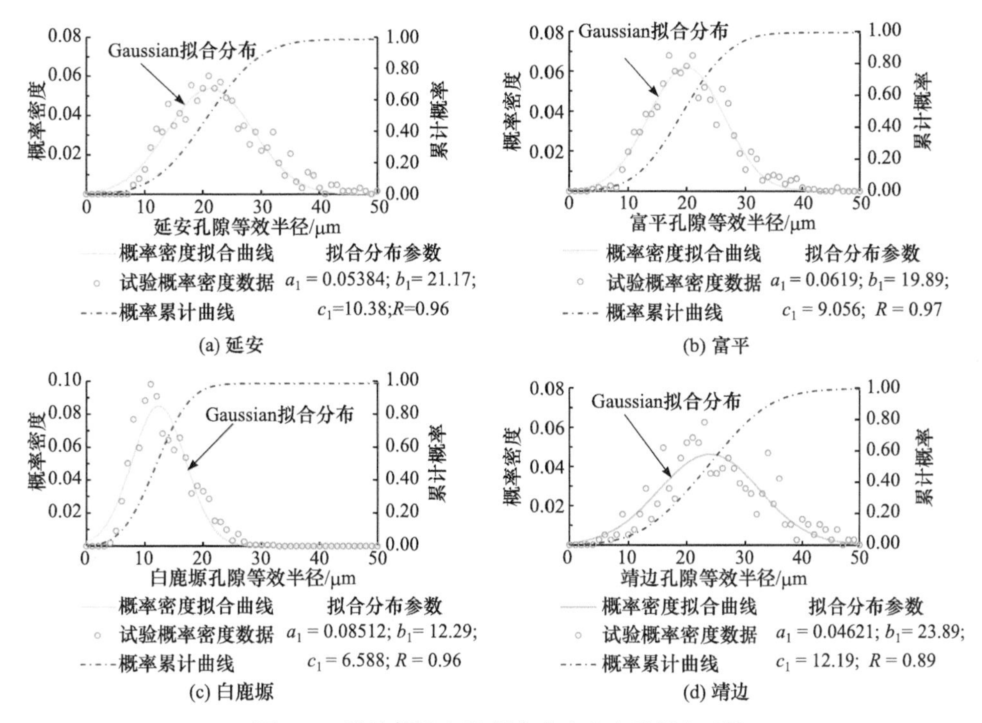

(a) 延安 (b) 富平

(c) 白鹿塬 (d) 靖边

图 5.10 孔隙等效半径-概率密度分布及拟合函数

可见，马兰黄土孔隙大小具有区域性分布规律。位于黄土高原北部的马兰黄土其孔隙尺寸分布范围较大，且大孔隙数量较多、小孔隙数量较少，南部马兰黄土的孔隙尺寸分布范围更集中，且小孔隙数量相对更多、大孔隙数量更少。孔隙大小的区域变化规律主要与黄土颗粒大小及其区域变化规律相关。

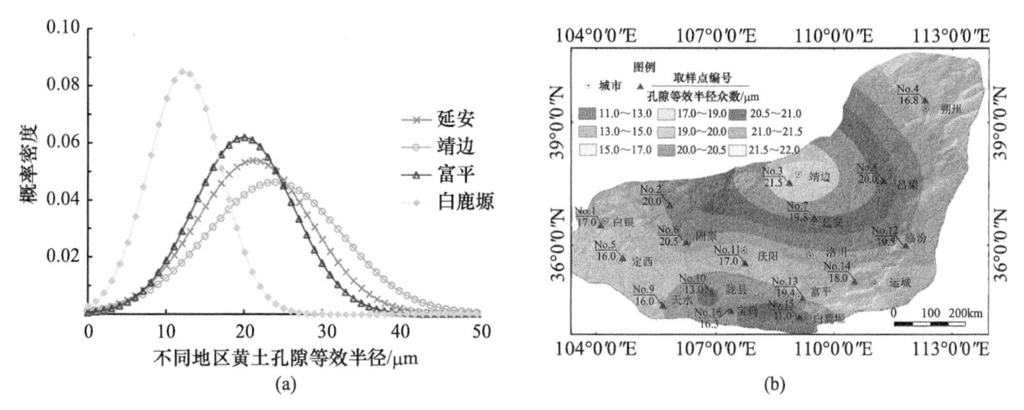

(a) (b)

图 5.11 孔隙等效半径-概率密度分布拟合曲线及马兰黄土孔隙等效半径众数值在黄土高原区域分布特征

2) 孔喉特征及其区域变化规律

孔喉的大小和特征是决定黄土渗透性和孔隙连通性的主要因素。本部分重点研究孔喉的半径大小和孔喉通道的长度特征。孔喉参数的具体定义详见第 4 章。

根据不同地点马兰黄土的微结构试验和数据分析结果，可得出孔喉的等效半径和通道长度及对应的数量，并采用 Gaussian、LogNormal、GCAS 等函数对延安黄土试样孔喉等效半径-概率密度分布及试样孔喉通道长度-概率密度分布进行拟合对比，如图 5.12 所示。马兰黄土的孔喉等效半径-概率密度采用 Gaussian 拟合优于其他函数拟合，孔喉通道长度-概率密度采用 Gamma 拟合优于其他函数拟合。典型地区马兰黄土孔喉的等效半径和通道长度与概率密度分布及拟合曲线如图 5.13 和图 5.14 所示。

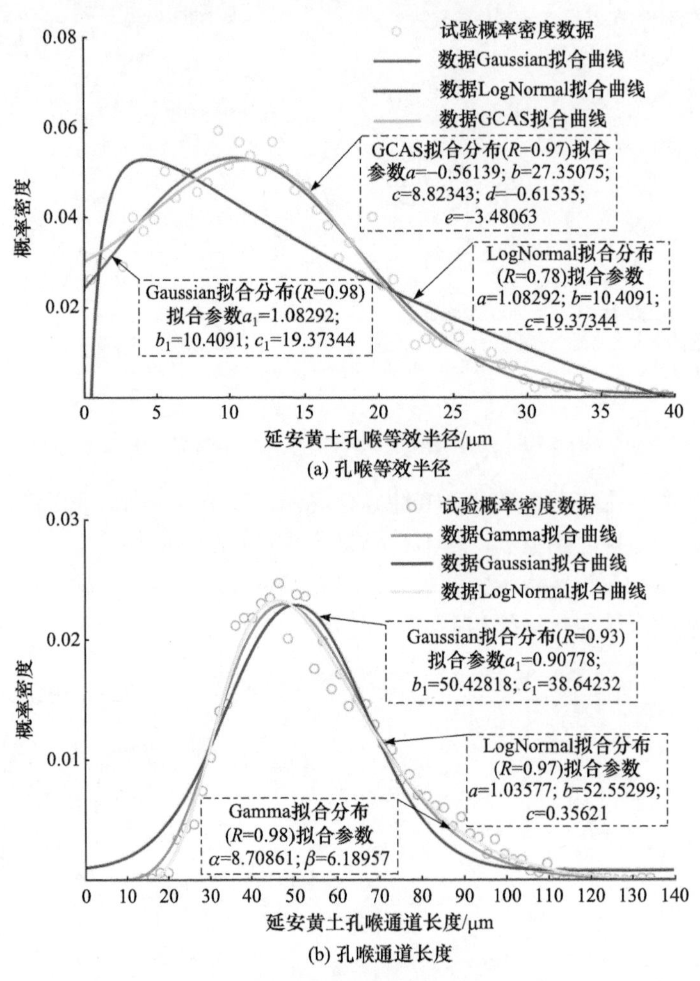

图 5.12　孔喉参数概率密度拟合曲线对比

由图 5.13 和图 5.14 可见，孔喉等效半径-概率密度分布函数满足 Gaussian 分布，孔喉等效半径的值一般分布在 0.0～40.0μm 的范围内；孔喉通道长度-概率密度分布函数满足 Gamma 分布，孔喉通道长度的值一般分布在 10～120μm 的范围内。

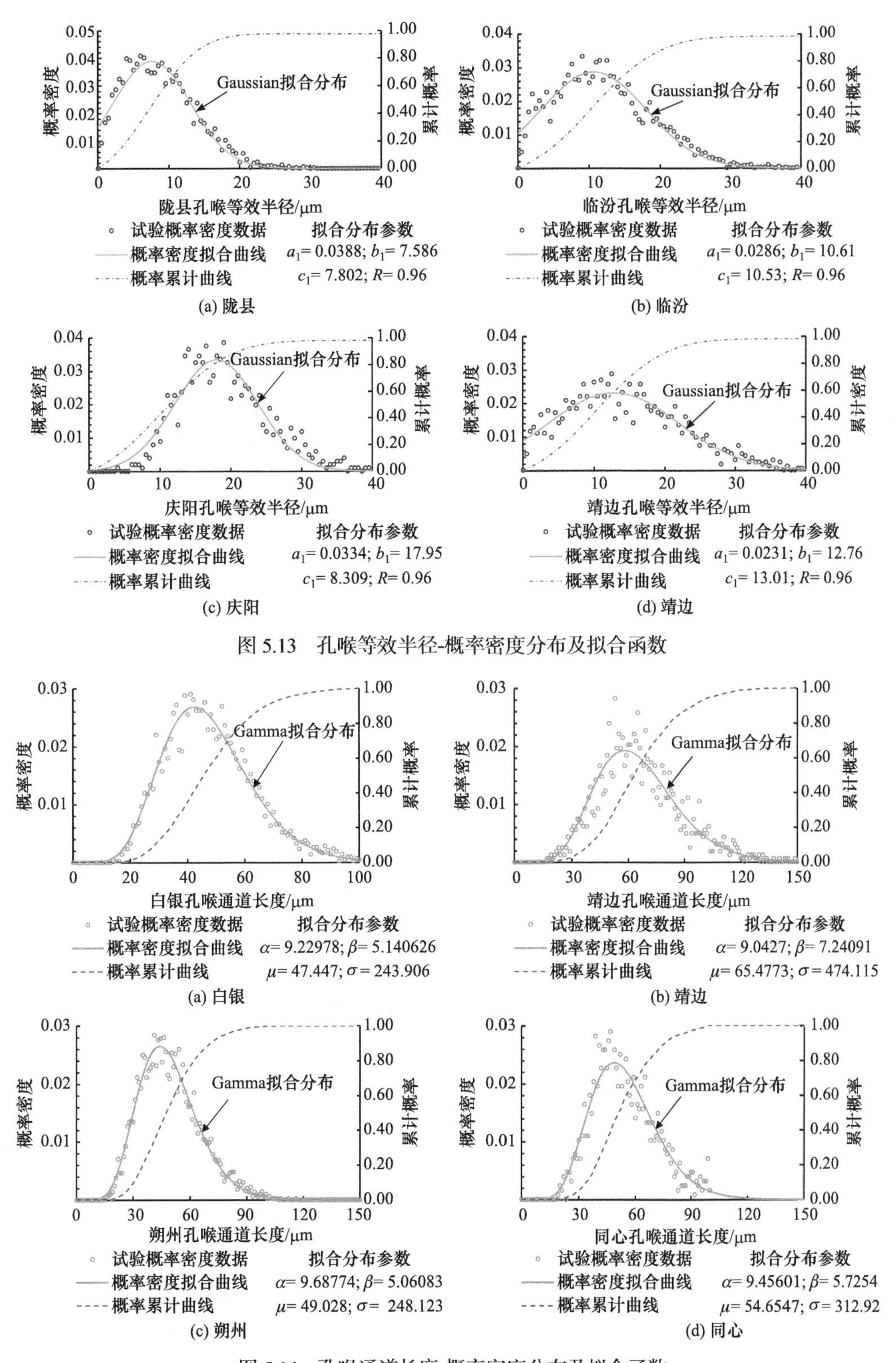

图 5.13　孔喉等效半径-概率密度分布及拟合函数

图 5.14　孔喉通道长度-概率密度分布及拟合函数

选取靖边、延安、富平、白鹿塬为控制点，确定一条南北向控制剖面，分析黄土高原马兰黄土孔喉等效半径的分布特征和区域变化规律。与马兰黄土粒径和孔隙等效半径分布特征相似，马兰黄土孔喉等效半径-概率密度分布拟合曲线随取样点从黄土高原北部向南部变化而逐渐向左移动，从北到南其覆盖宽度逐渐减小且其峰值逐渐增大，如图 5.15(a)所示。根据不同地区马兰黄土孔喉的拟合曲线和参数，获得了孔喉等效半径的众数数值，采用最小二乘法进行插值计算，获得了孔喉等效半径的分布云图，如图 5.15(b)所示。结果表明，孔喉等效半径众数的较大值一般分布在黄土高原北部的靖边—同心一带，较小值一般分布在黄土高原南部的白鹿塬—宝鸡一带。其中孔喉等效半径众数最大值为靖边马兰黄土的 12.2μm，最小值为白鹿塬马兰黄土的 5.7μm。黄土高原马兰黄土孔喉等效半径的分布特征与颗粒粒径和孔隙等效半径分布特征相似，均表现出由北向南逐渐减小的趋势。

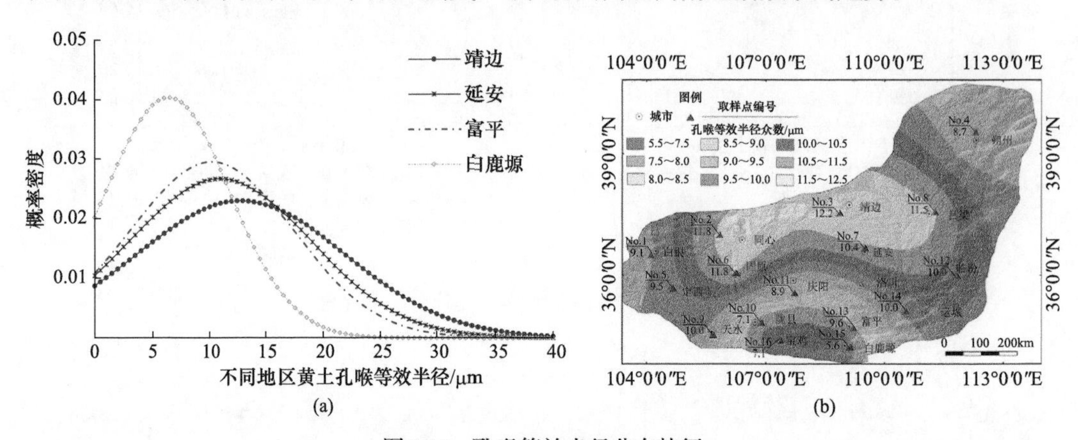

图 5.15　孔喉等效半径分布特征

分别选取南北向和东西向两个穿越黄土高原的剖面为例，分析马兰黄土孔喉通道长度的分布特征和变化规律，如图 5.16(a)、(b)所示。可见，以靖边为起点，随着取样点向南和向西移动，孔喉通道长度分布曲线逐渐向左移动、曲线分布范围逐渐减小、曲线峰值逐渐增大。图 5.16(c)给出了黄土高原马兰黄土孔喉通道长度的众数值及其变化规律，可见，孔喉通道长度众数的较大值一般分布在黄土高原北部的靖边—同心一带，较小值一般分布在黄土高原南部的白鹿塬—宝鸡一带，其中孔喉通道长度众数最大值为靖边马兰黄土的 57.5μm，最小值为白鹿塬马兰黄土的 29.5μm。由图 5.16(c)可见，黄土高原马兰黄土孔喉

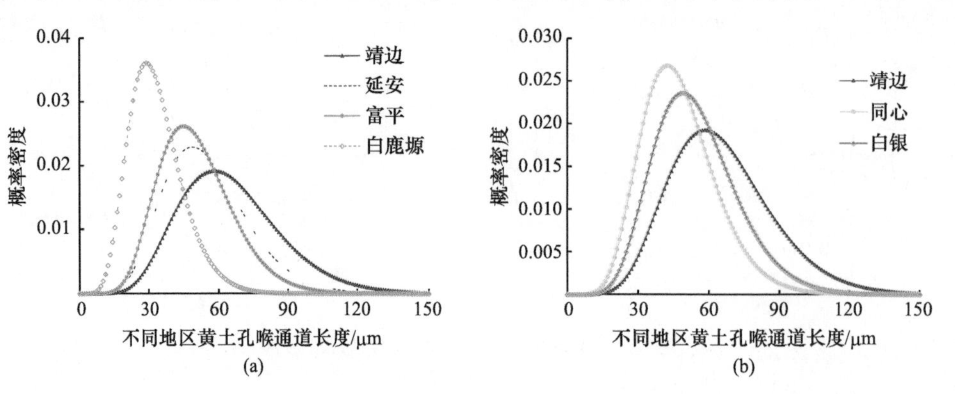

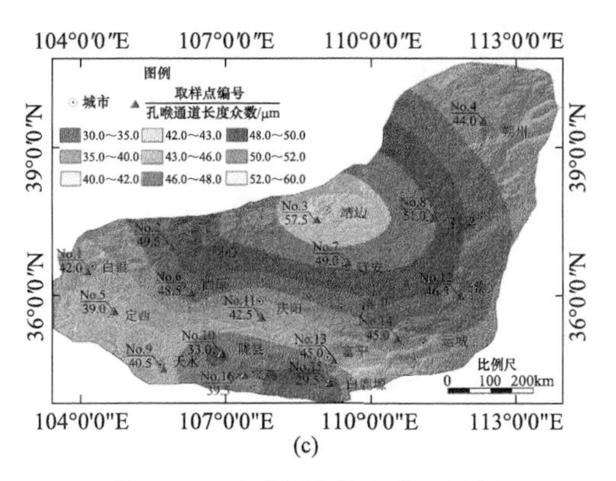

(c)

图 5.16　孔喉通道长度分布特征

通道长度的分布特征与黄土高原孔隙等效半径分布特征相似，均表现出由北向南逐渐减小的趋势。

可见，黄土高原马兰黄土的孔隙和孔喉半径及孔喉通道的大小具有区域性分布规律。位于黄土高原北部的马兰黄土，具有较大的孔隙和孔喉半径，以及较长的孔喉通道。孔隙和孔喉半径及孔喉通道的大小区域变化规律与黄土颗粒大小及其区域变化规律相近。

5.1.4　微结构特征及区域变化规律

关于黄土微结构类型的研究，不同学者提出了大量的分类方案(朱海之，1965；张宗祜，1964；高国瑞，1980a，1980b；王永焱和滕志宏，1982；雷祥义，1989)，详见第 4 章。本节结合第 4 章的结构类型划分，研究马兰黄土微结构特征的区域变化规律。图 5.17

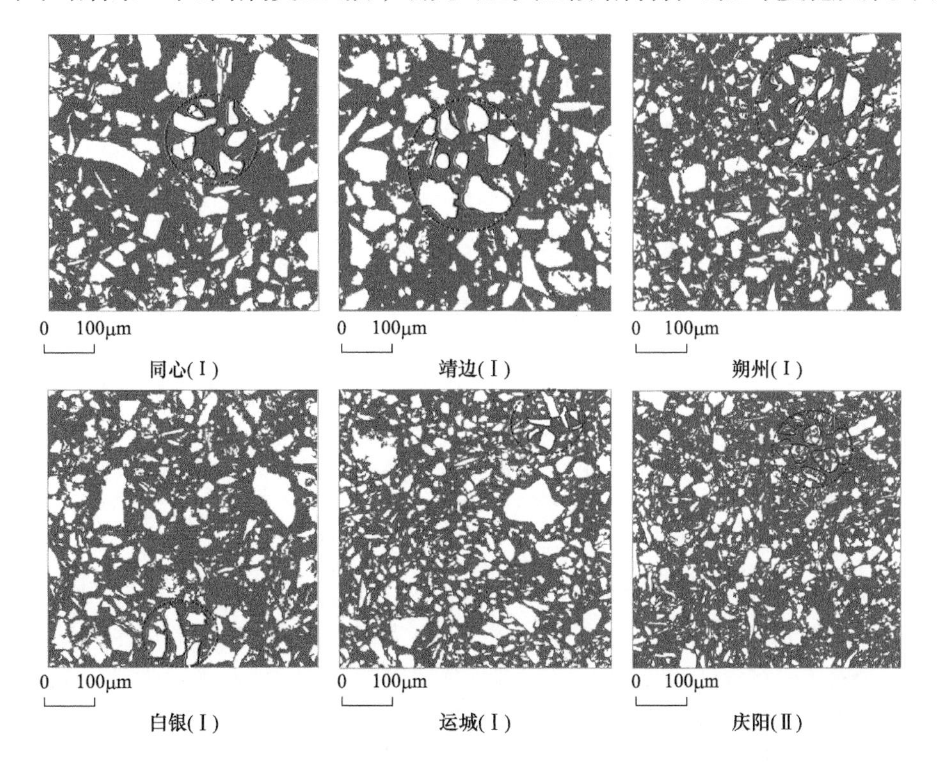

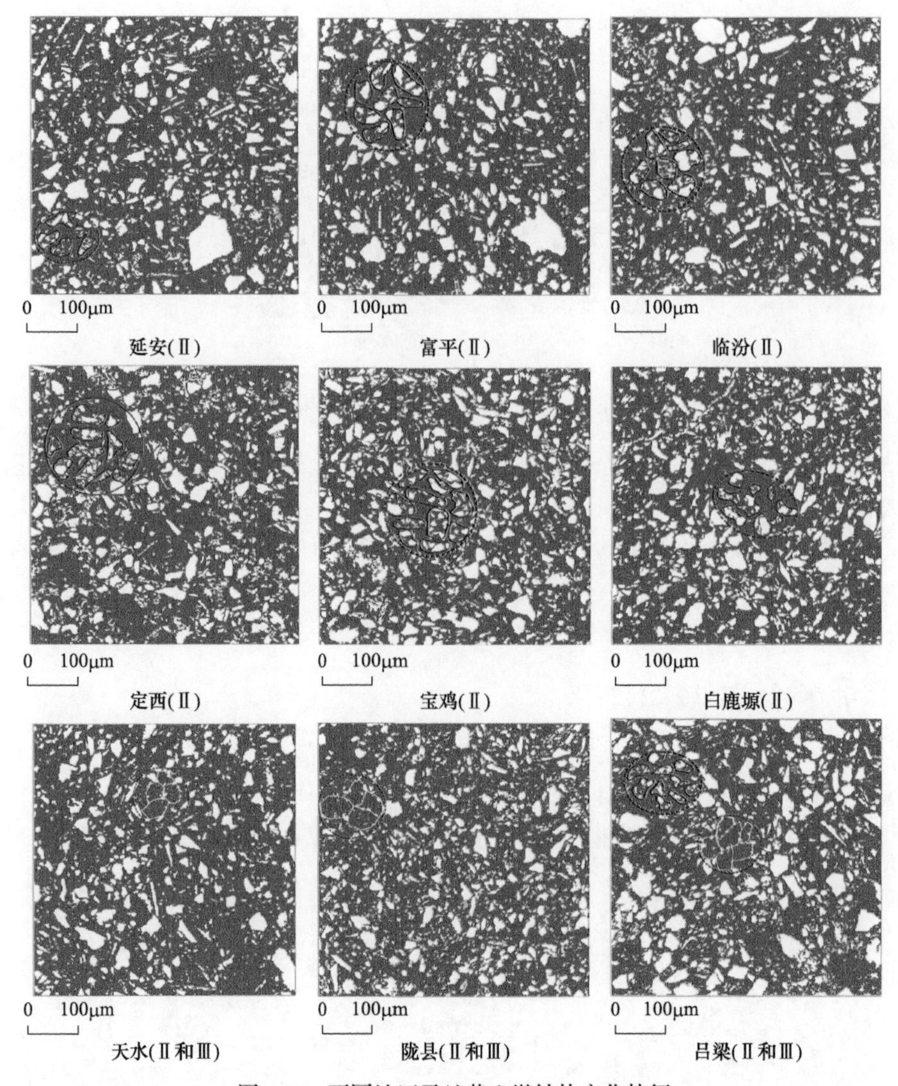

图 5.17 不同地区马兰黄土微结构变化特征

给出了不同地区马兰黄土在光学显微镜下观测到的平面微结构特征，根据黄土颗粒在平面上的分布形态，以及不同类型的特征描述，划分不同地点马兰黄土微结构类型。由图可见，位于黄土高原北部的同心、靖边、朔州、白银等地的马兰黄土以颗粒的单粒架空(Ⅰ)为主；取样点从黄土高原北部向南部逐渐移动，单粒架空结构的数量逐渐减少，集粒架空结构(Ⅱ)的数量先增多再减少，絮凝结构(Ⅲ)的数量逐渐增多。

5.1.5 马兰黄土微结构特征探讨

马兰黄土颗粒长短轴比大致以朔州—吕梁—延安—庆阳—定西为轴沿西南向逐级递减，在六盘山附近出现最小值，之后呈逐渐增大的趋势。黄土颗粒粒径从北至南逐渐变小呈条带状分布，而在六盘山附近地区黄土颗粒平均粒径较小，六盘山以西则有逐渐增大的趋势。可见六盘山两侧黄土颗粒、孔隙及结构特征均有一定差异，可能受不同沉积环境条件的影响。

在末次冰期极盛期，黄土高原地区马兰黄土表现出物源多样化，且搬运动力来源非单一的亚洲冬季风环境效应特征。在六盘山以东的黄土高原地区，马兰黄土自 18kaB.P.至 14kaB.P.主要受强烈的亚洲冬季风作用自北向南搬运，随着搬运距离的不断变长，风动力减弱，大颗粒则在搬运途中由于其重力作用沉积下来，较小颗粒则继续向南搬运并逐步沉积，最终形成从北至南的颗粒粒径逐渐减小的变化特征。其物质主要来源于北方戈壁沙漠地带，沙漠-黄土接触带以及北部已沉积的黄土。六盘山以西的黄土高原地区马兰黄土沉积可能是由西风环流、青藏高原冬季风以及亚洲冬季风共同作用的结果。一方面物源来自亚洲内陆广袤的戈壁荒漠地区以及中国北方沙漠地区，并在强大东亚季风动力作用下长距离搬运至六盘山以西沉积；另一方面物源来自新疆内陆戈壁沙漠地区和青藏高原冰川作用产生的碎屑物质，前者则在西风环流作用下，从高海拔地区搬运至低海拔地区的黄土高原西部，后者在青藏高原冬季风作用下搬运至青藏高原东北部沉积下来。

5.2　不同黄土地层三维微结构特征及变化规律

5.2.1　白鹿塬黄土微结构特征

1) 试验设计

白鹿塬黄土自早更新世以来就开始沉积，黄土地层堆积厚度 65～126m，为连续的黄土-古土壤地层序列，下伏地层为河流相砂土覆盖在基岩顶部。由于黄土地层的连续性好、次生扰动作用弱，白鹿塬是研究不同时代黄土地层微结构特征和变化规律的合适场地。本节选取白鹿塬狄寨村进行钻探取样，钻孔深度为 80m。揭露黄土地层和古土壤地层共计 15 层，分别是 L1、S1、L2、S2、L3、S3、L4、S4、L5、S5、L6、S6、L7、S7、L8(L 指黄

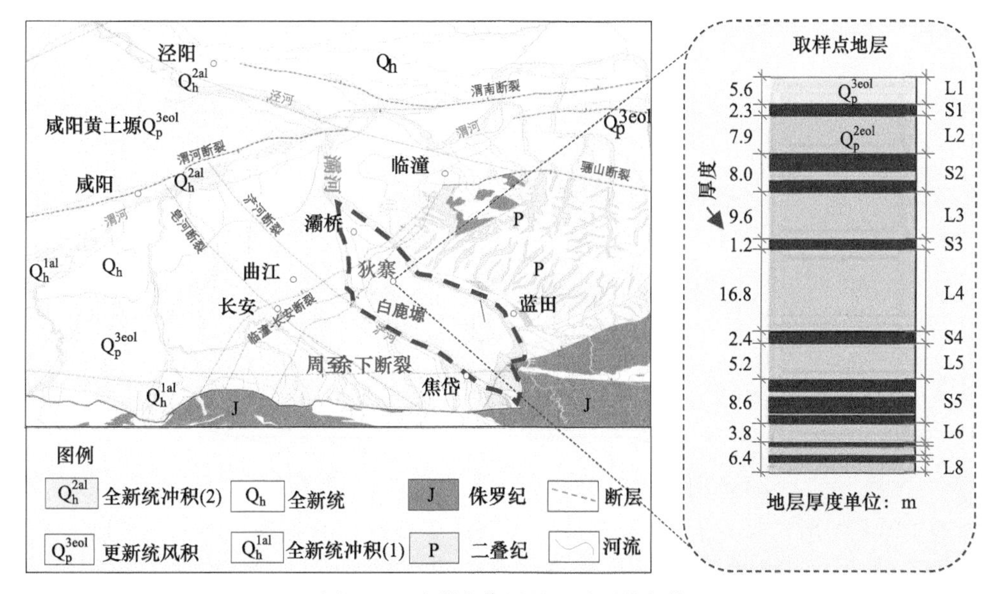

图 5.18　取样点位置及地质环境条件

土；S 指古土壤)。其中每个地层的深度和厚度如图 5.18 所示，每个黄土地层样品的物理参数如表 5.3 所示。

表 5.3　不同黄土地层样品的物理参数

地层	深度 d/m	厚度 h/m	密度/(g/cm^3)	含水率 w/%	液限指数 L_l/%	塑限指数 P_l/%	渗透系数 k/(m/s)	剪切波速 V_s/(m/s)
L1	5.6	5.6	1.81	19.4	32.0	23.7	6.12×10^{-5}	222.9
S1	7.9	2.3	1.72	22.6	31.0	22.1	5.71×10^{-5}	296.7
L2	15.8	7.9	1.74	25.8	34.5	22.6	4.17×10^{-5}	416.6
S2	23.8	8.0	1.78	24.3	32.7	25.3	2.71×10^{-5}	394.2
L3	33.4	9.6	1.83	26.1	30.7	20.3	3.54×10^{-5}	464.4
S3	34.6	1.2	1.82	27.4	29.8	20.5	3.05×10^{-5}	404.5
L4	51.4	16.8	1.80	23.7	29.5	20.7	4.72×10^{-5}	504.8
S4	53.8	2.4	1.84	23.9	29.1	21.2	2.72×10^{-5}	534.5
L5	61.2	5.2	1.87	24.4	31.1	19.0	1.52×10^{-5}	605.8
S5	69.8	8.6	1.79	23.3	34.1	21.4	1.27×10^{-5}	757.3
L6	73.6	3.8	1.85	22.1	29.6	21.9	1.18×10^{-5}	685.3
S6	74.5	0.9	1.83	21.2	30.1	19.8	1.06×10^{-5}	616.3
L7	76.4	1.9	1.82	22.4	31.2	20.1	2.92×10^{-5}	660.4
S7	77.7	1.3	1.81	23.7	32.0	20.2	2.77×10^{-5}	729.1
L8	80.0	2.3	1.86	24.0	33.8	21.9	3.31×10^{-5}	711.2

2) 不同黄土地层的颗粒特征

由于未成功取得 L7 和 L8 地层的原状样品，黄土微结构研究主要集中在 L1～S6 地层。本节所有试验采用基于连续切片的黄土三维微结构定量化研究方法。微结构参数的定量化表征及统计分析方法同 5.1 节部分。

黄土颗粒体积-概率密度分布关系如图 5.19(a)、(b)所示。图中分别给出了黄土层 L1 和古土壤层 S1 土体颗粒体积与其对应密度的对应关系、相应分布拟合曲线和累计概率密度。可见，采用 Gaussian 分布可以很好地拟合试验数据，且高阶 Gaussian 分布的相关性更好，因此，本节采用三阶 Gaussian 分布对试验结果进行高精度拟合，分布函数可表示为

$$f(V^g)=a_1\times e^{-1\times\left(\frac{V^g-b_1}{c_1}\right)^2}+a_2\times e^{-1\times\left(\frac{V^g-b_2}{c_2}\right)^2}+a_3\times e^{-1\times\left(\frac{V^g-b_3}{c_3}\right)^2} \tag{5.4}$$

式中，V^g 为颗粒体积；a_1，a_2，a_3，b_1，b_2，b_3，c_1，c_2 和 c_3 为拟合参数。根据数据拟合结果，相关系数接近 1.0。

对于 L1 黄土，60%的颗粒体积小于 35μm^3，70%的颗粒体积小于 65μm^3，80%的颗粒体积小于 215μm^3；对于 S1 古土壤，60%颗粒体积小于 70μm^3，70%颗粒体积小于 150μm^3，80%颗粒体积小于 415μm^3。因此，白鹿塬地区的 L1 比 S1 的颗粒体积更小。

图 5.19(c)给出了各黄土地层和古土壤地层黄土颗粒体积-概率密度分布及拟合曲线。由图可见，该地区较深黄土地层通常包含较大比例的细小颗粒，但 L3 层细小颗粒的比例较大。图 5.19(d)给出了不同地层黄土颗粒体积分布函数的拟合参数变化趋势。参数 a_1 随

地层而变化，古土壤层 a_1 取值通常大于相邻黄土层的取值。b 和 c 的取值随地层深度的增加逐渐增加。

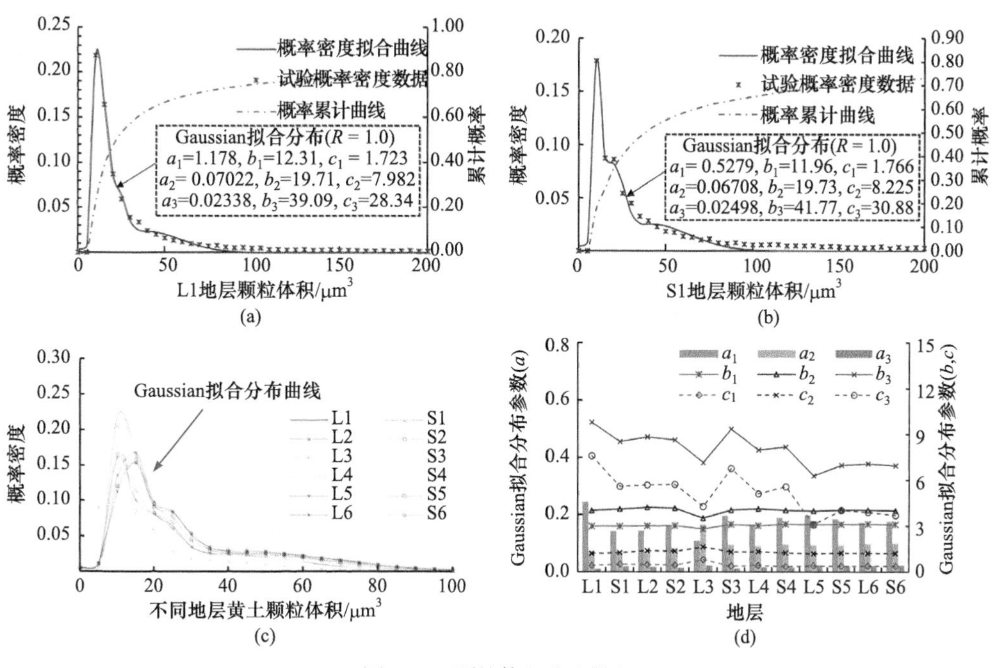

图 5.19　颗粒体积分布特征

图 5.20(a)、(b)给出了 L1 和 S1 颗粒等效直径-概率密度分布。图 5.20(c)给出了各黄土层和古土壤层拟合分布曲线的变化趋势。不同地层颗粒等效直径的变化规律与颗粒体积的

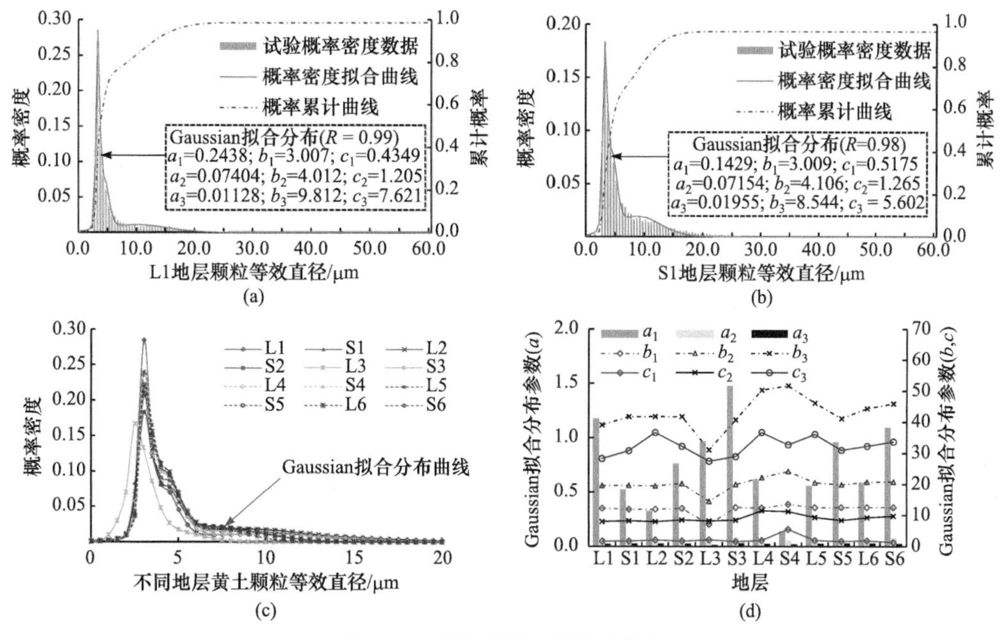

图 5.20　颗粒等效直径分布特征

变化规律相同。图 5.20(d)给出了不同地层分布函数的拟合参数变化趋势，参数 b_3 和 c_3 取值通常随地层深度的增加而减小。

同一地点，不同时代地层黄土颗粒的体积大小反映了其形成时期该区域古气候环境条件。颗粒细小的地层，其沉积时所受风力搬运动力相对较弱，较大颗粒沉积时所遭受风力搬运动力则相对略强。

图 5.21(a)、(b)给出了 L1 黄土和 S1 古土壤颗粒的长短轴比分布特征。可采用二阶 Gaussian 分布进行高精度拟合，其概率密度函数为

$$f(R^g) = a_1 \times \mathrm{e}^{-1\times\left(\frac{R^g - b_1}{c_1}\right)^2} + a_2 \times \mathrm{e}^{-1\times\left(\frac{R^g - b_2}{c_2}\right)^2} \tag{5.5}$$

式中，R^g 为颗粒的长短轴比；a_1、a_2、b_1、b_2、c_1 和 c_2 为拟合参数。图 5.21(c)给出了各黄土层和古土壤层拟合曲线的变化趋势。对于地层 L1、S1、L2、S2 和 L4，长短轴比分布在 1.0～4.0 之间；对于地层 L5 和 S5，长短轴比分布在 1.0～6.0 之间；对于地层 L6 和 S6，长短轴比分布在 1.0～8.0 之间。因此，随着地层深度的增加，黄土颗粒长短轴比越来越大，颗粒变得越来越扁平。

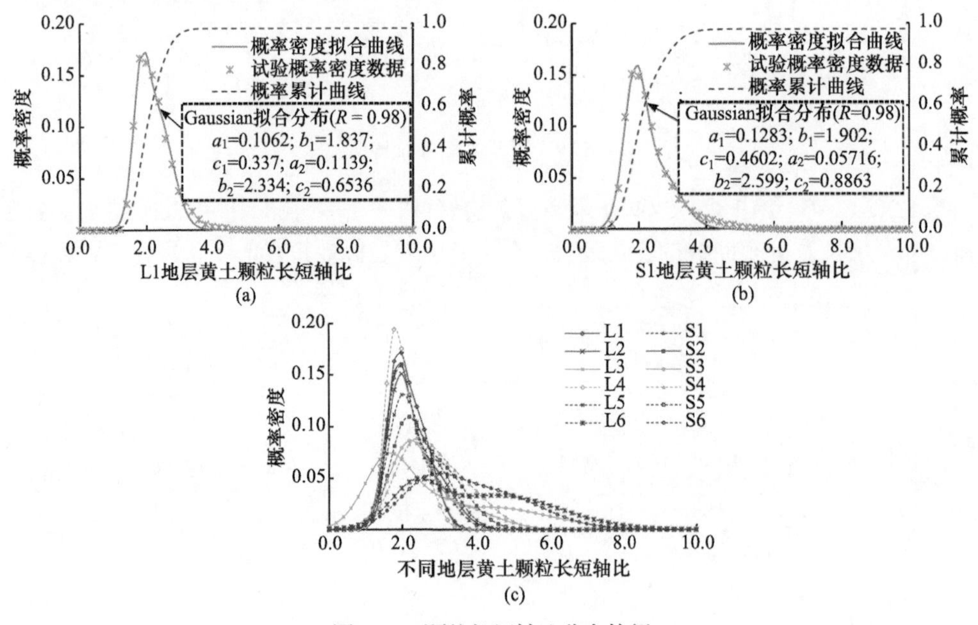

图 5.21　颗粒长短轴比分布特征

图 5.22(a)、(b)给出了黄土颗粒方向的概率分布特征。其中 φ^g 值主要分布在 0°～30°和 85°～90°范围内，表明黄土颗粒大多呈缓倾斜和近垂直向沉积。由图 5.22(a)可知，当 $0°<\varphi^g<30°$时，下层黄土在该范围的颗粒含量较少，当 $85°<\varphi^g<90°$时，上层黄土在该范围的颗粒含量较多，说明深层黄土地层中的颗粒更接近水平沉积。根据图 5.22(b)，所有曲线均在 θ^g=90°附近急剧增加，表明该地区黄土方向性显著，主要沿东西向沉积，上层黄土的方向性特征更明显。

3) 不同时代地层黄土的特征

不同时代地层黄土孔喉等效半径的分布特征如图 5.23 所示。孔喉等效半径的概率分布

采用 Gaussian 分布拟合。图 5.23(a)、(b)为 L1 层和 S1 层的孔喉等效半径-概率密度分布及拟合曲线，图 5.23(c)为各地层孔喉等效半径拟合曲线的对比分析。由图可见，L1～S6 孔喉的中位数等效半径分别小于 12.5μm、11.0μm、13.0μm、15.0μm、12.0μm、14.0μm、16.0μm、18.0μm、19.0μm、20.0μm、21.0μm 和 22.0μm，且中位数等效半径一般随地层深度的增加而逐渐增大。图 5.23(d)为各层黄土孔喉分布函数的拟合参数变化趋势，其中参数 a_1 随地层深度的增加而减小，参数 b_1 和 c_1 呈现相反的特征。

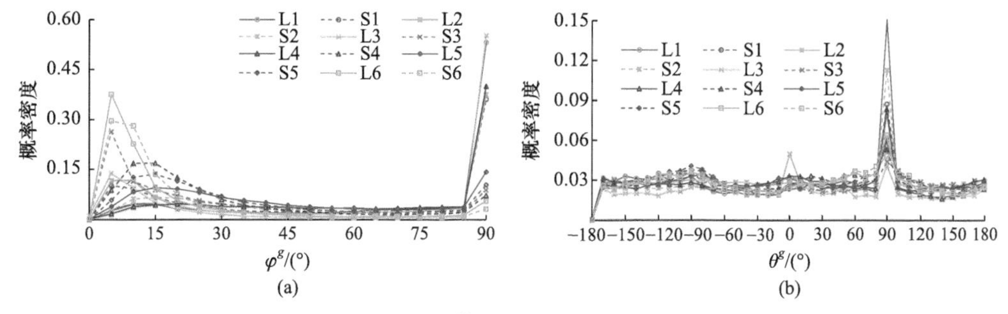

图 5.22　黄土颗粒的定向特征

较浅地层的黄土孔喉分布曲线覆盖范围较窄，孔喉尺寸更集中；较深地层的黄土孔喉分布曲线覆盖范围较宽，孔喉尺寸更分散。

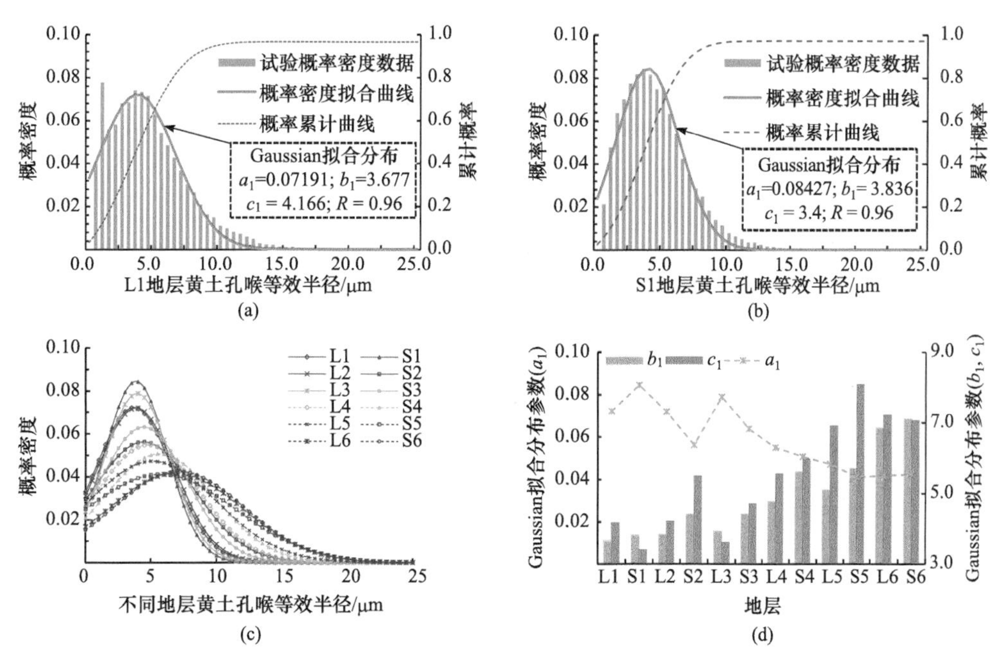

图 5.23　孔喉等效半径分布特征

根据孔喉定义可知，孔喉通道长度表示黄土中平均孔隙长度，是反映黄土特殊性的重要结构参数之一。孔喉通道长度分布特征如图 5.24 所示，其中图 5.24(a)、(b)分别为 L1 黄土和 S1 古土壤的孔喉通道长度及其概率密度分布。孔喉通道长度的概率分布采用 Gamma 函数进行分析。

图 5.24(c)为不同地层黄土孔喉通道长度及其分布特征。图 5.24(d)为不同黄土地层的孔喉通道长度分布函数的拟合参数变化规律。参数 α，β 和孔喉通道长度均值 μ 随地层深度的增加而增加。

较浅地层的分布曲线覆盖范围一般较窄、峰值较大且横坐标值较小，说明孔喉通道长度随着地层深度的增加而增大。

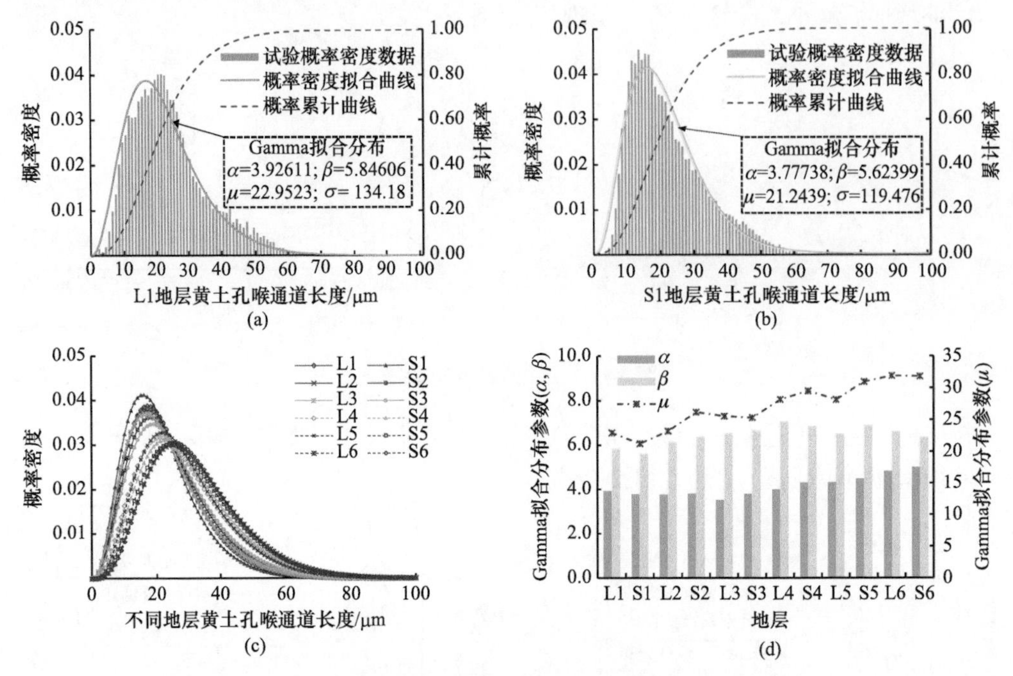

图 5.24　孔喉通道长度分布特征

另一微结构参数孔隙等效半径的变化规律与孔喉等效半径相似。黄土孔隙等效半径分布特征如图 5.25 所示。其中图 5.25(a)、(b)分别为 L1 黄土和 S1 古土壤的孔隙等效半径-概率密度分布试验数据及分布曲线，孔隙等效半径可采用一阶 Gaussian 分布进行分析。图 5.25(c)为各地层孔隙等效半径分布特征，图 5.25(d)为黄土和古土壤各地层的拟合参数变化趋势。

可见较浅地层的孔隙大小的分布曲线覆盖范围一般较窄，峰值较大且横坐标值较小，说明浅层黄土的孔隙尺寸更集中。随着地层深度的增加，孔隙尺寸的大小更分散。但由于孔隙的总数量在减少，孔隙比一般随地层深度的增加而减小。

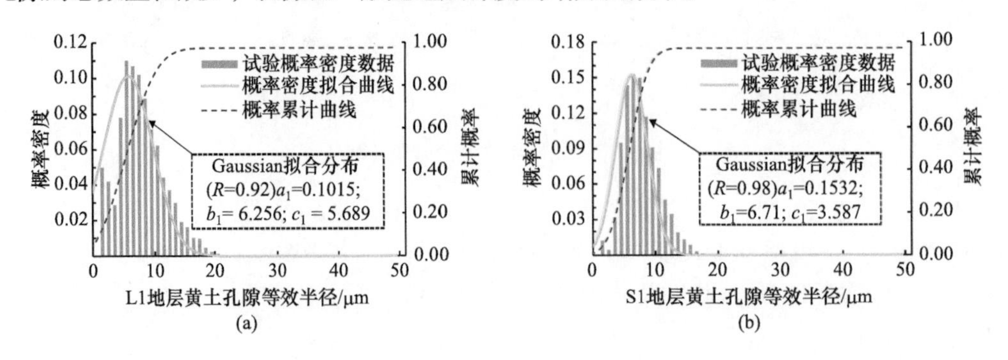

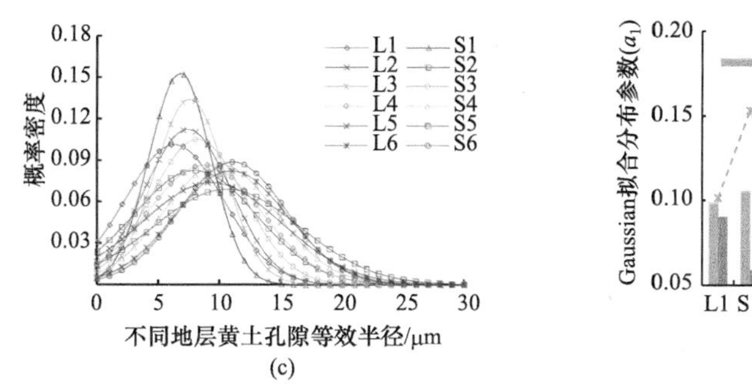

(c)

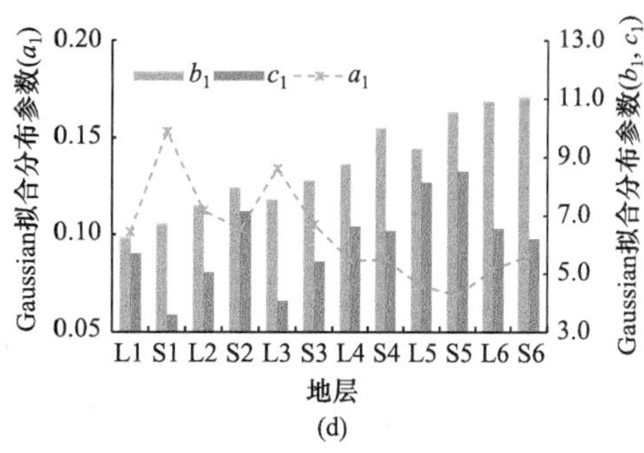

(d)

图 5.25　黄土孔隙等效半径分布特征

4) 黄土物理性质与微结构参数

黄土的物理力学参数在很大程度上与黄土颗粒、孔隙和孔喉的概率分布函数及参数具有相关性。其中渗透系数和剪切波速与孔隙等效半径、孔喉等效半径、孔喉通道长度等拟合参数线性相关，如图 5.26 所示。由图可见，孔喉、孔隙等效半径分布函数的参数和孔喉

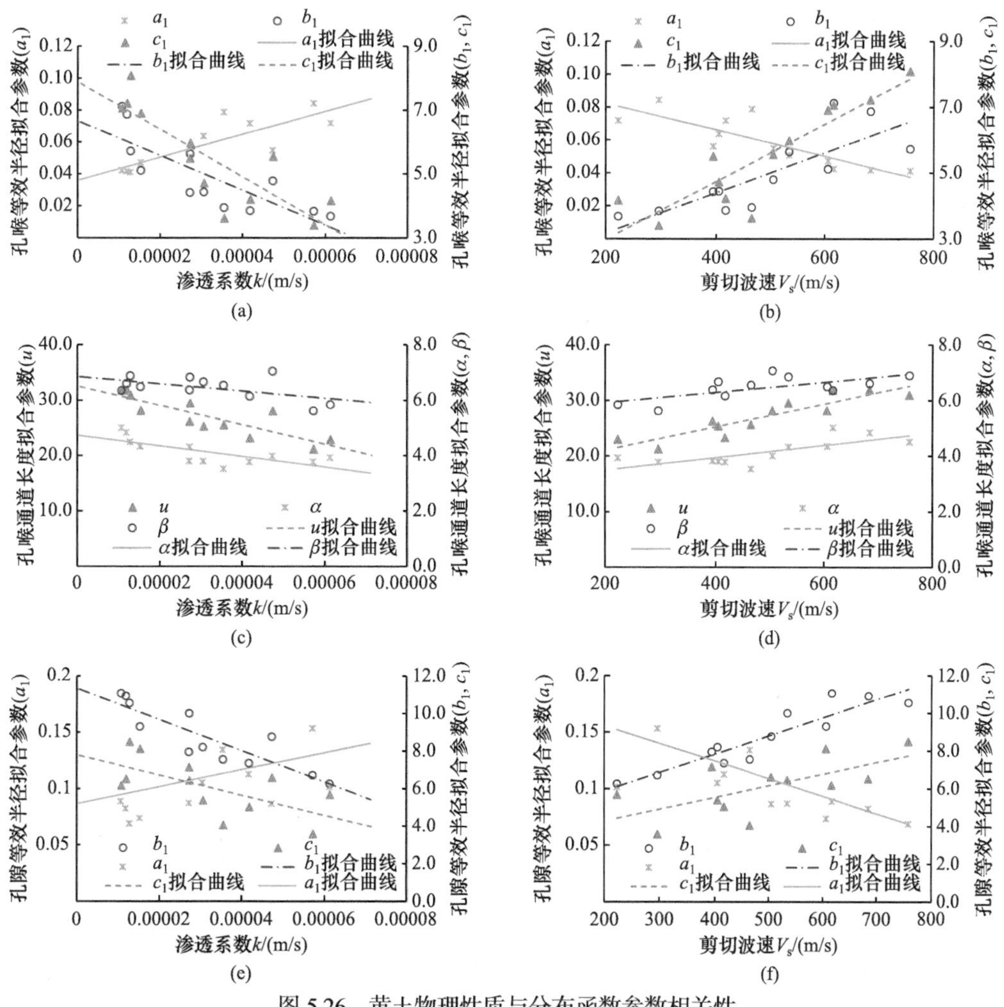

图 5.26　黄土物理性质与分布函数参数相关性

通道长度分布函数参数随渗透系数的增大而减小，随剪切波速的增大而增大；孔喉、孔隙等效半径分布参数 a_1 随渗透系数的增大而增大，随剪切波速的增大而减小。

5.2.2　洛川黄土微结构特征

1) 试验设计

洛川位于黄土高原中心位置的黄土塬，洛川黄土厚度可达 138～150m。洛川黄土剖面具有完整的地层序列、良好的出露条件。本节选取洛川不同时代的典型地层开展三维微结构研究，主要选取的地层有 L1、S1、L2、S2、L6、L7、L8 和 L9 地层。各层样品的物理参数见表 5.4 所示。本节内容中黄土三维微结构试验采用基于连续切片和图像重构的研究方法开展工作。

表 5.4　洛川不同地层样品的物理参数

取样点	密度 ρ/(g/cm³)	液限指数 L_l/%	塑限指数 P_l/%	渗透系数 k/(cm/s)	黏聚力 c/kPa	摩擦角 φ/(°)	湿陷系数 δ_s
L1	1.32	16.2	11.7	1.43×10^{-4}	63.50	23.53	0.027
S1	1.48	28.4	21.0	4.63×10^{-5}	78.53	15.63	0.017
L2	1.35	30.6	20.8	4.01×10^{-5}	54.20	20.61	0.052
S2	1.48	31.9	21.6	4.34×10^{-5}	101.75	18.36	0.027
L6	1.62	30.7	20.9	3.77×10^{-5}	61.68	31.67	0.015
L7	1.43	31.5	22.1	3.68×10^{-5}	62.29	29.75	0.033
L8	1.54	32.1	22.5	3.49×10^{-5}	37.59	32.07	0.018
L9	1.51	32.6	23.6	3.24×10^{-5}	80.55	30.56	0.026

2) 黄土颗粒直径特征

根据统计分析，不同地层黄土颗粒等效直径有一定的差异，其分布特征采用 Rational 分布进行拟合，如图 5.27 所示。以 L1、S1、L2、S2 地层为例，其等效直径众数分别为

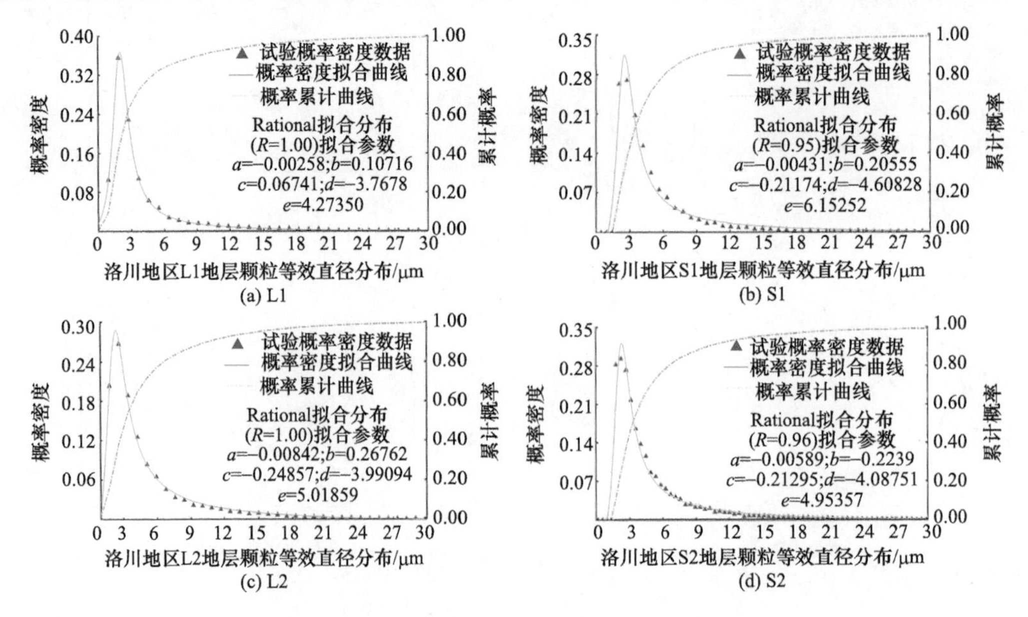

(a) L1　(b) S1　(c) L2　(d) S2

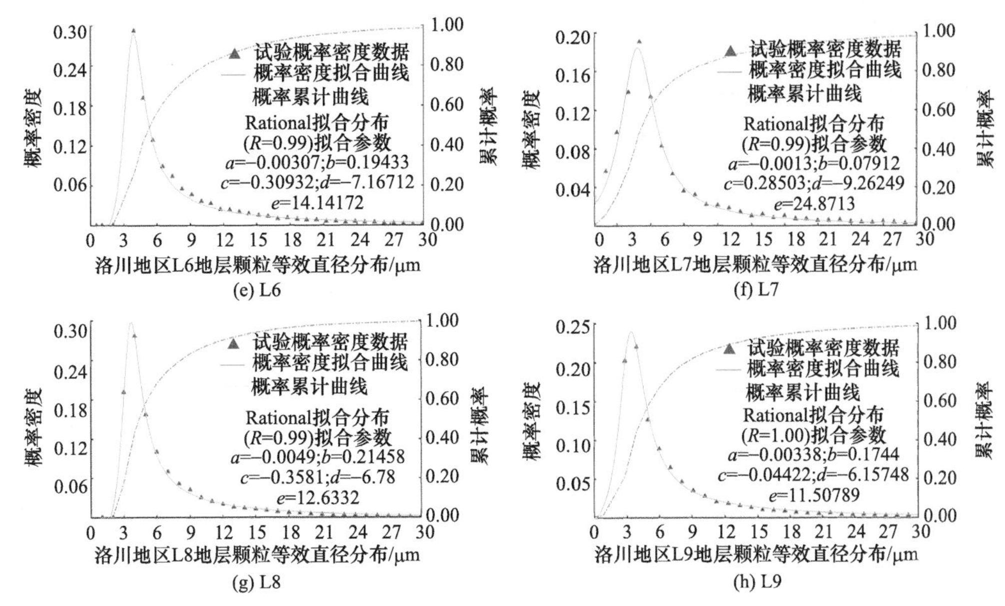

图 5.27　洛川地区不同地层黄土颗粒等效直径分布特征

2.0μm、2.6μm、2.4μm、2.3μm，平均直径为 3.2μm、3.3μm、3.3μm、3.5μm，表现出随着地层深度的增加，颗粒平均直径逐渐增大的特征。L6、L7、L8、L9 地层等效直径众数分别为 4.0μm、4.8μm、3.7μm、3.4μm，平均直径为 5.5μm、5.1μm、4.5μm、4.3μm，整体大于浅表地层，但在局部范围内，随着地层深度的增加，颗粒平均直径逐渐减小。

图 5.28(a)给出了 L1、S1、L2、S2、L6、L7、L8、L9 各地层颗粒等效直径分布曲线的对比和变化趋势。通过对比分析和统计各地层黄土颗粒优势直径、平均直径可见，颗粒直径随地层深度差异显著，其中 L1～L7 地层黄土颗粒随深度增加逐渐增大，L8 和 L9 地层则小颗粒含量百分比较高。图 5.28(b)给出了颗粒等效直径众数与分布函数拟合参数 d、e 之间的对应关系，其中众数与参数 e 正相关，与参数 d 呈负相关。Rational 分布函数拟合参数 d、e 值决定了曲线众数以及峰值点位置。

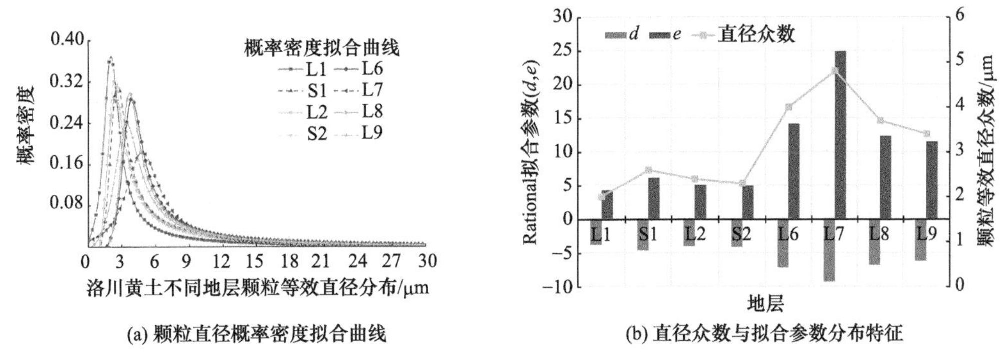

(a) 颗粒直径概率密度拟合曲线　　(b) 直径众数与拟合参数分布特征

图 5.28　洛川不同地层黄土颗粒直径众数分布特征

在黄土漫长的沉积过程中，不同地层黄土的颗粒直径具有一定的变化规律。对于洛川上部的几个黄土地层，埋深较大和沉积时间更早时，土体颗粒直径整体略大。不同黄土地层颗粒的粗细特征除了与原始黄土母质颗粒大小、物质搬运营力和距离有关外，在一定程度上也受地层形成时气候环境条件及风化作用影响。陇东及陕北黄土高原地区黄土的物源主要来自西北戈壁、沙漠地带，近似认为洛川各层黄土物质来源差异不显著。因此，物质搬运营力为上述地层中黄土颗粒大小产生差异的主要原因。L6、L7、L8、L9 地层颗粒直径较大，说明沉积时较强的搬运风力以及干冷的气候条件，并且 L8、L9 地层经历了显著的物理风化作用，颗粒直径略小于 L6、L7 地层颗粒直径；L1、S1、L2、S2 地层颗粒直径较小，沉积时搬运风力相对减弱，并在搬运过程中遭受了不同程度的风化作用。

3) 黄土颗粒形态特征

洛川 L1、S1、L2、S2、L6、L7、L8、L9 各地层黄土颗粒球度-概率密度可采用 Beta 分布拟合，如图 5.29 所示。各地层颗粒球度在 0.2～1.0 之间均有分布，但主要集中分布在 0.6～0.85 之间，其中除 L6、L7 两个地层外，其余地层黄土颗粒球度大于 0.7 的颗粒数量占比均超过总数的 50%。根据球度特征可见，L6、L7 地层以多棱角状和次棱角状颗粒为主，其余地层以亚球状颗粒为主。

图 5.30(a)给出了 L1、S1、L2、S2、L6、L7、L8、L9 各典型地层的黄土颗粒球度拟合曲线，L1、S1、L2、S2 四个连续地层的颗粒球度随着地层深度的增加逐渐增大，L6、L7、L8、L9 黄土地层颗粒球度众数随着地层深度增加而逐渐较小。图 5.30(b)给出了颗粒

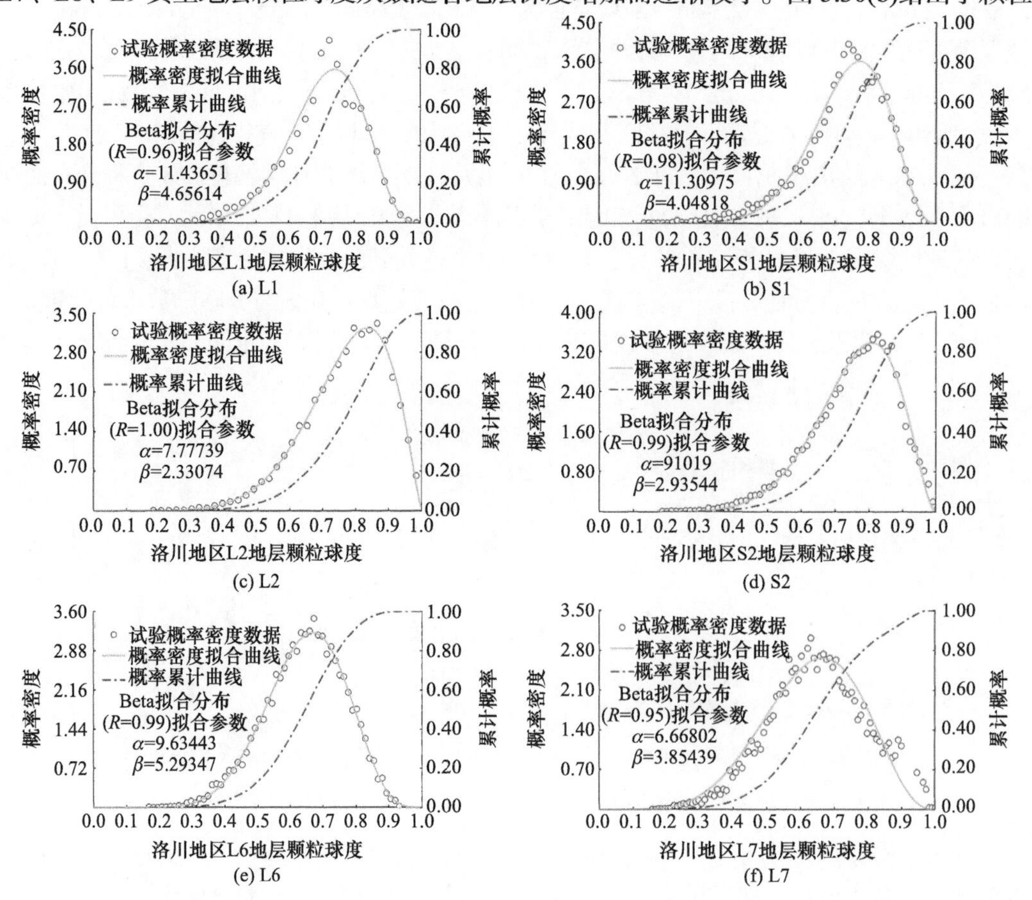

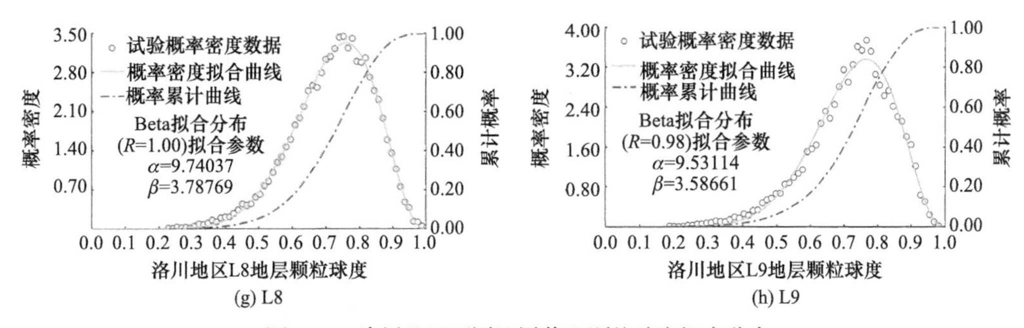

图 5.29　洛川地区不同地层黄土颗粒球度概率分布

球度众数与参数 β 之间的变化规律，颗粒球度众数与参数 β 呈现相反的增减趋势，具有明显的负相关性。参数 β 反映了颗粒球度众数以及拟合曲线峰值出现的位置。

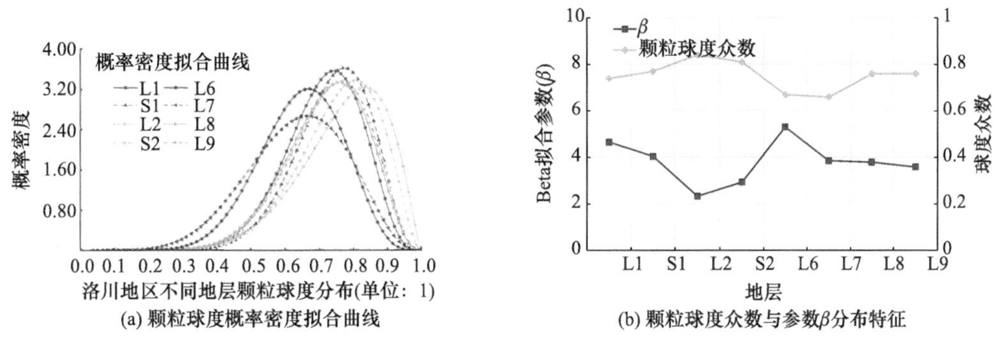

图 5.30　洛川地区不同地层黄土颗粒球度众数与参数 β 分布特征

图 5.31 给出了 L1、S1、L2、S2、L6、L7、L8、L9 各地层黄土颗粒的长短轴比分布特征，满足 Gamma 分布。其中 L1、S1 地层长短轴比在 1.0～8.0 之间；L2、S2 地层长短

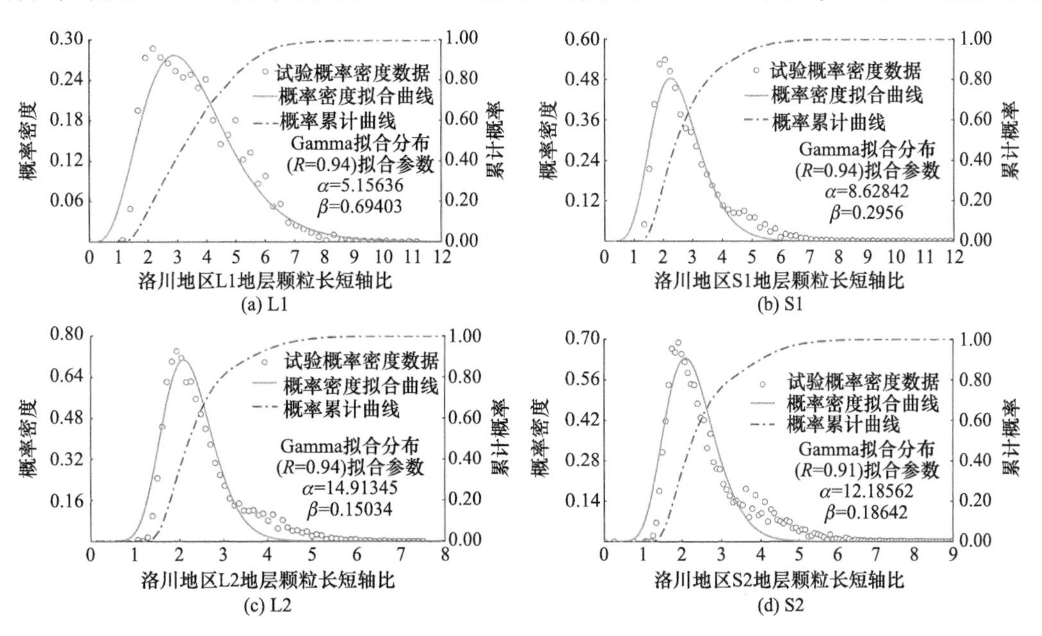

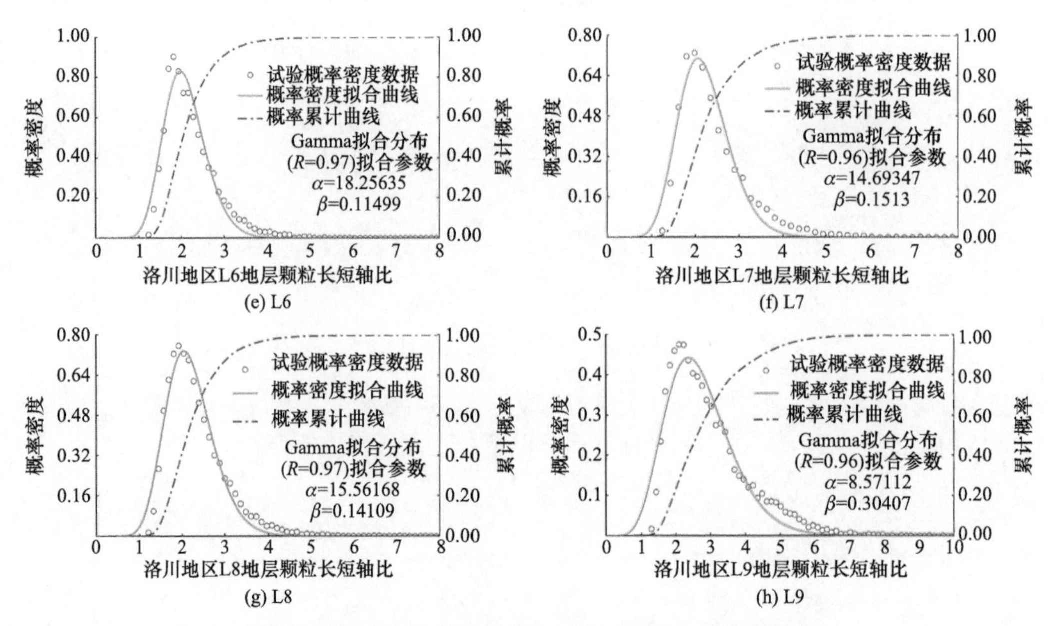

图 5.31　洛川地区不同地层黄土颗粒形态比概率密度分布

轴比在 1.0～6.0 之间；L6、L7、L8 地层长短轴比在 1.0～5.0 之间；L9 地层长短轴比在 1.0～7.0 之间。总体上呈现出随着地层深度的增加，黄土颗粒长短轴比越来越小的特征。

Gamma 分布的拟合参数 α 被称为形状参数，决定了曲线覆盖范围的宽窄程度；拟合参数 β 被称为比率参数或者位置参数，决定了曲线的陡缓程度。图 5.32(a)为颗粒长短轴比的分布曲线变化趋势。随着地层深度的增加，黄土颗粒长短轴比整体上越来越小，且各层黄土拟合曲线的宽窄幅值与其拟合参数 α 取值一一对应，呈现显著的负相关性。图 5.32(b)给出了各地层黄土颗粒长短轴比众数与 β 之间的变化规律，β 与长短轴比众数的变化趋势相同，具有明显正相关性，一定程度上决定了曲线峰值位置。

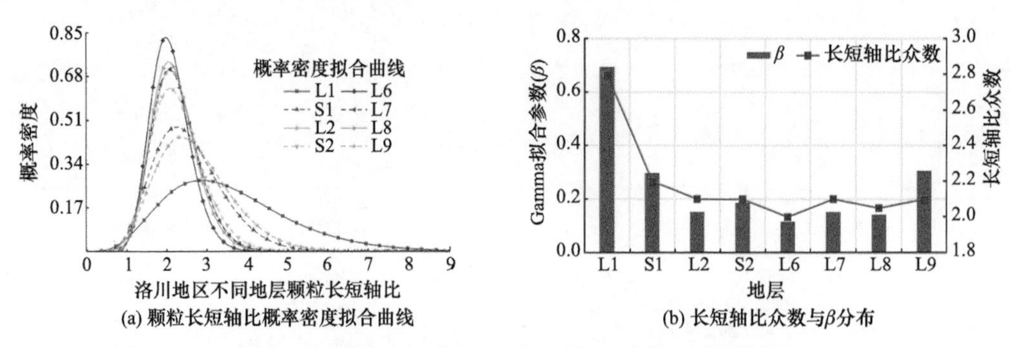

图 5.32　洛川地区不同地层黄土颗粒长短轴比分布特征

可见，随着地层深度的增加，颗粒球度和长短轴比整体上呈逐渐减小的趋势。由粒径特征可见，洛川地区的 L6、L7、L8、L9 地层黄土，形成于较强风力搬运沉积作用，其中粉尘物质在空中悬浮移动的比重较大，致使颗粒间碰撞次数相对较少和磨蚀程度较低，部分粉粒及细砂在较强风力作用下跳跃滚动沉积，磨蚀程度略高。而 L1、S1、L2、S2 地层形成时搬运动力较弱，黄土颗粒经历了多次搬运和沉积，各颗粒物质之间不断磨蚀，形成磨圆度较高和分选性较低的黄土颗粒。

4) 黄土颗粒定向特征

洛川地区黄土颗粒在漫长的沉积过程中受到自身重力作用和来自上覆土体的压力作用，表现出不同的颗粒定向特征，黄土颗粒的倾角 φ^g 和倾向 θ^g 分布特征如图 5.33 所示。

由图 5.33(a)可见，L1、S1、L2、S2、L6、L7、L8、L9 地层中黄土颗粒倾角 φ^g 的变化趋势基本相同，其中 L1、S1、S2 地层优势角集中在 80°～90°，黄土颗粒近竖直沉积数量较多； L2、L7、L9 集中在 70°～80°，黄土颗粒陡倾沉积数量较多；L6、L8 优势角则在 20°～30°、30°～40°、50°～60°、70°～80°均匀分布。可见，随着地层深度增加，倾角 φ^g 在 80°～90°区间内的颗粒数量百分比逐渐减小，φ^g 在 0°～50°区间内的颗粒数量百分比逐渐增大。可见，较深黄土地层的颗粒更倾向于缓倾或水平沉积，不易于竖直沉积。

由图 5.33(b)可见，L1～L9 地层中黄土颗粒倾向 θ^g 的变化趋势基本相同。多数地层黄土颗粒的优势走向均集中在 120°～160°之间。可见，对于同一沉积地点，不同时代黄土地层中颗粒的走向特征基本相近，颗粒定向主要与其在黄土高原所处的平面位置相关，主要受物质搬运距离、搬运动力等的影响。

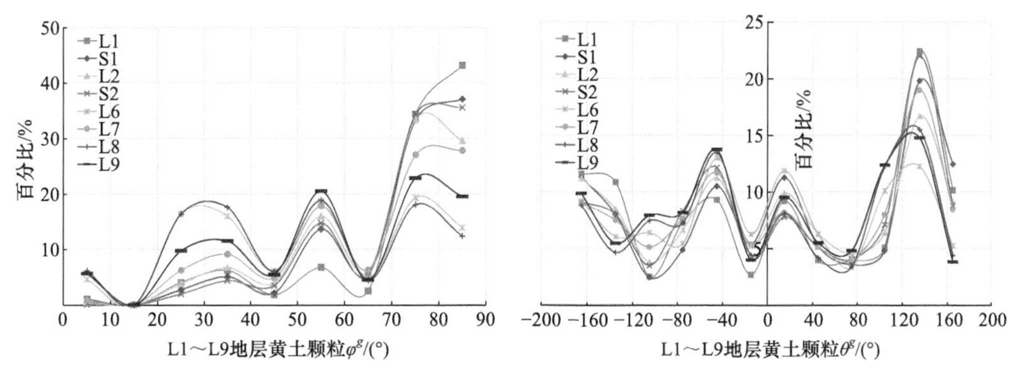

图 5.33　颗粒定向分布特征

5) 黄土孔隙及孔喉特征

根据黄土三维微结构试验，提取黄土二维孔隙进行三维重构，建立了黄土三维孔隙结构模型，并采用孔隙等效半径、孔喉等效半径和孔喉通道长度等定量指标，分析洛川不同地层黄土的孔隙结构特征。

图 5.34 为洛川 L1～L9 地层黄土孔隙等效半径概率分布曲线。不同地层黄土孔隙等效半径采用 Gamma 分布拟合。孔隙半径主要分布在 0～50μm 之间，但峰值主要分布在 15μm 附近。据雷祥义(1989)的孔隙大小划分标准，统计出各地层的孔隙尺寸类型数量占比情况。由统计结果可见，L1、S1、L2、S2、L6、L7、L8、L9 各地层中微孔隙和小孔隙数量占比极小；中孔隙数量占比分别为 52.06%、49.86%、35%、40%、32.5%、32.4%、40%、32.5%；大孔隙数量占比分别为 47.5%、50%、65%、60%、67.5%、67.5%、60%、67.5%。结果表明各地层黄土微孔隙和小孔隙含量极少，主要为中孔隙和大孔隙，且以大孔隙居多；中孔隙数量占比整体上随地层深度的增加而减小，而大孔隙数量占比则随地层深度增加有增大

的趋势，但孔隙的总量或孔隙比随地层深度增加而减小，这一分布特征也受所采用试验方法影响，连续切片导致大量小于 2μm 的孔隙被忽略了。

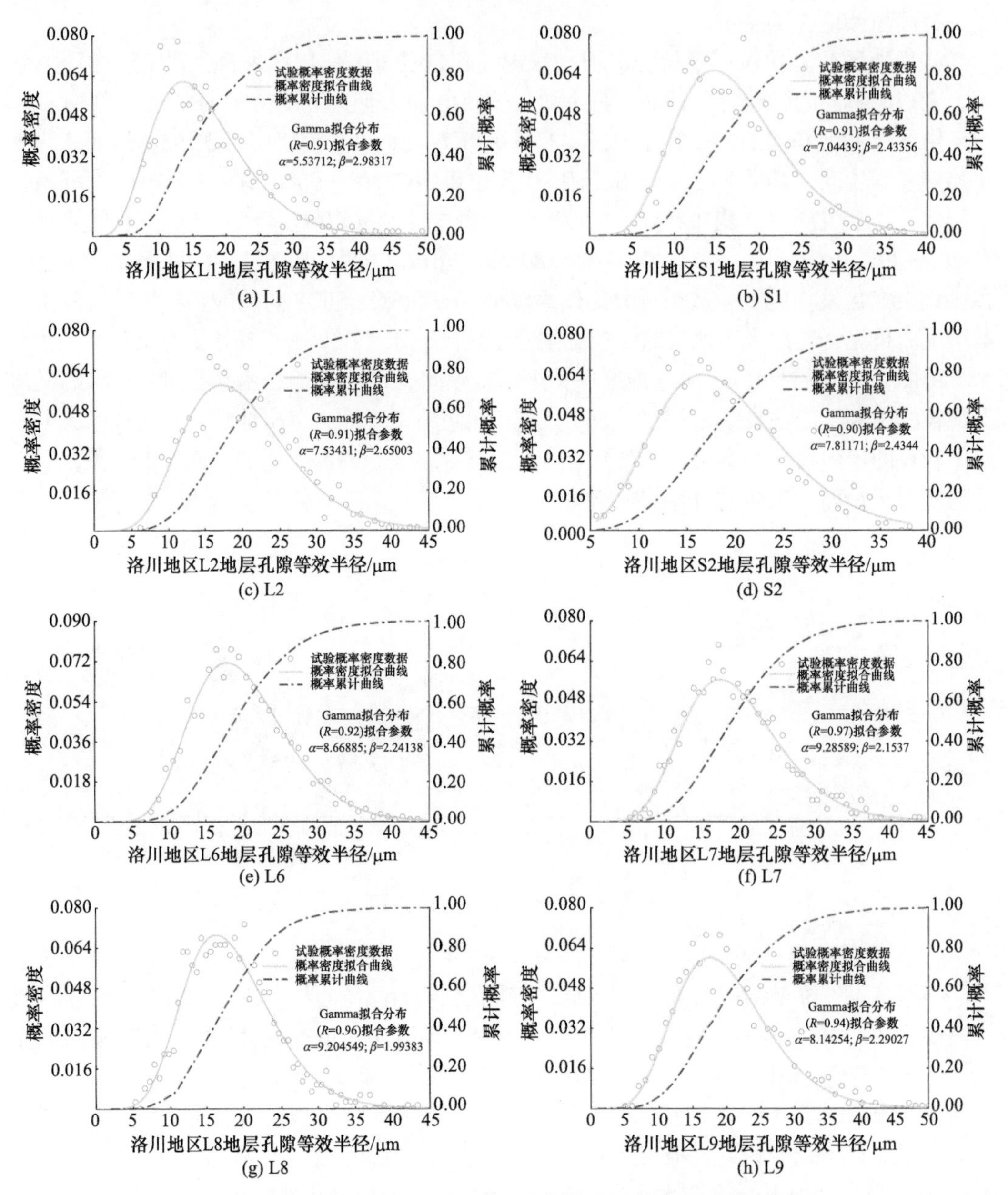

图 5.34　洛川地区不同地层黄土孔隙等效半径概率密度分布

图 5.35(a)给出了不同地层黄土孔隙等效半径分布曲线变化趋势。由统计分析可见，L1、S1、L2、S2、L6、L7、L8、L9 各地层孔隙等效半径众数依次为 13.1μm、14.2μm、17.1μm、16.2μm、17.4μm、18.1μm、15.8μm、18.0μm，孔隙等效半径整体上随着地层深度的增加，其众数逐渐增大，其变化趋势与白鹿塬黄土类似。图 5.35(b)为各地层孔隙等效半径拟合参

数的变化规律。拟合参数 α、β 取值呈反相关性；拟合参数 α 整体上随地层深度的增加而增大，拟合参数 β 则随着地层深度的增加而减小。

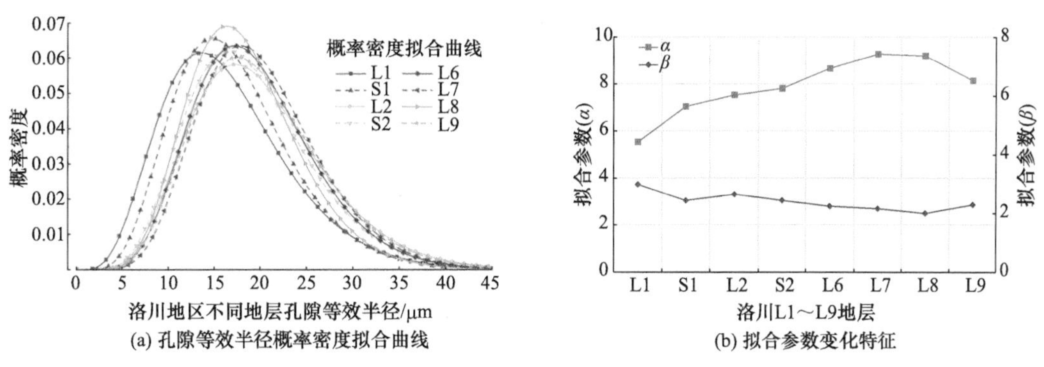

图 5.35　洛川地区不同地层黄土孔隙等效半径分布

洛川地区各地层黄土孔喉等效半径概率密度分布如图 5.36 所示。孔喉等效半径概率密度分布可采用 Gaussian 分布进行拟合。各地层孔喉等效半径基本分布在 0.0～35.0μm 的范围内，孔喉等效半径众数主要集中在 7.0～10.0μm 之间，各地层 0～10μm 半径的孔喉数量可达 50%左右。

图 5.37(a)给出洛川地区不同地层黄土孔喉等效半径分布曲线。根据统计结果可见，L1、S1、L2、S2、L6、L7、L8、L9 各地层孔喉等效半径众数依次为 7.8μm、7.5μm、9.5μm、8.7μm、9.0μm、9.1μm、9.1μm、9.0μm。孔喉等效半径众数整体上随地层深度的增加而逐渐增大。图 5.37(b)给出了孔喉等效半径众数与分布函数的拟合参数 b_1 之间关系。由图可

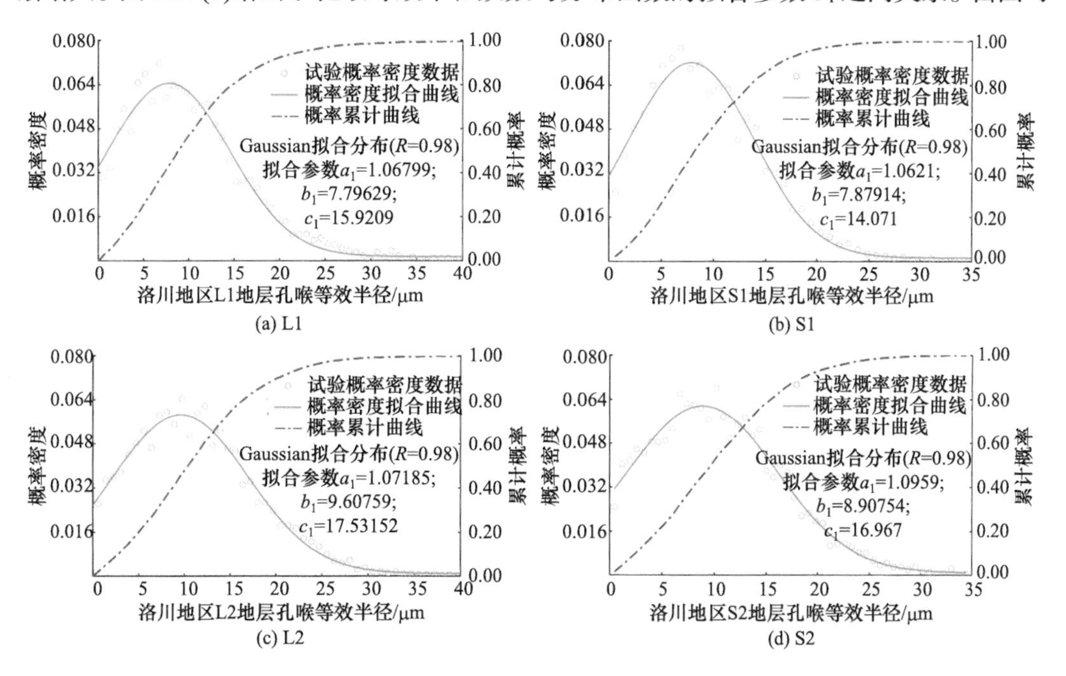

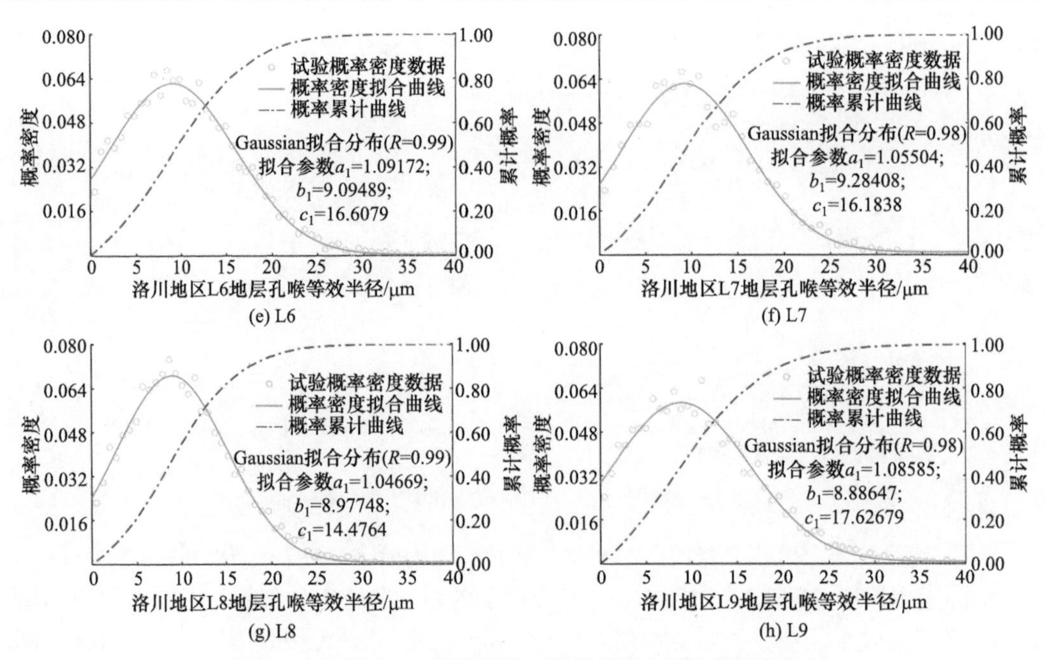

(e) L6　(f) L7　(g) L8　(h) L9

图 5.36　洛川地区不同地层黄土孔喉等效半径概率密度分布

见，孔喉等效半径众数与拟合参数 b_1 值具有明显的正相关性，均随着地层深度的增加而逐渐增大。由于 Gaussian 分布的拟合参数 b_1 为概率分布均值，孔喉等效半径众数与拟合参数 b_1 的取值近乎相等。

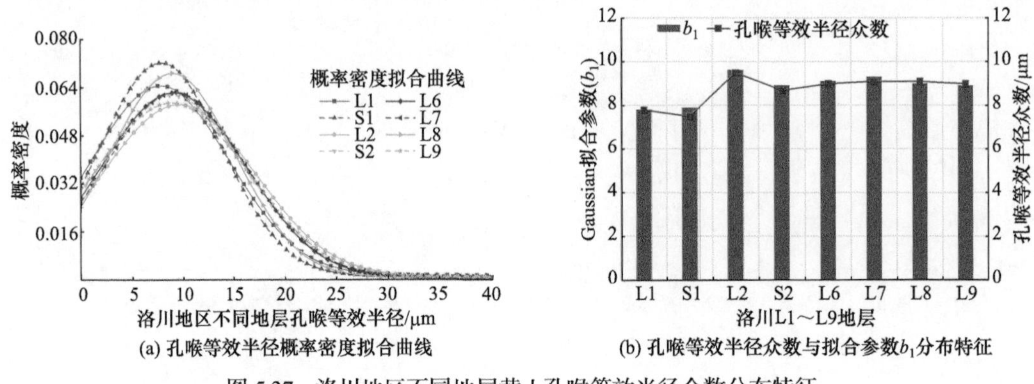

(a) 孔喉等效半径概率密度拟合曲线　(b) 孔喉等效半径众数与拟合参数b_1分布特征

图 5.37　洛川地区不同地层黄土孔喉等效半径众数分布特征

图 5.38 给出了洛川 L1、S1、L2、S2、L6、L7、L8、L9 地层孔喉通道长度分布特征。可见，孔喉通道长度概率分布满足 Gamma 分布。不同地层黄土孔喉通道长度的数值基本分布在 10.0～110.0μm 之间。由统计分析可见，L1～L9 地层孔喉通道长度众数依次为 41.0μm、40.5μm、44.5μm、43.5μm、44.5μm、45.5μm、41.0μm、46.5μm，整体上随着地层深度的增加而增大。

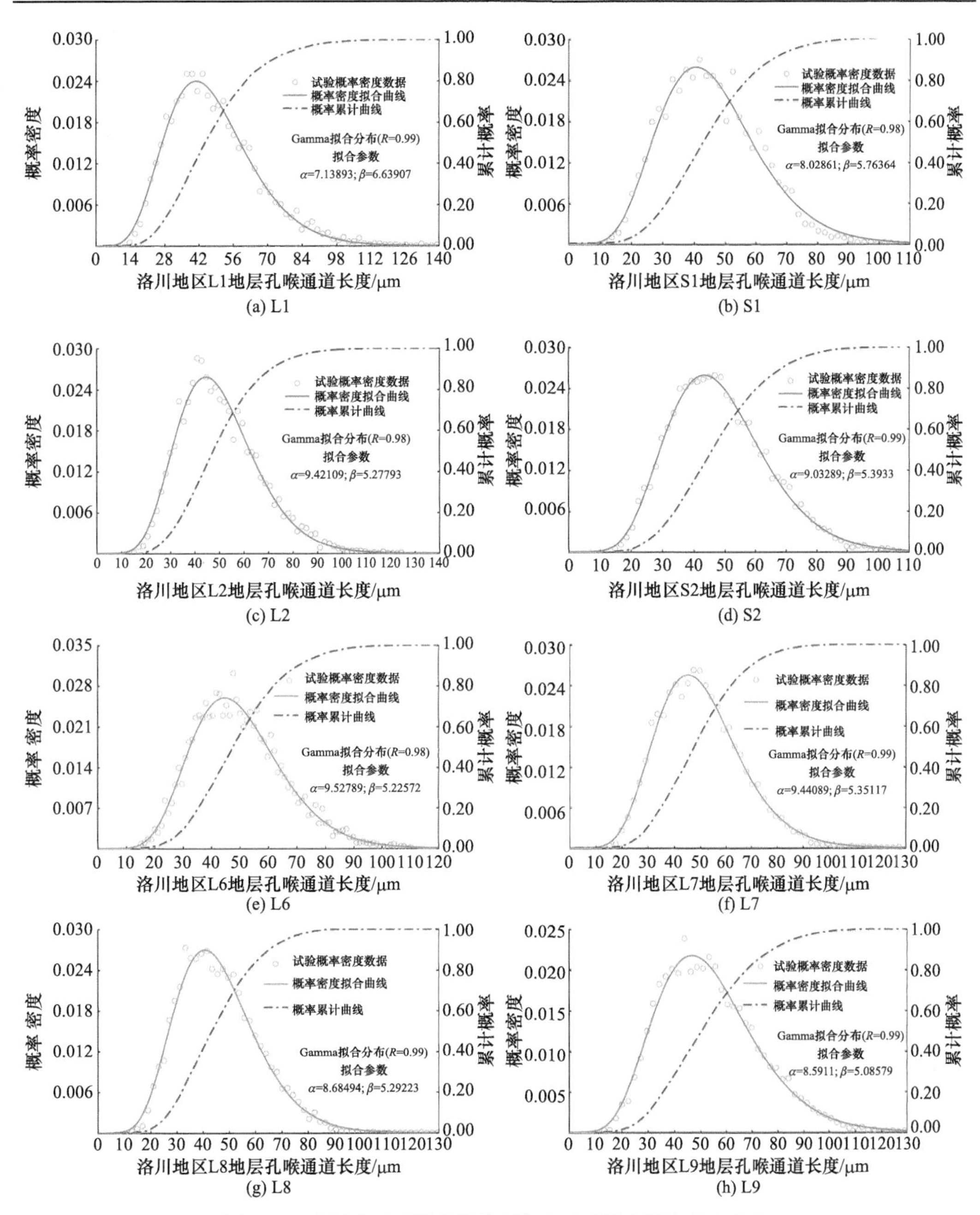

图 5.38　洛川地区不同地层黄土孔喉通道长度概率密度分布

图 5.39(a)给出了洛川地区不同地层黄土孔喉通道长度分布曲线的变化趋势，可见，L1、S1、L2、S2、L6、L7、L8、L9 各黄土地层孔喉通道长度众数依次为 41.0μm、40.5μm、44.5μm、43.5μm、44.5μm、45.5μm、41.0μm、46.5μm，整体上表现出随地层深度的增加而增大的特征。图 5.39(b)给出了分布函数拟合参数 α、β 的变化规律，具有反相关性。拟合参数 α 整体上随地层深度的增加而增大，拟合参数 β 整体上随地层深度的增加而减小。

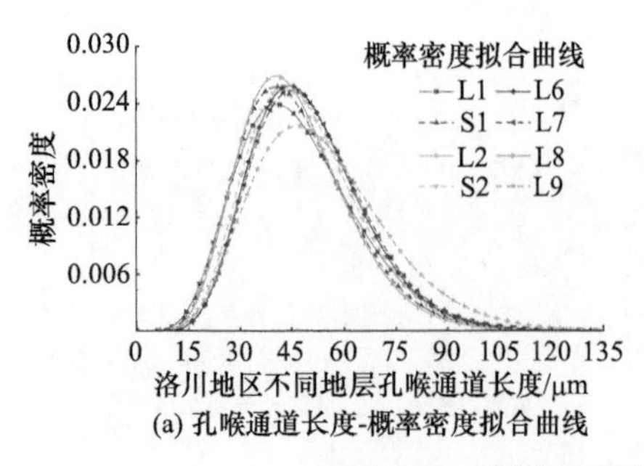

(a) 孔喉通道长度-概率密度拟合曲线

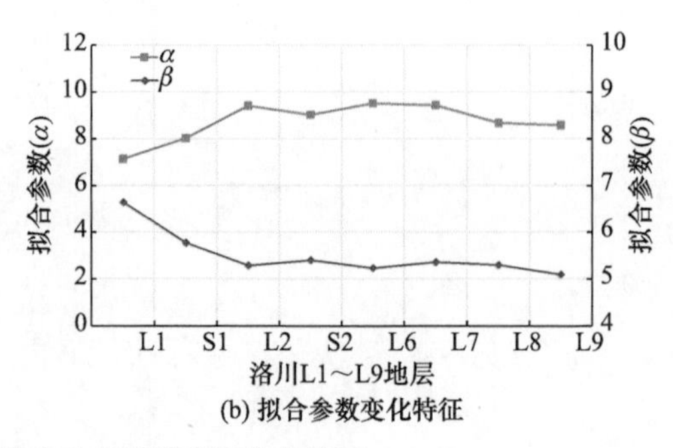

(b) 拟合参数变化特征

图 5.39　洛川地区不同地层黄土孔喉通道长度分布特征

对比孔隙与孔喉等效半径可见，较深地层的黄土孔隙与孔喉较大。由于较深地层的黄土颗粒较大，球度较小，易形成较大孔隙；较浅地层的颗粒较小，球度大，颗粒之间多为面-面接触，易形成一定数量的中小孔隙。

6) 洛川黄土物理性质与微结构参数的相关性

黄土的物理力学性质在很大程度上与黄土颗粒、孔隙和孔喉的概率分布函数参数及众数数值具有相关性。其中密度和颗粒粒径具有明显的正相关性，如图 5.40(a)所示。L1～L9 地层整体上密度、颗粒平均粒径以及众数均随着地层深度的增加而增大，可见颗粒变粗对洛川黄土密度的增大有一定的贡献。

由图 5.40(b)可见，液限与塑限均随着地层深度的增加而逐渐增大，长短轴比众数取值随地层深度增加而减小，液限、塑限与颗粒长短轴比的众数取值之间具有负相关性。随着地层深度增加，黄土密度以及颗粒平均粒径增大，长条状颗粒数量占比减小，板状、柱状、亚球状数量占比相对增多，黄土的比表面积增大，随之液限、塑限增大。

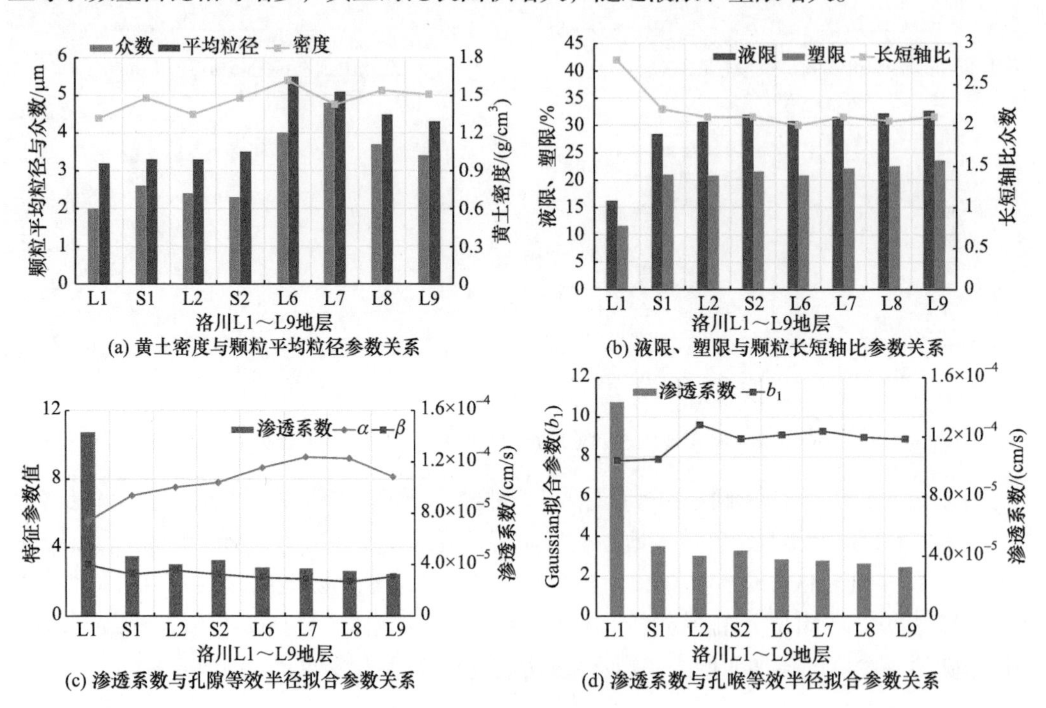

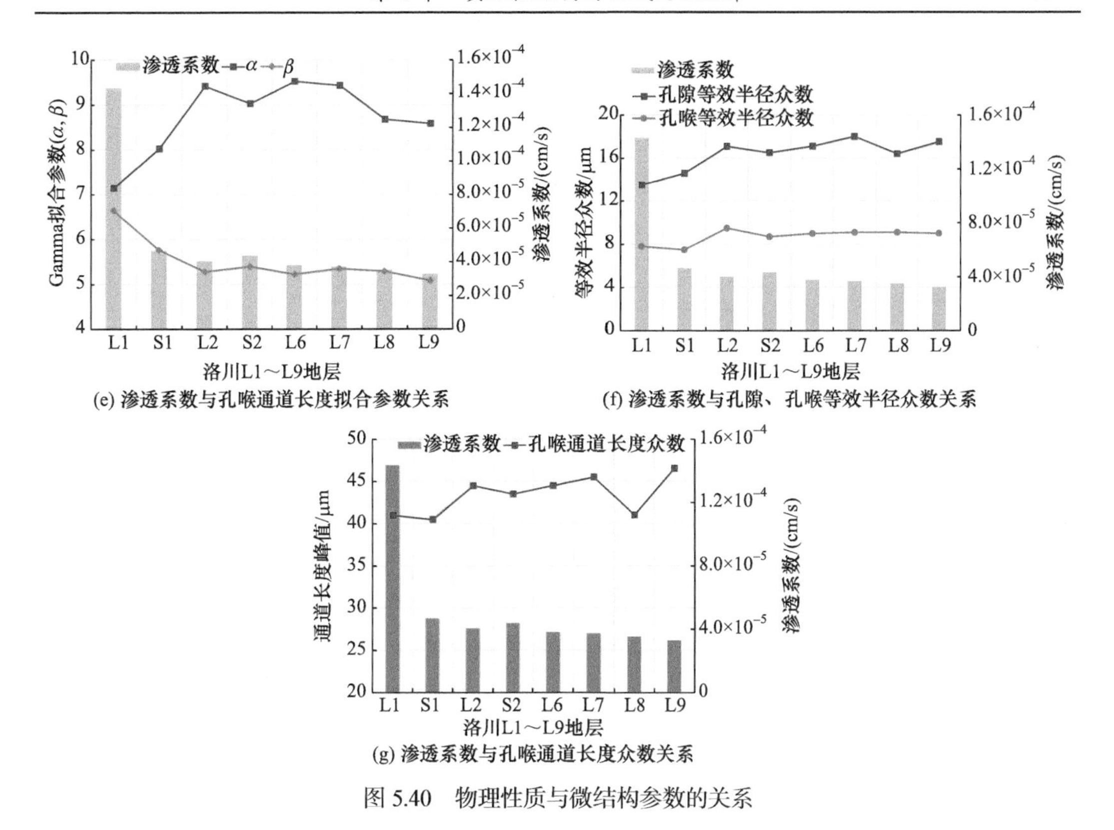

图 5.40　物理性质与微结构参数的关系

渗透系数与孔隙等效半径、孔喉等效半径、孔喉通道长度概率分布参数及众数取值具有相关性，如图 5.40(c)～(g)所示。孔隙等效半径、孔喉通道长度 Gamma 分布拟合参数 β 与渗透系数增减趋势相同，具有明显的正相关性；而孔喉等效半径 Gaussian 分布拟合参数 b_1 与渗透系数具有负相关性。孔隙、孔喉等效半径众数以及孔喉通道长度众数均随地层深度增加而增大，而渗透系数随地层深度增加明显减小，因此渗透系数与其众数具有负相关性。黄土渗透性大小不仅仅取决于孔隙、孔喉等效半径以及孔喉通道长度的概率分布，而且与孔隙、孔喉等效半径以及孔喉通道长度单位体积内数量多少密切相关，当数量更多时，其渗透性更强。

5.3　小　　结

1) 马兰黄土微结构特征及区域变化规律

我国黄土高原马兰黄土的微结构具有区域性特征：①马兰黄土颗粒物质主要来源于黄土高原西北部，在风动力作用下向黄土高原的东南向搬运，因此，受气候和地质环境条件的影响，黄土高原北部地区马兰黄土的大颗粒含量较多，西南部地区马兰黄土的小颗粒含量较多。②马兰黄土颗粒三维形貌类型主要有片状、长条状、多棱角状、次棱角状、亚球状和球状几种。③马兰黄土颗粒形貌具有区域性特征，其球度与颗粒大小和搬运距离相关，受控于黄土颗粒的磨蚀历史；长短轴比主要与颗粒物理性质有关，受控于颗粒物源属性。

④马兰黄土的孔隙和孔喉半径及孔喉通道的大小具有区域性分布规律；位于黄土高原北部的马兰黄土，具有较大的孔隙和孔喉半径，以及较长的孔喉通道；孔隙和孔喉半径及孔喉通道的大小区域变化规律主要与黄土颗粒大小及其区域变化规律相关。⑤马兰黄土的微结构主要可划分为单粒架空结构、集粒架空结构和絮凝结构三类，随着位置由黄土高原北部向南移动，单粒架空结构的含量逐渐减少，集粒架空结构的含量先增大再减少，絮凝结构的含量逐渐增大。

2) 不同地层时代黄土微结构特征及变化规律

不同地层时代黄土微结构具有显著的时空变化规律：①同一地点不同地层时代黄土的颗粒体积大小反映了其形成时该区域的古气候环境条件。颗粒细小的地层，其沉积时所受风力搬运动力相对较弱，颗粒较大的地层沉积时所受风力搬运动力则相对较强。②随着地层深度的增加，黄土颗粒长短轴比越来越大，颗粒变得越来越扁平。③较浅地层黄土的孔隙分布曲线覆盖范围较窄，峰值较大，孔隙的尺度范围较集中，孔隙体积随地层深度的增加而逐渐变小。④较浅地层的黄土孔喉半径及孔喉通道长度的分布曲线覆盖范围较窄，孔喉尺寸更集中；较深地层的孔喉半径及孔喉通道长度分布曲线覆盖范围较宽，尺寸更分散。

第 6 章　剪切荷载作用下黄土微结构特征

黄土地区大量滑坡等地质灾害的发生都是由于土体在荷载的作用下发生了剪切破坏。学者针对黄土剪切变形和强度开展了大量的研究。例如，基于三轴剪切、直剪等试验手段建立了能够描述黄土力学行为的本构方程，在此基础上通过有限元等数值手段对黄土边坡、场地乃至复杂黄土地质体开展模拟研究，对于工程实际中的黄土破坏问题以及黄土地质灾害的防治方面起到了重要作用(姜程程等，2021；蒋明镜等，2019；刘祖典，1997；庞旭卿和焦黎杰，2018；谢定义，2001；褚峰等，2019)。

相比于黄土宏观力学性能以及工程应用的系统研究成果，对于黄土剪切变形和破坏过程中的微观机理研究则稍显滞后，这在一定程度上制约了黄土微观力学模型的建立和对其剪切破坏行为更精确的预测。在剪切破坏不同阶段中黄土微结构的演化是一个重要的科学问题(雷胜友和唐文栋，2004；Jiang et al., 2014；Li, 2013；Wen and Yan, 2014)，黄土颗粒尺寸跨度大、空间排列多样、胶结方式复杂，因此观测这些微结构要素的变化具有一定难度，阐明荷载作用下这些微结构变化对宏观力学性能的具体影响还需要大量研究。本章将介绍作者团队利用扫描电子显微镜、高精度微米 CT 扫描等多种观测手段，针对剪切过程中黄土微结构演化所开展的一些探索性的研究，以及对剪切破坏微观机理的探讨。

6.1　环剪条件下黄土微结构破坏特征

黄土在滑坡等地质灾害成灾过程中发生大位移剪切滑动，研究黄土的大位移剪切行为对于进一步揭示黄土灾变机理具有重要的意义。本节以陕西泾阳南塬地区黄土和古土壤试样为研究对象，借助环剪试验和微结构观测方法研究了黄土和古土壤在大位移剪切条件下的破坏模式及微观机理。

6.1.1　试验方法

现场采取陕西泾阳南塬寨头村滑坡与庙店滑坡周边 Q_2 中的黄土和古土壤试样，开展试样的基本物理性质测试，借助激光粒度测试仪测试试样的粒度组成，见表 6.1。通过 X 射线衍射分析法测得试样矿物成分，见图 6.1。结果显示试样的主要矿物成分中石英和长石占 49.7%～55.7%、黏土矿物占 26.6%～39.8%、方解石含量占 6.4%～13.3%，试样的干密度为 1.54～1.62g/cm^3，天然含水量为 19%～23%，液限指数为 26.7%～29.6%，塑限指数为 18.3%～20%。试样颗粒粒径主要集中在 75μm 以下，粉粒(2～20μm)为主要粒组成分，黏粒(<2μm)含量为 11%～19%。

表 6.1　试样基本物理性质指标

试样	干密度/(g/cm^3)	天然含水量/%	液限指数/%	塑限指数/%	塑性指数	粒度成分/%		
						<2μm	2～20μm	20～2000μm
Lzh	1.54	19	26.7	19	7.7	12.0	56.8	31.3
Pzh	1.55	23	28.9	20	8.9	17.6	57.3	25.1
Lm	1.62	20	26.7	18.3	8.4	11.0	52.7	36.3
Pm	1.6	22.5	29.6	19.5	10.1	19.0	52.5	28.5

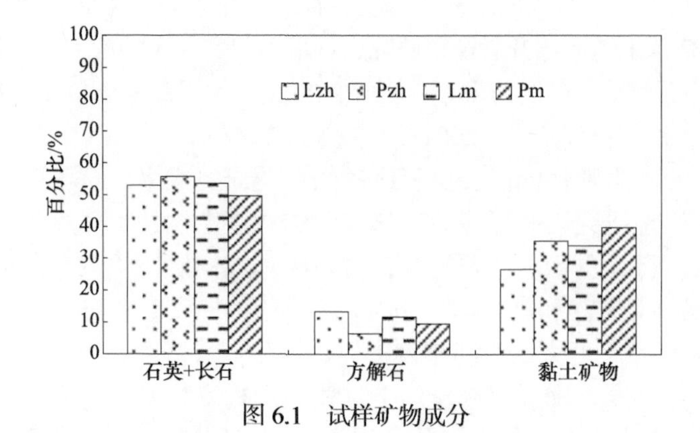

图 6.1　试样矿物成分

采用扫描电镜观察重塑试样的微观结构，见图 6.2，石英和长石等粗颗粒矿物组成试样的骨架，黏土矿物和盐分等细粒成分分散在粗颗粒周边，起胶结作用，部分层状或板状黏土矿物聚集成集粒。图 6.2(a)和图 6.2(c)分别为黄土试样和古土壤试样在相同放大倍数下的电镜图片，对比分析表明，古土壤试样的细颗粒成分比黄土试样的多，这与颗分试验结果以及矿物成分测试结果一致。

采用 Bromhead 类型环剪仪 SRS-150 对试样进行环剪试验，样品缸外径 150mm，内径 100mm。制备重塑试样时，严格控制含水量和样品缸中每个试样的质量，以保证试样具有相同的初始密度。试样的含水量为 21%，与现场含水量一致。每个试样在法向压力下固结 12h 以上，能够保证固结完成后试样的轴向压缩量<0.01mm/min，然后以 1°/min(约 1 mm/min)的剪切速率进行排水剪切试验。剪切方法为单级剪，即每次剪切操作完成后，取

(a)

(b)

图 6.2　试样扫描电镜图片

(a)黄土试样；(b)高放大倍数下的黄土试样；(c)古土壤试样；(d)高放大倍数下的古土壤试样

出剪完试样，重新制备相同状态的试样进行新的环剪试验。试验得到的剪切应力-剪切位移曲线见图 6.3。

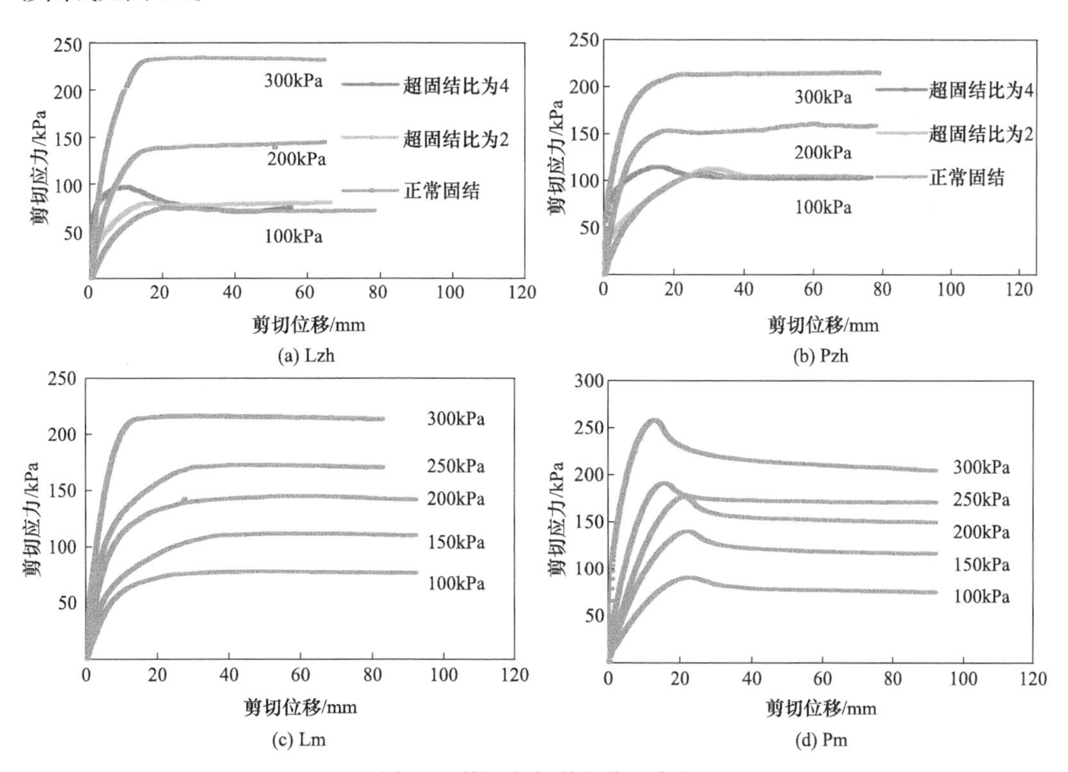

图 6.3　剪切应力-剪切位移曲线

如图 6.3 所示，对 Lzh 和 Pzh 试样分别进行了固结压力为 100 kPa、200 kPa 和 300 kPa 的正常固结环剪试验，并进行了超固结比为 2 和 4(固结压力分别为 200 kPa 和 400 kPa，剪切时法向压力为 100 kPa)的环剪试验，以研究超固结比对试样剪切特性的影响。对 Lm 和 Pm 试样进行了固结压力为 100 kPa、150 kPa、200 kPa、250 kPa 和 300 kPa 的正常固结环剪试验。试验结果表明，在剪切位移 20～30mm 时试样的剪切应力-剪切位移曲线达到峰值强度，正常固结黄土试样没有出现应力降，正常固结古土壤试样出现软化现象。超固结试样也显示出明显的应力降，且超固结比越大软化现象越显著。结果还表明，试样的固结状态影响试样的峰值强度以及达到峰值剪切强度的时间，但并不影响试样的残余剪切强度。测得试样的残余黏聚力小于 45 kPa，黄土的残余内摩擦角(35°～37°)小于古土壤的内摩擦角(29°～30°)。

6.1.2 试样剪切破坏模式

环剪试验后将试样从样品缸中取出，对试样的破坏形态及剪切带的结构进行观测和分析。图 6.4 为试验结束后将样品缸上下盘分开后的照片，图 6.5 为样品取出后垂直于环向剪切方向的垂直断面照片[图 6.4(d)中的 CC'D'D 断面]。结果表明，靠近样品缸上盘的破裂带将黄土分成两部分[图 6.4 (a)、(c)和图 6.5(a)～(c)]，而古土壤表观完整[图 6.4 (b)、(d)]，但内部发育靠近上盘的闭合破裂面[图 6.5(d)～(f)]。这一结果也证实了试样是沿试样内部剪切破坏，环剪试验的结果有效。在垂直于剪切方向的断面上，从样品缸两侧壁到试样中心，剪切破裂带的厚度逐渐增加。随着法向压力的增加，试样破裂带的厚度增大。

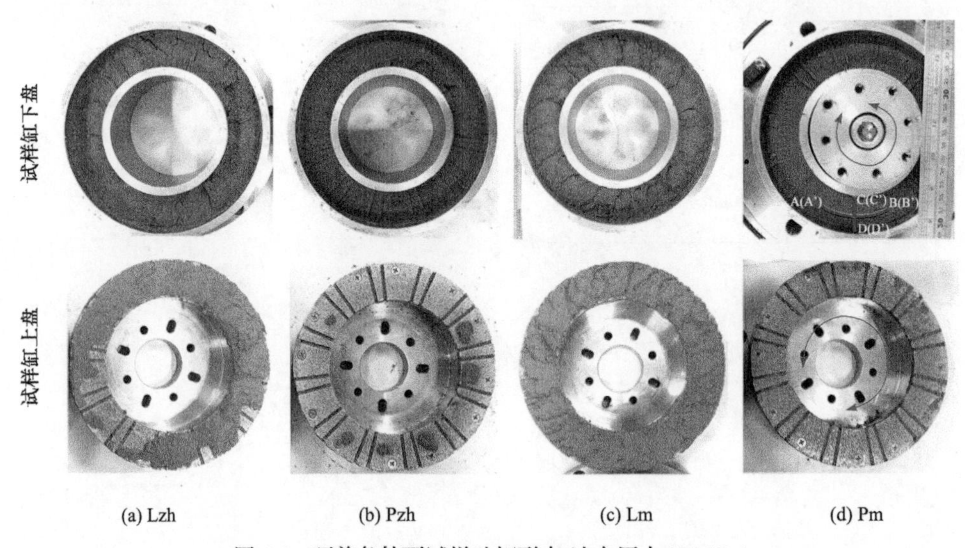

(a) Lzh (b) Pzh (c) Lm (d) Pm

图 6.4 环剪条件下试样破坏形态(法向压力 300 kPa)

试样破坏形态的分析结果表明古土壤试样内部仅发育近水平的闭合破裂面。黄土试样形成近水平的非连续破裂面，为主破裂面，将试样分为上下两部分，两部分试样内部均有一组雁列式破裂面。雁列式破裂面表面光滑，为剪切破裂面(图 6.4)，经测量，雁列式破裂

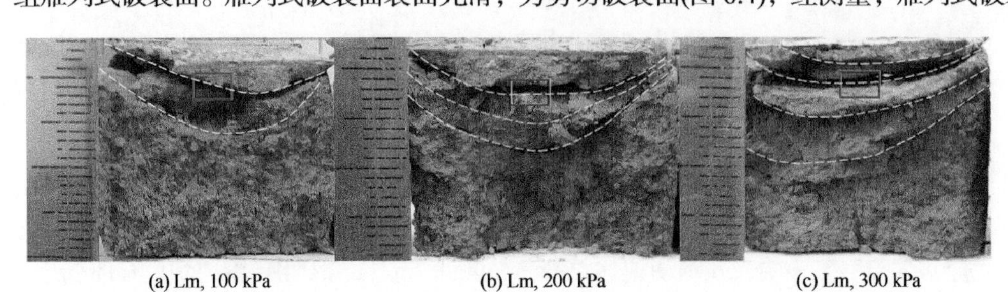

(a) Lm, 100 kPa (b) Lm, 200 kPa (c) Lm, 300 kPa

(d) Pm, 100 kPa　(e) Pm, 200 kPa　(f) Pm, 300 kPa

图 6.5　不同法向压力下试样内部破坏形态

面与水平面呈 14°～18°夹角。莫尔-库仑准则、最大剪应力面理论、Arthur 理论 (Arthur et al., 1977；Sadrekarimi and Olson, 2009)等常用于解释剪切破裂面的力学机制。如图 6.6(a)所示，对环剪试验的试样进行受力分析，试验初始阶段，法向正应力(σ_n)为试样最大主应力(σ_1)。基于 Mandl 等(1977)的试验研究成果，随着环剪应力大小逐渐从零增加到峰值，试样的最大主应力方向从竖直方向逐渐倾斜到与水平方向呈 45°夹角。在图 6.6 中的应力莫尔圆中，*A* 点表示莫尔-库仑破坏面，*B* 点为最大剪应力面(水平面)，*C* 点为最大主应力面。*A* 点与 *B* 点所在面的夹角为 $\varphi/2$ (φ 为内摩擦角)，基于试样的内摩擦角值(35°～37°)，由此可知雁列式破裂面与莫尔-库仑破坏面方向一致。黄土试样的主破裂面和古土壤试样的破坏面，都是沿最大剪应力方向。

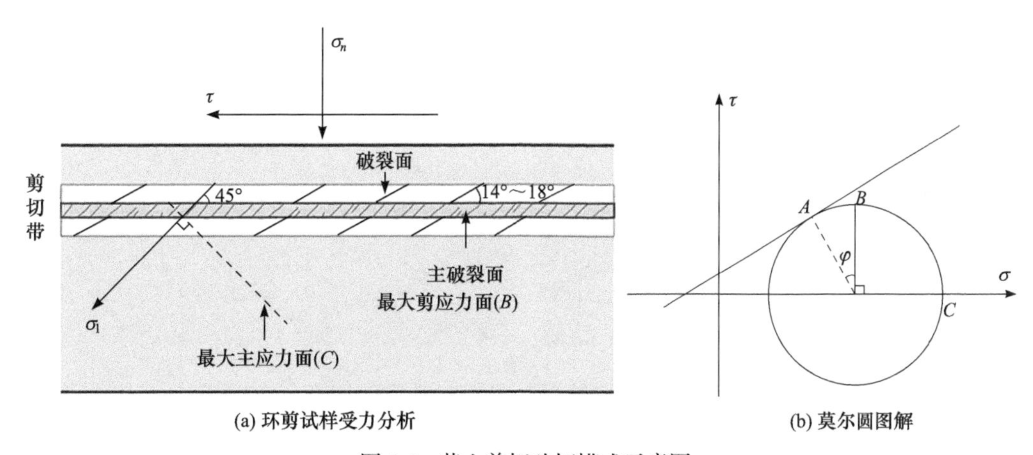

(a) 环剪试样受力分析　(b) 莫尔圆图解

图 6.6　黄土剪切破坏模式示意图

6.1.3　试样剪切破坏微观特征

借助扫描电镜对试样的剪切带进行微观结构观测。图 6.7 和图 6.8 为黄土和古土壤试样剪切带的 SEM 图片。黄土试样剪切破裂带充分贯通，可将试样的剪切破裂面直接放在扫描电镜下进行观察，古土壤试样剪切破裂面是闭合的，并未直接贯通，所以在试样中心面沿剪切方向获取断面，如图 6.4(d)中的 AA’B’B 所示，然后将断面在扫描电镜下进行微结构观测。

图 6.7　黄土试样破坏面的 SEM 图片(剪切方向由右向左)

如图 6.7 所示，在黄土试样剪切破裂带的剪切滑动面上，颗粒表面光滑，粗颗粒表面有沿剪切方向的显著擦痕现象，并且试样剪切带在滑动过程中发生了颗粒破碎。在如图 6.5 中红色标注区域的试样剪切带内取三组试样，每组 2～3g，采用激光粒度仪测试试样粒度

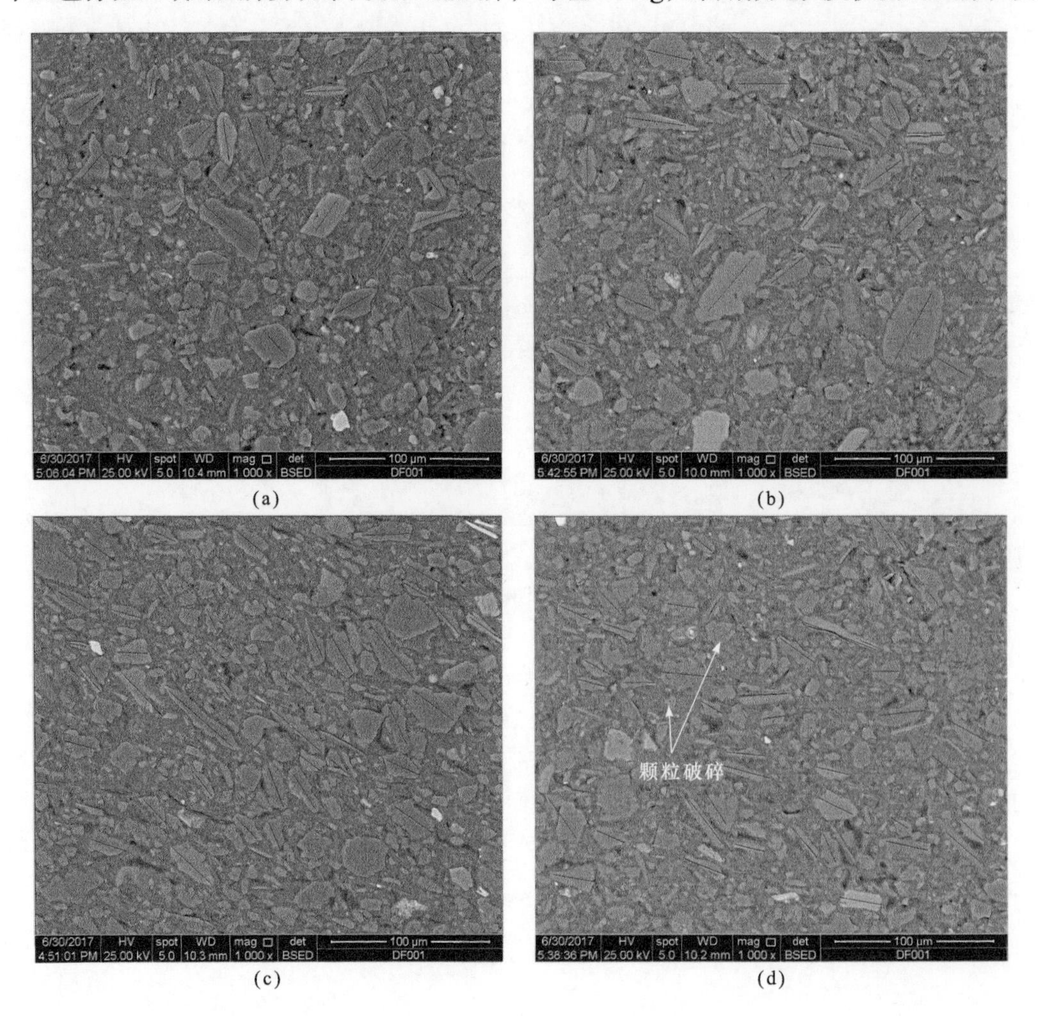

(e)　(f)

图 6.8　古土壤试样剪切带 SEM 图片(剪切方向由右向左)

(a) 剪切带外、100 kPa；(b) 剪切带外、300 kPa；(c) 剪切带内、100 kPa；(d) 剪切带内、300 kPa；(e) 高放大倍数、剪切带内、100 kPa；(f) 高放大倍数、剪切带内、300 kPa

成分，并将剪切带试样与环剪试验之前试样的粒度组成进行对比。如图 6.9 中的结果所示，黄土试样的黏粒组含量从 19%增加到 23.6%～28.6%，古土壤试样的黏粒组含量从 11%增加到 14.4%～22.5%，这与电镜观察到的现象一致，颗粒的破碎导致试样的粒径组成发生了改变。试样在不同法向应力下剪切带的粒径分布结果对比分析表明，剪切带的颗粒破碎程度随法向压力增大而增大。

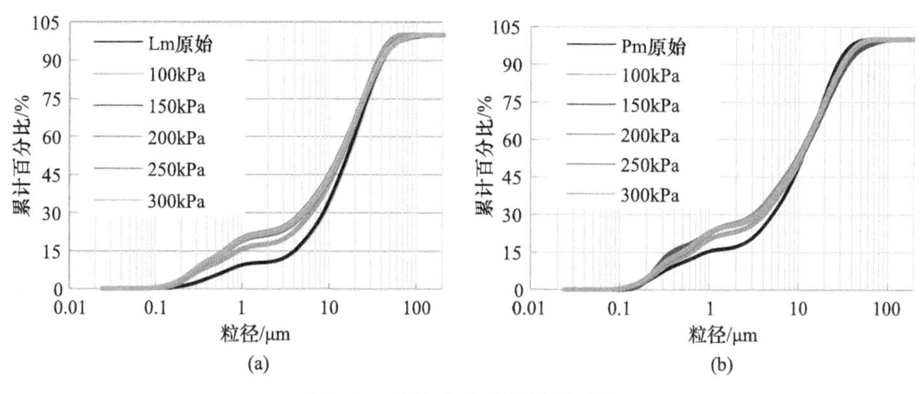

(a)　(b)

图 6.9　颗粒成分试验结果对比

古土壤试样剪切带外和剪切带内电镜图片的对比分析表明，试样剪切带内的颗粒定向排列显著，并且法向压力越大，颗粒定向排列的方向越趋于与剪切方向平行[图 6.8(a)～(d)]。对试样颗粒长轴的方向分布进行了统计分析，如图 6.10 所示，结果表明，试样剪切带内的颗粒发生了显著的颗粒定向排列，与电镜观察到的现象一致。

对比黄土和古土壤试样的物理性质、剪切特性和微观机理可知，黄土和古土壤试样在物理和结构特征方面的差异是两者表现出不同宏观剪切行为的根本原因。颗粒的定向排列使试样的接触方式从点-点或者点-面等接触转化为更多的面-面等接触，试样内部更容易形

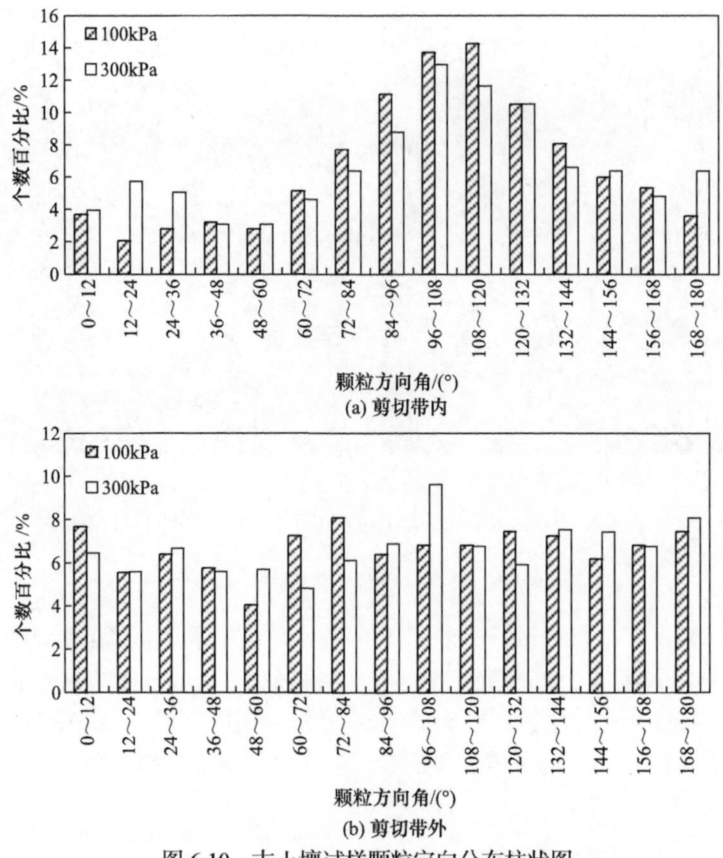

图 6.10　古土壤试样颗粒定向分布柱状图

成贯通的破坏面，进而使试样强度降低，表现出应力软化现象。古土壤试样的层状黏土矿物等黏粒含量比黄土试样多，颗粒的定向排列也更显著，这能够解释相同的试样状态和试验条件下黄土没有出现应力软化而古土壤呈现应力软化的现象，这也是两者破坏模式不同的根本原因。

6.2　三轴剪切作用下黄土微结构变化特征

6.2.1　试验方法

在三轴剪切试验中，黄土在不同的含水率状态和不同围压作用下会表现出不同的变形和破坏模式。本研究中采用董志塬地区的原状 Q_3 黄土，三轴试样尺寸为直径 39.1mm、高 80mm，在三轴加载过程中围压保持在 50 kPa。这样做的目的是，在该围压下黄土试样的破坏模式为典型的剪切破坏(图 6.11)，即能够观察到明显的剪切带产生，这就为我们的微结构研究提供了理想的研究对象，进而能够借助其研究和分析剪切带萌生和发展过程以及内部微结构的演化特征。

由于扫描电镜是一种破坏式的观测方法，而微米 CT 扫描空间内无法容纳巨大的加载设备，因而无法对同一试样内部的微结构演化开展连续的原位观测。因此，我们首先制备

5 个相同状态的黄土试样，其中 1 个试样作为未加载的参考观测状态(状态 0)，另外 4 个试样开展平行的三轴剪切试验(即一致的加载工况)，分别在试样达到偏差应力-轴向应变曲线的特征观测状态点时停止加载，加载后的试样用于微结构的观测。选取的观测状态点具体为：峰值前(状态 1，轴向应变 1.5%)、峰值(状态 2，轴向应变 3%)、峰值后(状态 3，轴向应变 8%)及破坏时(状态 4，轴向应变 15%)(图 6.12)。

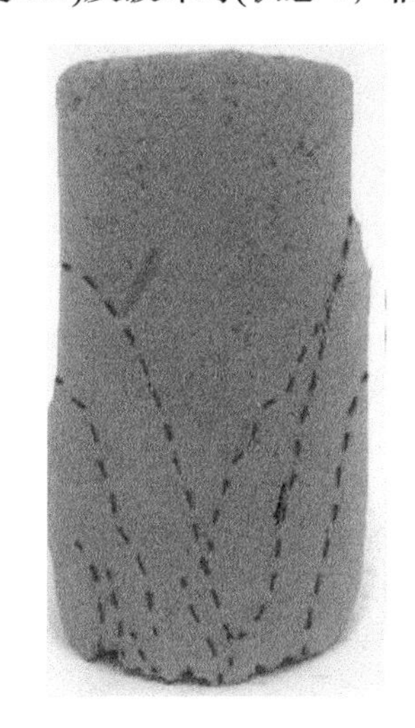

图 6.11　黄土试样在荷载作用下发生剪切破坏

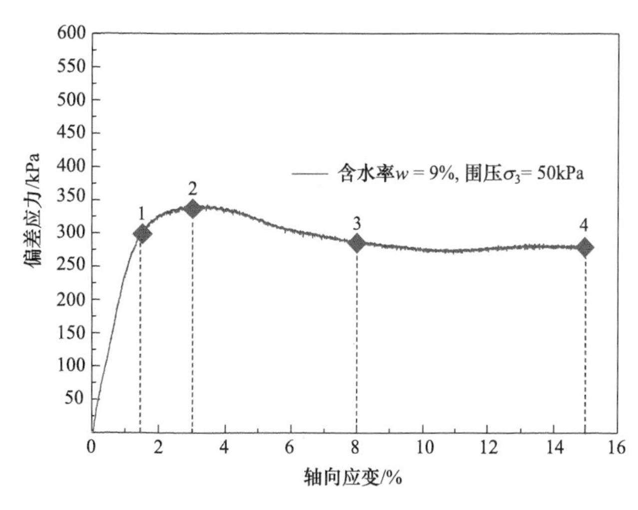

图 6.12　黄土试样微结构特征观测状态点选取

在获得代表剪切破坏过程中不同阶段黄土试样的基础上，利用扫描电镜对各个状态的试样开展微结构观测，微观观测样品的制备采用本书第 3 章介绍的连续切片的制备方法。扫描电镜的观测区域范围远远小于三轴试样的大小，因此对整个试样内部都开展微结构的观测是不现实的。鉴于此，我们开展了“阵列式”微结构观测试样选取，将整个试样分为等厚度的五层，在每层中特定位置取出若干大小相同的立方体样品用于微结构观测，其中第一、第三、第五层取 5 块样品，用来获取试样水平面的微结构特征，而第二、第四层取 4 个样品，用来获取试样竖直面的微结构特征(图 6.13)。通过对阵列中的样品进行扫描电

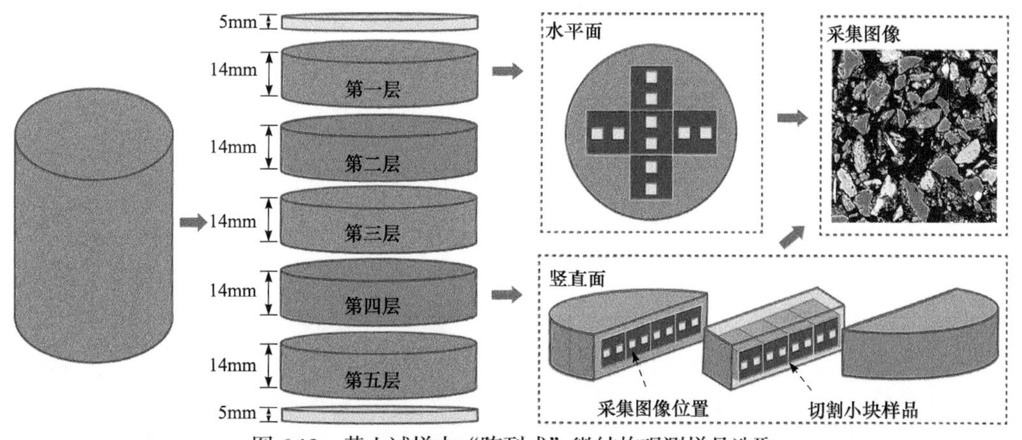

图 6.13　黄土试样中“阵列式”微结构观测样品选取

镜观测以及定量分析，能够获得微结构特征在土样内部大致的空间分布规律，进而比较剪切过程不同阶段下土样内部微结构的不同演化特征。

对三轴剪切破坏后试样开展整体 CT 扫描，如图 6.14 所示，可以看出，破坏后的试样存在着贯通整个三轴试样的剪切带，宽约 7 mm，与水平面夹角约 62°。在剪切带内部、剪切带上盘及下盘分别选取两个位置(点 1-1、1-2、2-1、2-2、3-1 及 3-2)进行微米级 CT 扫描，并建立其三维微结构；同时，建立未加载的原状黄土试样(点 0)的三维微结构模型，用于对比分析。

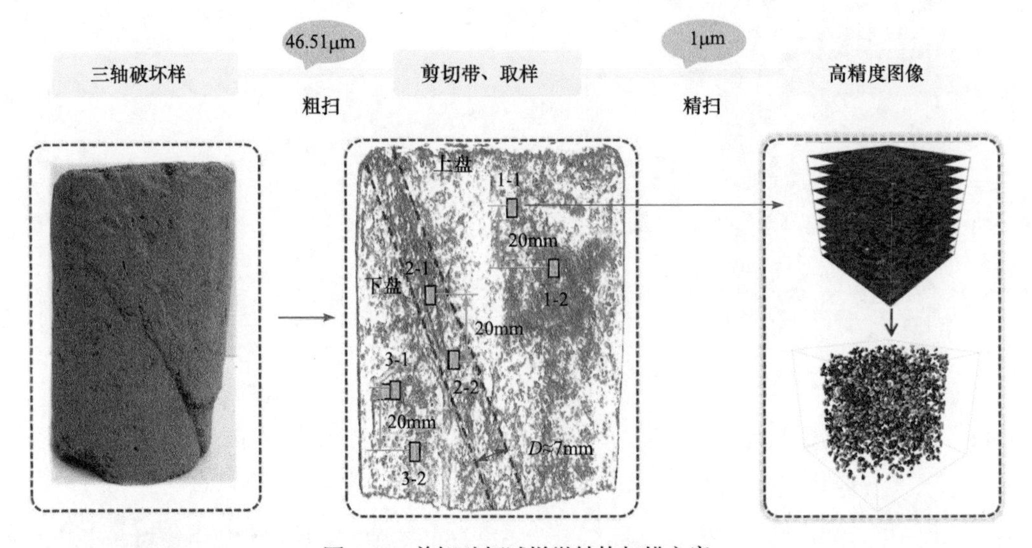

图 6.14　剪切破坏试样微结构扫描方案

6.2.2　局部孔隙率空间分布

土样在加载过程中其内部产生显著的非均匀变形(剪切带)，因而土样整体的应力和应变已经不能代表其内部不同位置的真实受力和变形状态，土样内部不同位置的局部微结构特征也必定表现出不同的变化规律。基于剪切过程不同阶段下样品各个位置的微结构观测结果，通过图像处理和定量分析能够获得局部孔隙率在土样内部的空间分布和剪切过程中的演化规律。

对于剪切过程中不同阶段的土样，通过计算各个层位的平均孔隙率，能够获得不同状态土样内部局部平均孔隙率垂直分布的变化规律(图 6.15)。随着应变的增加，试样顶端的孔隙率逐渐减小，试样压密，试样中心的孔隙率逐渐增大，15%应变时达到 0.481，而试样顶端被压密到 0.39，底端受裂缝和压密作用的影响，接近初始值约 0.45。从破坏试样的照片来看，试样局部孔隙率增大的区域对应着剪切带出现的范围，因而可以推测剪切带的产生伴随着局部孔隙率的增大，这与砂土剪切带中孔隙率的变化规律是一致的。

图 6.16 给出了不同层位的局部孔隙率的变化过程。随着轴向应变的增加，试样整体孔隙率逐渐降低。峰值前，试样不同层位局部孔隙率变化均较小，峰值后，试样中心部位局部孔隙率逐渐增大，向两侧逐渐减小，这表明土样的破坏加剧了内部微结构的改变。第一

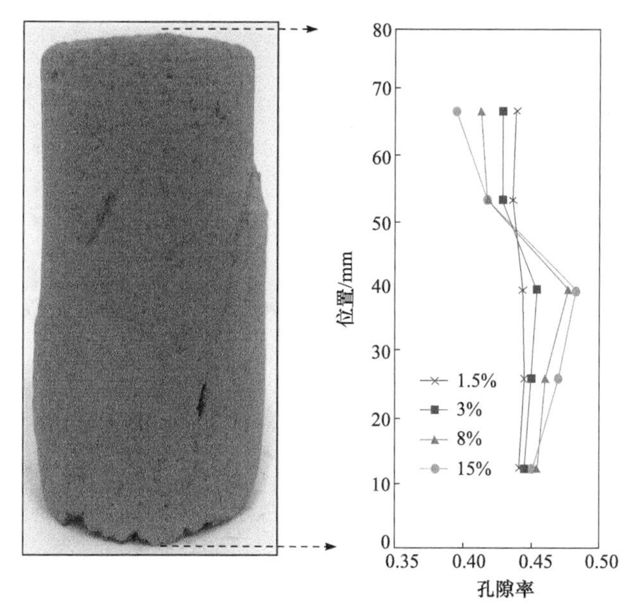

图6.15　剪切过程中局部平均孔隙率垂直分布的变化规律

层和第二层的局部孔隙率持续下降，表明试样的顶端一直处于被压密状态，即压密过程并未由于试样的破坏和剪切带的形成而终止。图6.17给出了不同层位的局部孔隙率标准差的分布变化。随着轴向应变的增加，试样内部压密的不均匀程度逐渐增大。峰值前，任意层之间的局部孔隙率标准差差异均较小，峰值后，不同层的局部孔隙率标准差差异明显增加。其中，第一层土压密相对较均匀；第二、第三、第四层的局部孔隙率差异较大，标准差从轴向应变8%处开始大幅上涨，增长了约107%，第三层的局部孔隙率标准差增长早于第二和第四层，说明剪切时试样中部的不均匀变形更加显著；而第五层，微裂缝的产生导致其层面内的局部孔隙率差异较大，随着裂缝的增加以及边界抑制的影响，局部孔隙率标准差在8%应变后基本保持不变。

通过对试样不同层位局部孔隙率和局部孔隙率标准差变化的分析，可以发现在试样整体发生体缩的情况下，试样内部的局部变形是非均匀的，而这种非均匀性随着试样变形和破坏的过程显著增强。剪切带的产生伴随着局部孔隙率的增大，而剪切带外侧的区域则持续地压密。

6.2.3　孔隙特征三维定量分析

建立原状、剪切带上盘、剪切带内及剪切带下盘黄土的三维孔隙网络模型，模型范围为800μm× 800μm× 1000μm，对反映孔隙和孔喉特征的微结构参数进行定量对比。

图6.18为原状黄土、剪切带上盘、剪切带内部及剪切带下盘取样点的二维平面CT图像(xz方向)、三维结构二值化图像和三维孔隙网络模型。统计的主要孔隙结构参数包括三维孔隙率(n)、孔隙数量(N^v)、孔喉数量(N^t)、平均配位数(CN^v)、平均孔隙半径(R^v_{eq})、平均孔喉半径(R^t_{eq})、平均喉道长度(L^t)、平均方向角(φ^v)。

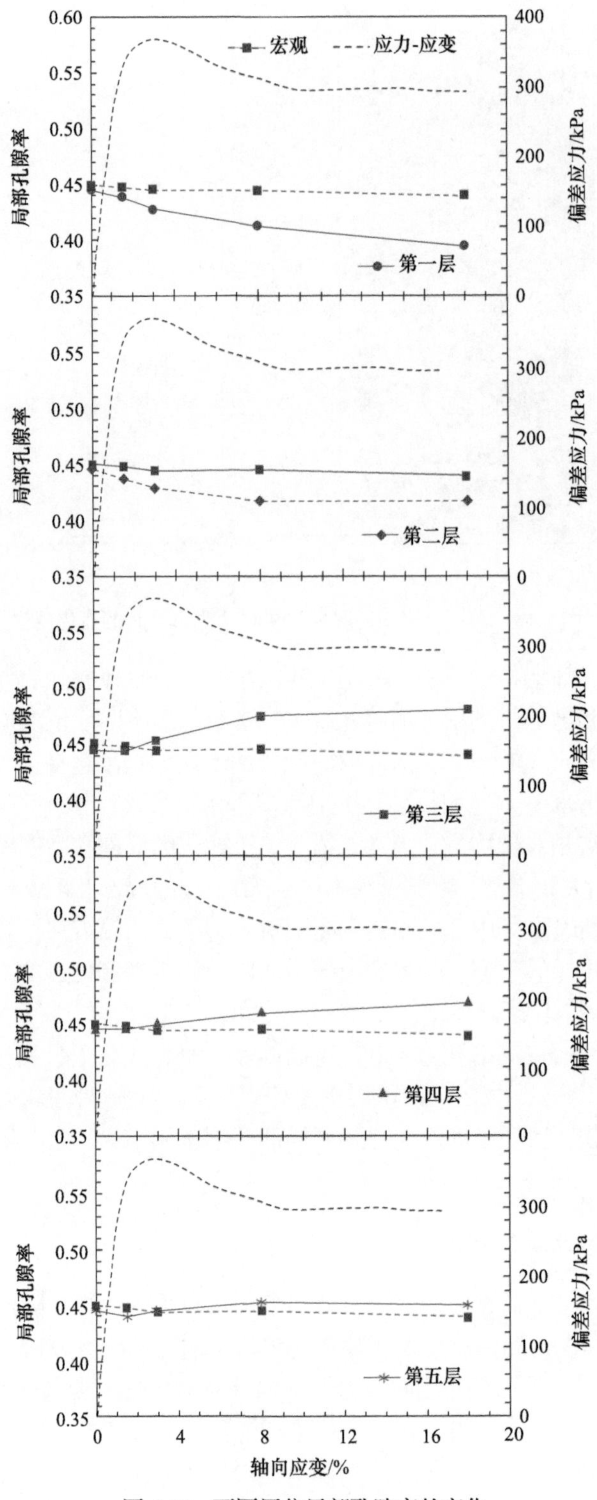

图 6.16　不同层位局部孔隙率的变化

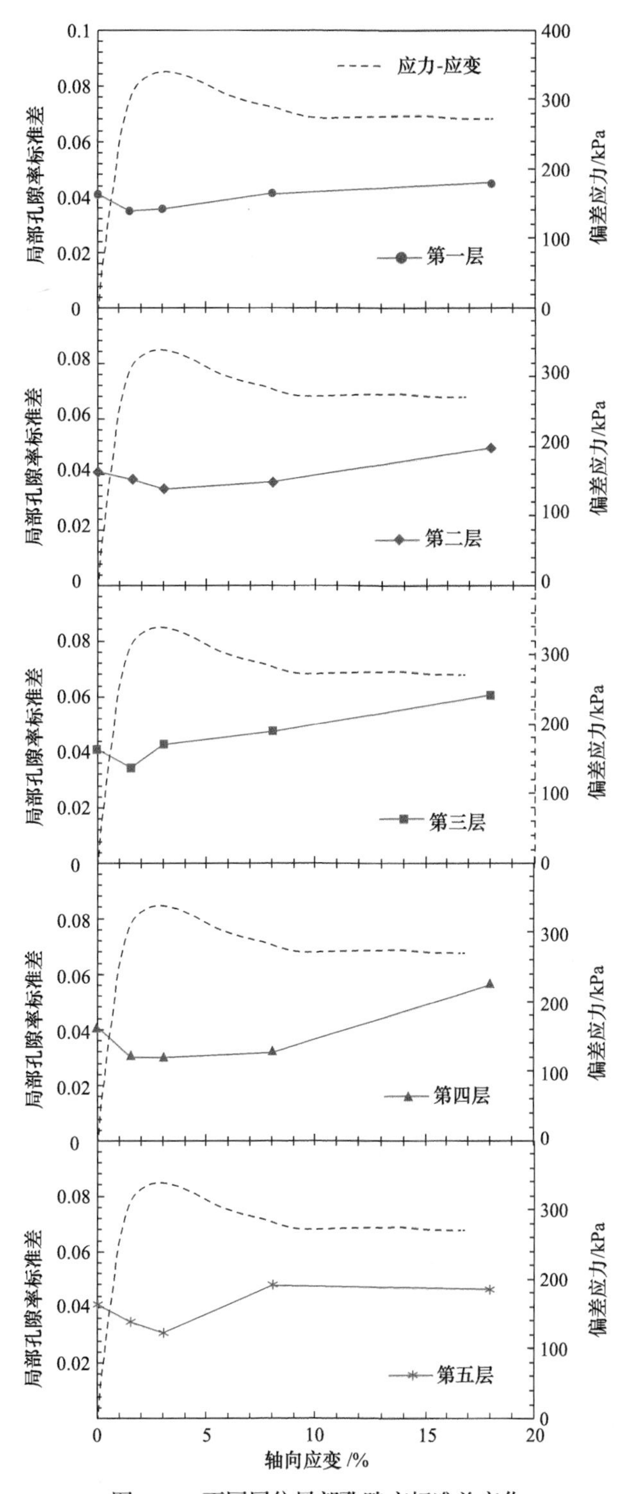

图 6.17　不同层位局部孔隙率标准差变化

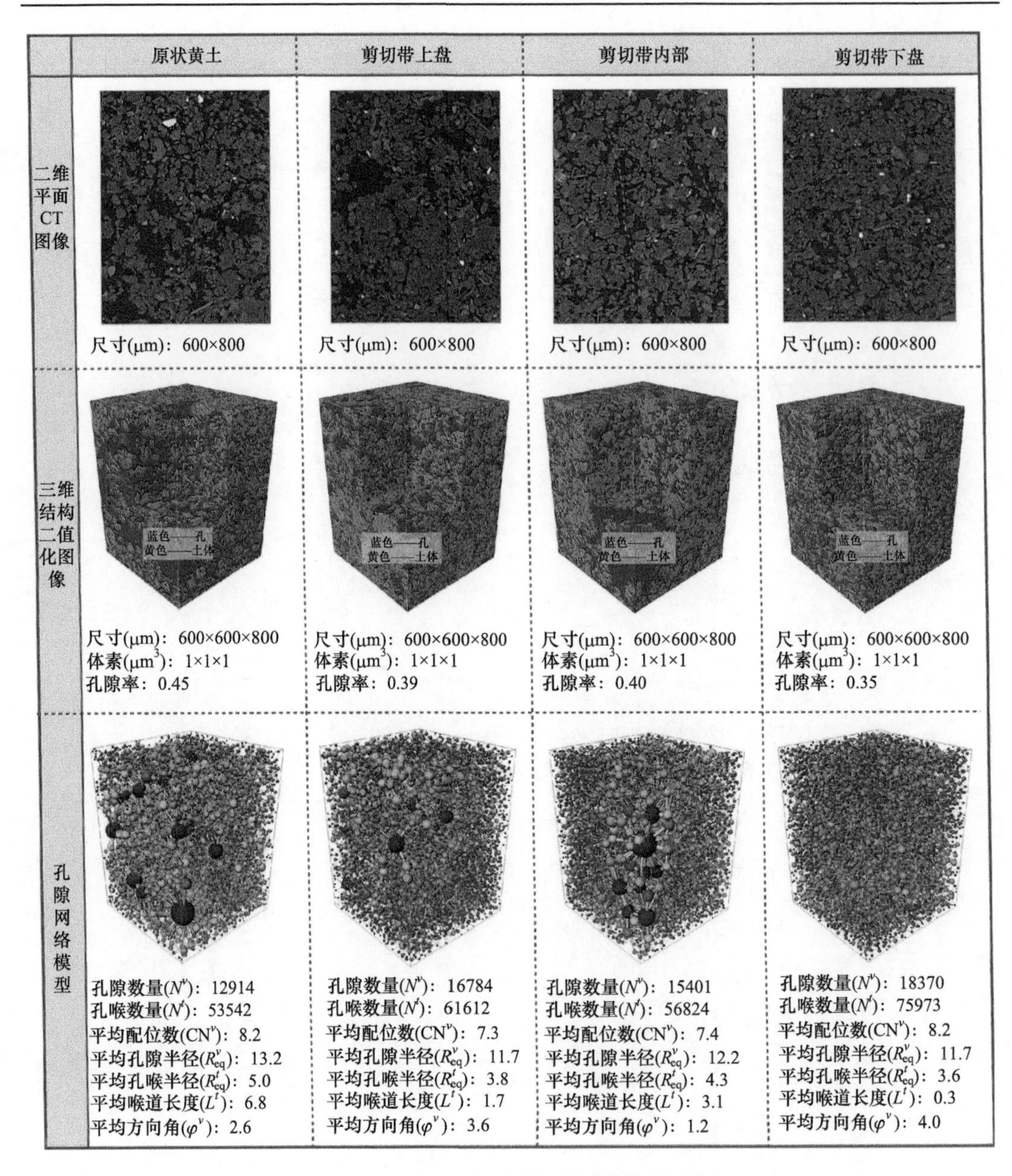

图 6.18　破坏试样不同位置孔隙微结构特征

1) 孔隙率

土体中孔隙的体积用三维孔隙率来体现，反映土体颗粒之间的密集程度。原状黄土、剪切带上盘、剪切带内部及剪切带下盘黄土的孔隙率分别为 0.45、0.39、0.40 和 0.35。剪切后试样的孔隙率均有所下降，剪切带内部比外部结构更疏松。

2) 孔隙尺寸

从孔隙数量(图 6.19)和孔隙体积(图 6.20)分布可以看出，两种分布曲线均存在一个峰值，峰值的大小直接反映着孔隙尺寸的密集程度，峰值越大，孔隙尺寸分布越集中。

孔隙等效直径-数量百分比分布曲线中，峰值分别为 4.1%、4.9%、4.5%和 5.6%，均出现在 19μm 左右(图 6.19)；孔隙等效直径-体积百分比分布曲线中，峰值分别为 1.9%、2.3%、2.4%和 2.6%，分别出现在等效半径为 40μm、34μm、36μm、30μm 处(图 6.20)。剪切后的孔隙数量、体积分布峰值均比原状黄土大，尤其在体积分布中，孔隙等效直径均较原状黄土减小。这说明剪切后的黄土相对于原状黄土结构更紧密，孔隙尺寸分布范围集中。从破坏后试样不同位置的孔隙尺寸分布可以看出，剪切带下盘土体孔隙尺寸分布最集中，孔隙平均尺寸最小，数量最多；其次为剪切带上盘和剪切带内部。

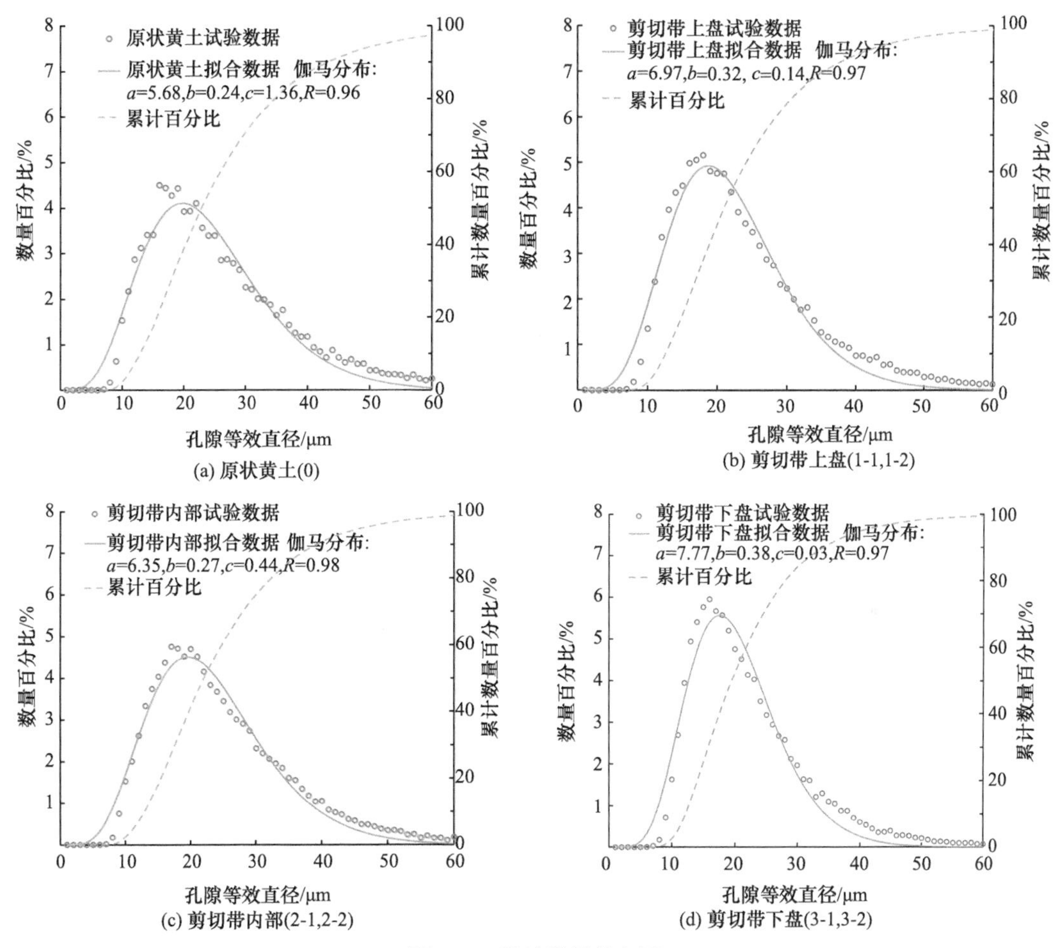

图 6.19　孔隙数量分布图

剪切带上盘、剪切带内部和剪切带下盘试样的数量与体积分布相对于原状试样的变化，分别定义为相对数量和相对体积，如图 6.21 和图 6.22 所示，图中的百分数表示某尺寸范围内孔隙数量(体积)增加或减少的百分比。

可以看出，剪切破坏后，9～43μm 之间的孔隙明显增加，剪切带下盘试样中等效直径小于 34μm 的孔隙数量显著增加，相比原状黄土增加了 63.35%，大于该界限的孔隙数量减少了 5.38%；剪切带内部试样中等效直径小于 43μm 的孔隙数量增加了 31.63%，大于该界限的孔隙数量减少了 1.38%；剪切带上盘试样中等效直径小于 34μm 时孔隙数量增加了 36.00%，

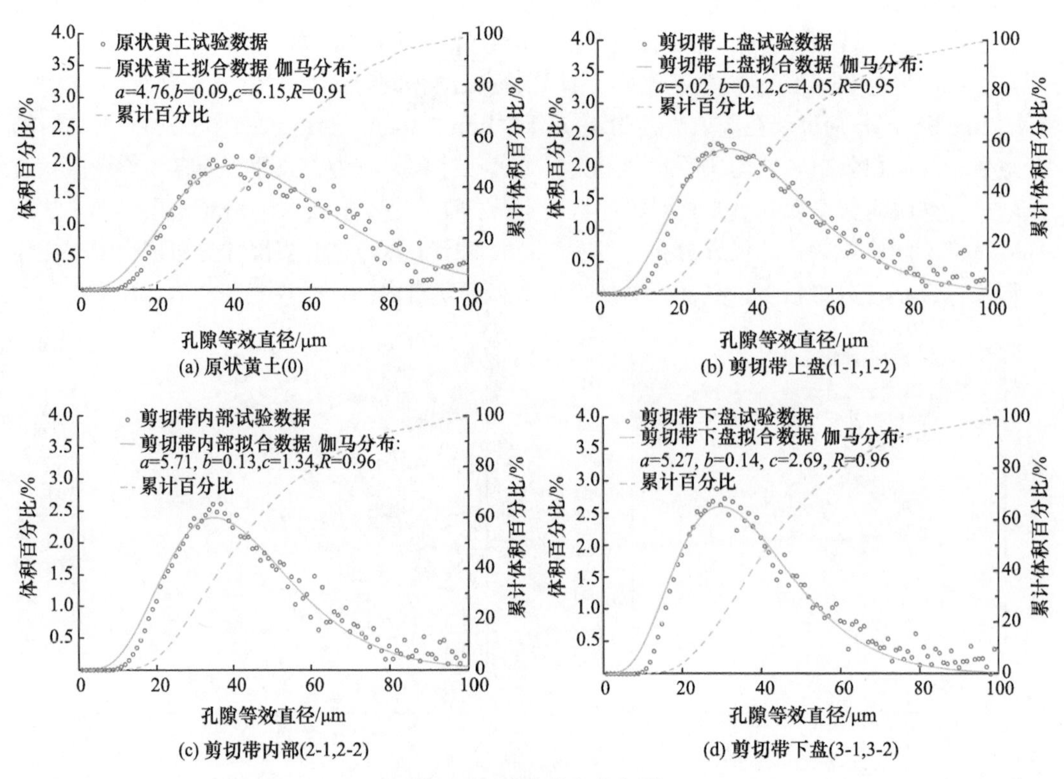

(a) 原状黄土(0)　(b) 剪切带上盘(1-1,1-2)

(c) 剪切带内部(2-1,2-2)　(d) 剪切带下盘(3-1,3-2)

图 6.20　孔隙体积分布图

大于该界限的孔隙数量减少了 2.26%(图 6.21)。剪切带下盘试样中等效直径大于 34μm 的孔隙体积相比原状黄土减少了 30.67%；剪切带内部试样中等效直径大于 43μm 的孔隙体积减小 13.54%；剪切带上盘试样中等效直径大于 34μm 的孔隙体积减小 16.42%，在孔隙尺寸小于各自对应界限时，体积分别增加了 12.34%、12.95%和 8.96%(图 6.22)。由此说明，一些大尺寸的孔隙在剪切变形破坏后被压缩成多个小尺寸的孔隙；而个别尺寸较大的孔隙体积反而增加，主要是因为在剪切过程中，三轴试样剪切带内部出现多条尺寸不等的微裂隙，以及体积较大的孔隙。

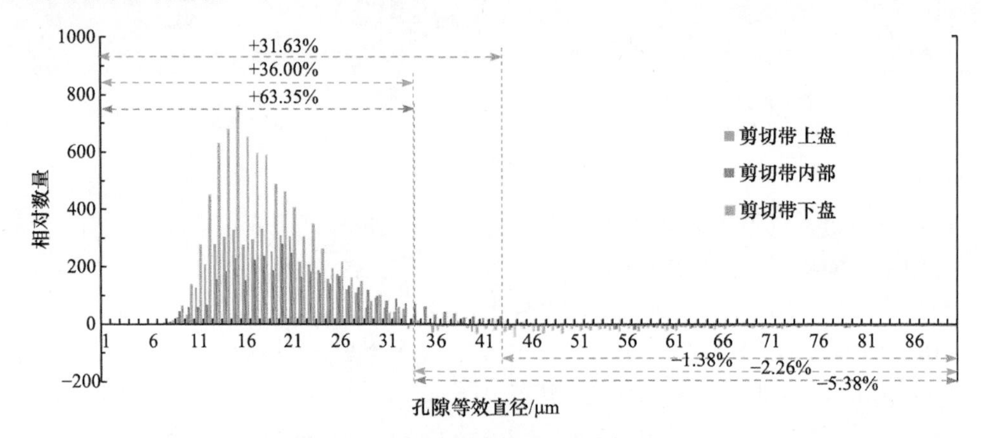

图 6.21　破坏后试样各尺寸孔隙数量变化

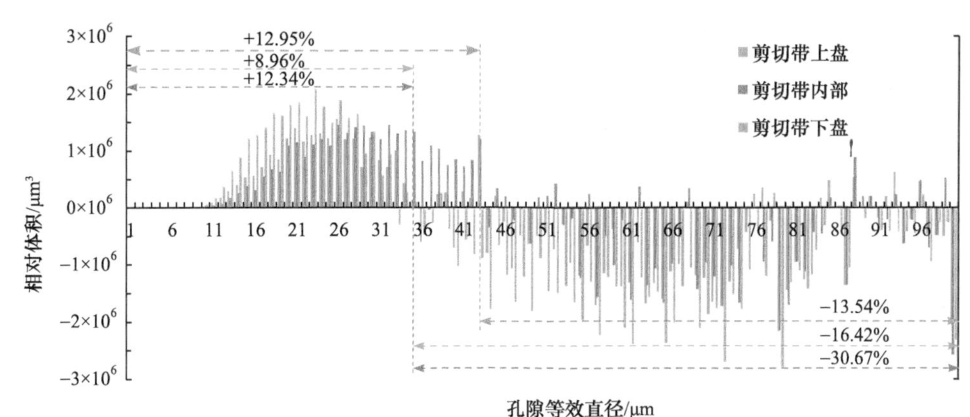

图 6.22　破坏后试样各尺寸孔隙体积变化

通过对四组孔隙尺寸分布特征分析，得出如下结论：应变软化型黄土在三轴剪切破坏的过程中，孔隙空间被压密，孔隙尺寸整体变小，大孔隙被压缩成多个较小尺寸的孔隙。剪切带内部土体的孔隙数量最少，尺寸最大，说明其受压密影响相对较小；而剪切带上盘和剪切带下盘的孔隙被压密较明显，尤其是下盘土体。剪切带上盘、剪切带内部和剪切带下盘中，直径大于 34μm、43μm 和 34μm 的孔隙对试样孔隙空间的减少有主要贡献。

3) 孔喉尺寸

孔喉是连接两个孔隙体的最细的部分，喉道是连接两个孔隙的通道。原状黄土平均孔喉半径为 5.0μm，平均喉道长度为 46.8μm；剪切带上盘、剪切带内部及剪切带下盘的平均孔喉半径分别为 3.9μm、4.4μm 和 3.4μm，喉道长度分别为 42.4μm、42.5μm 和 39.6μm。

图 6.23 为孔喉数量百分比分布。可以看出，四组试样孔喉分布相似，且峰值所在位置的孔喉半径均为 3μm。但是在孔喉半径大于 3μm 后，原状黄土大于 3μm 的孔喉占比最大为 61%，其次是剪切带内部占 59%，再次是剪切带上盘和剪切带下盘，分别为 54%和 45%。剪切带内部土体孔喉尺寸分布幅度值较大，范围相对更广，而剪切带上、下盘较为集中。相比原状土体，破坏后剪切带上盘、剪切带内部和剪切带下盘土体中孔喉半径小于约 8μm 的孔喉数量分别增加了 42.1%、35.2%和 67.8%，大于 8μm 的孔喉数量分别减少了 3.1%、1.6%和 5.0%，其中剪切带内部土体孔喉数量的增加量是减少量的 22 倍(图 6.24)。

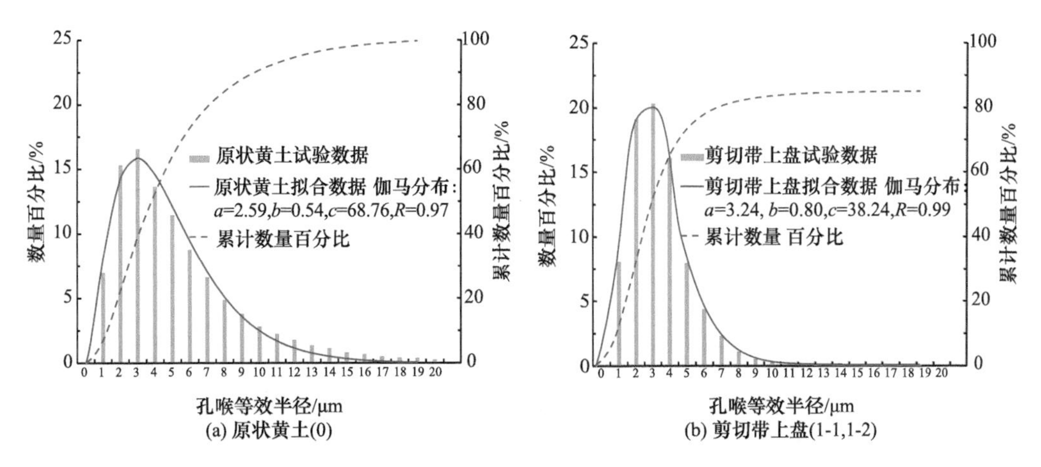

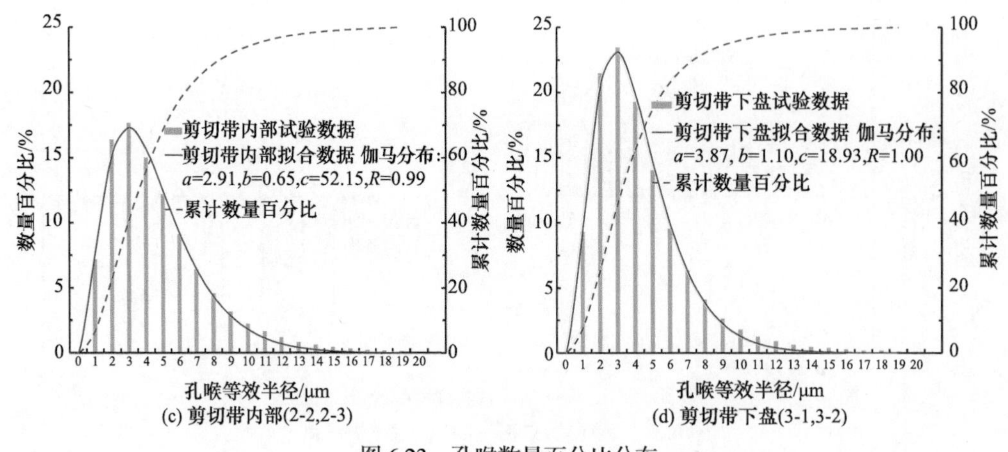

(c) 剪切带内部(2-2,2-3)　(d) 剪切带下盘(3-1,3-2)

图 6.23　孔喉数量百分比分布

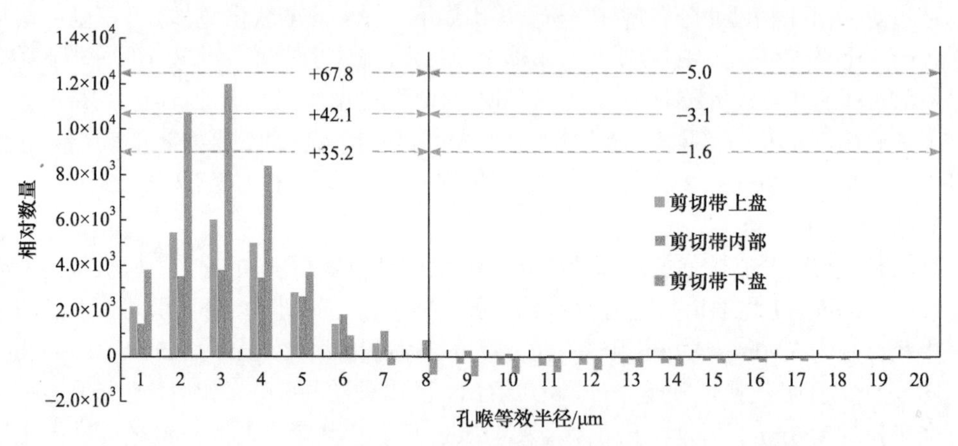

图 6.24　破坏后孔喉尺寸变化

图 6.25 和图 6.26 分别为喉道数量百分比分布和破坏后喉道长度变化。可以看出，四组试样的喉道数量百分比分布曲线形式一致，均服从伽马分布。相比原状黄土，剪切带内部及上、下盘中喉道分布相对更集中。原状黄土的喉道数量百分比峰值在 40μm 处，其余三组试样的峰值点位置接近 37μm。剪切带下盘土样中，小尺寸喉道数量相比原状增加 66.5%,

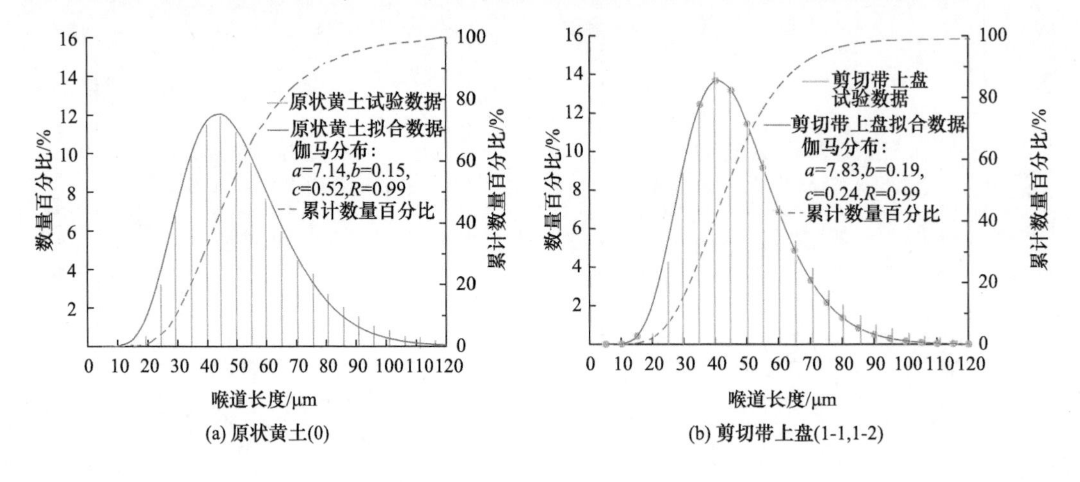

(a) 原状黄土(0)　(b) 剪切带上盘(1-1,1-2)

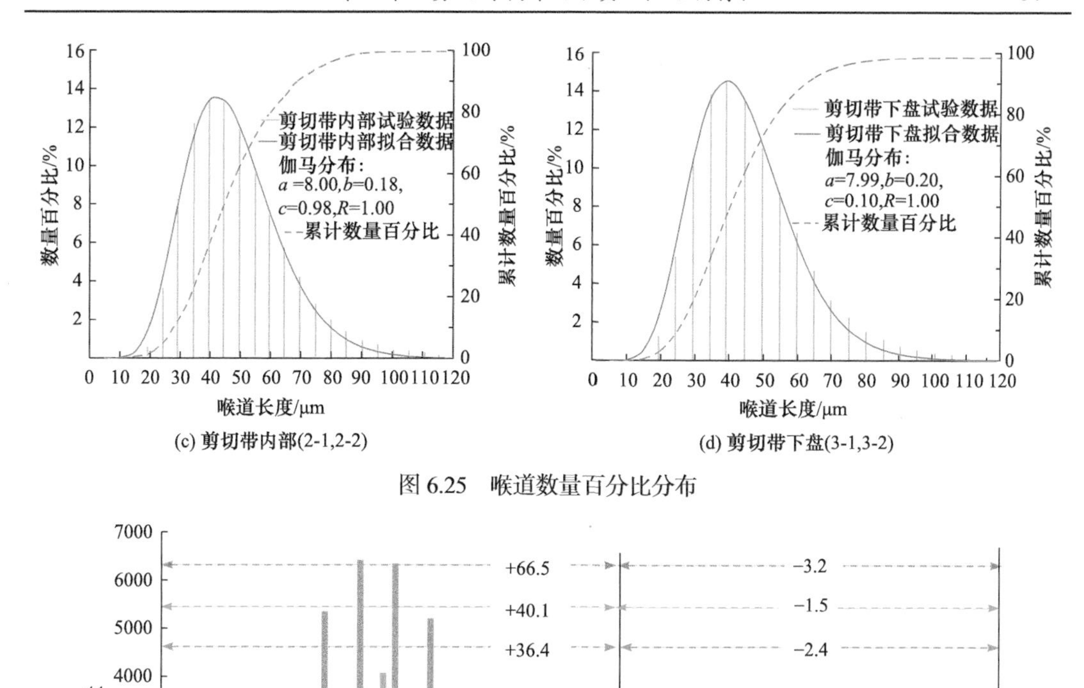

图 6.25　喉道数量百分比分布

图 6.26　破坏后喉道长度变化

剪切带内部和剪切带上盘分别增加 36.4%和 40.1%。说明一些尺寸较大的孔隙在剪切过程中被压缩，生成多个较短的喉道，且剪切带内的喉道破坏最轻，剪切带下盘破坏最严重。

通过对四组土样孔喉及喉道尺寸分布的分析，得出如下结论：剪切带上盘、剪切带内部和剪切带下盘土体的孔喉数量均高于原状黄土，增量主要来自小尺寸的孔喉；剪切带上盘、剪切带内部和剪切带下盘的土体孔喉尺寸及喉道长度均低于原状黄土，说明黄土在三轴剪切过程中结构被压密，大孔隙转变为多个小孔隙，形成更多尺寸较小的孔喉，尤其是处于三轴试样底端的试样，孔喉数量最多，但平均尺寸及喉道长度最小；其次为剪切带上盘和剪切带内部。

4) 孔隙形貌

原状黄土、剪切带上盘、剪切带内部及剪切带下盘四组试样的孔隙扁平率均值分别为 0.55、0.53、0.54 和 0.51，细长率均值分别为 0.50、0.49、0.49 和 0.48。孔隙的扁平率及细长率均值差异较小，但分布特征存在差异。

图 6.27 为孔隙细长率分布，分布曲线服从伽马分布。剪切前后孔隙细长率分布的峰值

相等，原状黄土的数量百分比峰值对应的细长率为 0.44，略大于剪切后试样。图 6.28 为剪切带上盘、剪切带内部及剪切带下盘孔隙细长率分布的变化。可以看出，细长率小于 0.45 的孔隙在剪切后数量占比增大，剪切带上盘、剪切带内部和剪切带下盘分别增加了 2.1%、1.5%和 5.0%。

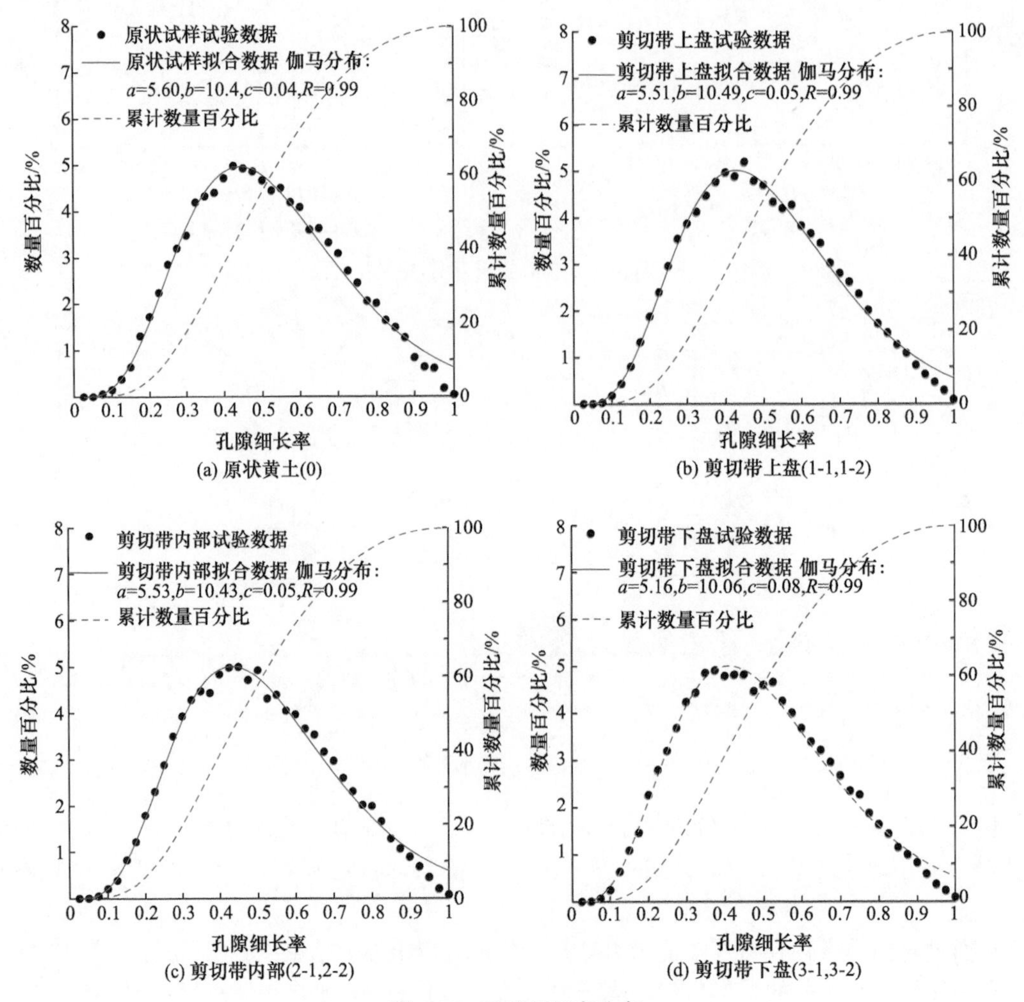

图 6.27　孔隙细长率分布

图 6.29 为孔隙扁平率分布，分布曲线服从高斯分布。剪切前后孔隙扁平率的峰值差异不大，原状黄土的数量百分比峰值对应的扁平率为 0.57，略大于剪切后试样。图 6.30 为剪切带上盘、剪切带内部及剪切带下盘孔隙扁平率分布的变化。可以看出，扁平率小于 0.45 的孔隙在剪切后数量占比增大，剪切带上盘、剪切带内部和剪切带下盘分别增加了 4.8%、3.2%和 9.2%。

通过对四组试样扁平率及细长率分布的分析，得出如下结论：剪切破坏后试样的扁平率和伸长率均有所降低，细长率变化较小，扁平率变化相对明显；剪切带内部的孔隙扁平率和细长率大于剪切带上盘和下盘；剪切破坏后，小于 0.45 的孔隙数量占比增大，大于

0.45 的占比降低。这说明在剪切破坏过程中，相对较圆的孔隙被拉长、压扁，而剪切带内部这种变化相比剪切带上盘和下盘不太明显。

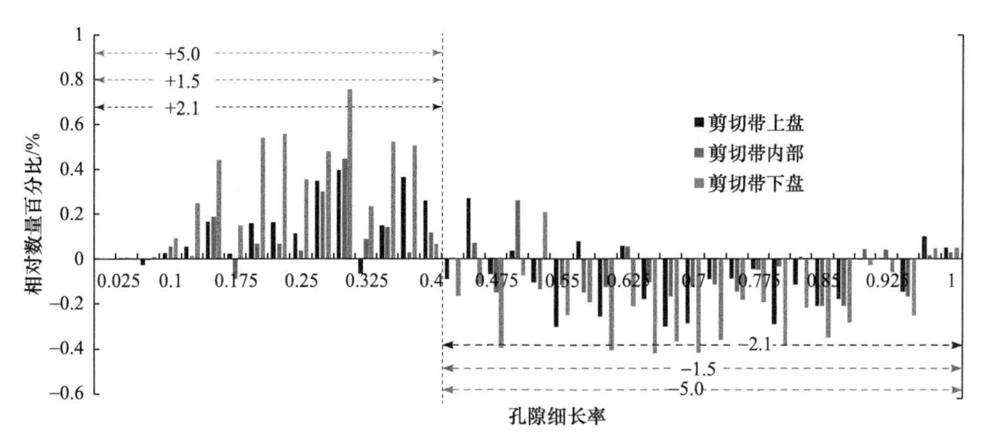

图 6.28　孔隙细长率分布变化

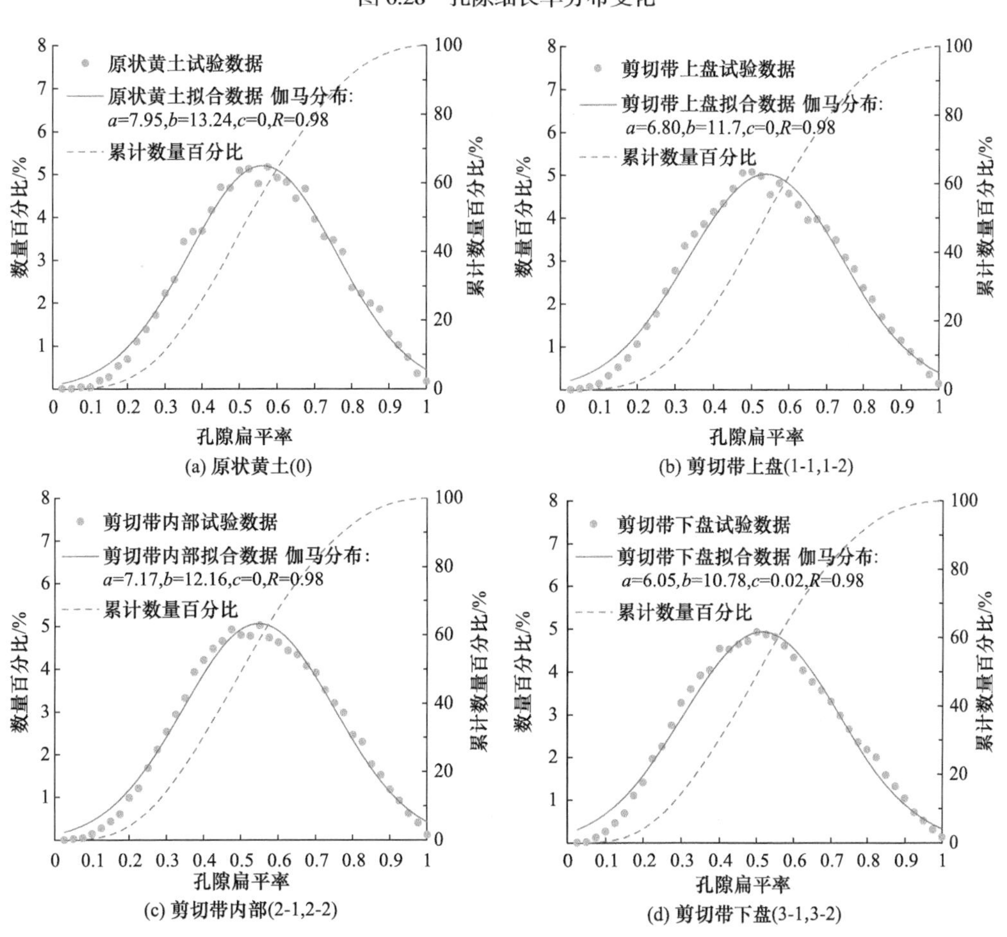

图 6.29　孔隙扁平率分布

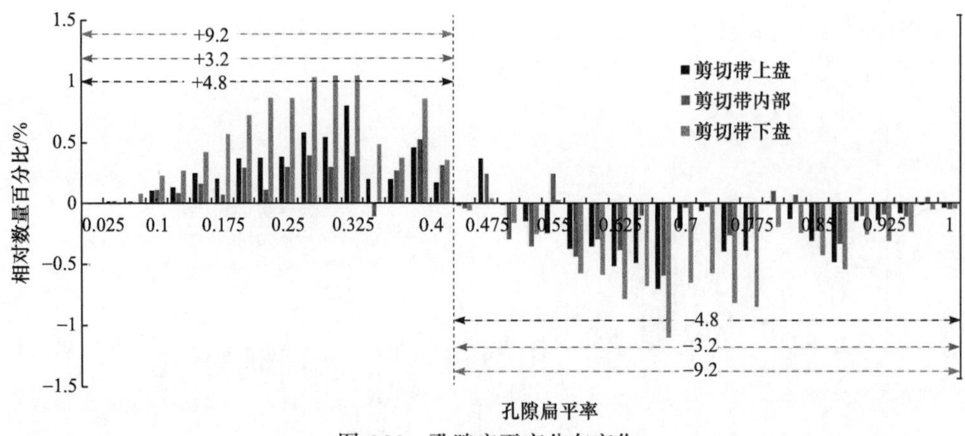

图 6.30　孔隙扁平率分布变化

5) 孔隙定向

图 6.31(a)～(d)为四组试样孔隙长轴φ^{v}角的频率分布，分布曲线接近直线。剪切带内部曲线拟合后的斜率略低于原状试样，剪切带外部曲线斜率高于原状黄土。图 6.31(f)表示不同角度孔隙相对数量百分比，剪切带内部不同角度孔隙占比变化情况与剪切带外部正好相反，三条曲线在约 64°的位置交叉，在φ^{v}角小于 64°时，剪切带内部孔隙的数量占比相对于原状黄土增加了 2.8%，而剪切带上盘和下盘分别减少了 2.9%和 4.0%；大于 64°时的频率变化正好相反。这说明剪切带内部孔隙长轴方向倾向于垂向发展，剪切带上、下盘孔隙长轴倾向于水平向发展。

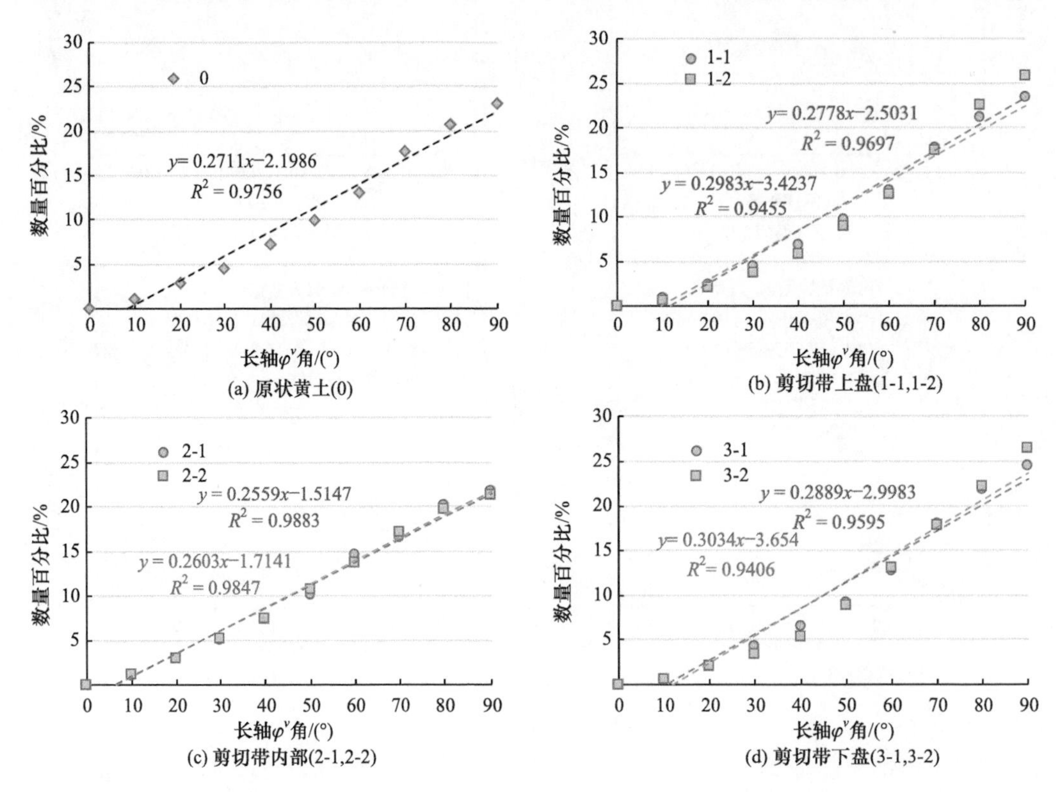

(a) 原状黄土(0)　(b) 剪切带上盘(1-1,1-2)

(c) 剪切带内部(2-1,2-2)　(d) 剪切带下盘(3-1,3-2)

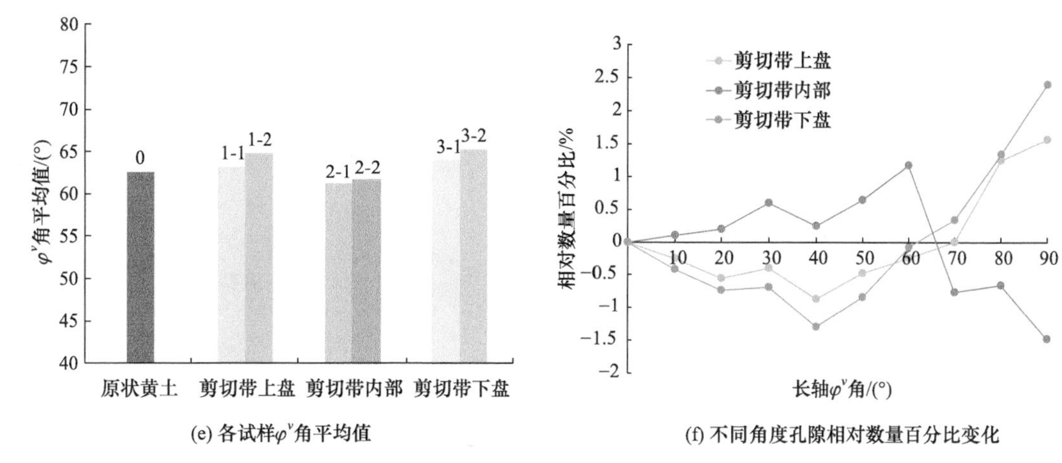

(e) 各试样φ^v角平均值　　(f) 不同角度孔隙相对数量百分比变化

图 6.31　孔隙长轴φ^v角频率分布

通过对四组土样定向角的分析，得出如下结论：剪切带内部孔隙的长轴方向角均值为 61.44°，接近剪切带的方向；剪切带内部孔隙的方向角变化规律与剪切带外部相反；剪切带内部方向角φ^v小于 64°的孔隙数量占比增加，而剪切带上盘和下盘均减少；大于 64°时的频率变化正好相反；剪切带内部的孔隙长轴方向向剪切带方向靠近，剪切带上盘和下盘的孔隙长轴向水平面方向发展。

6.2.4　颗粒特征三维定量分析

建立原状黄土、剪切带上盘、剪切带内部及剪切带下盘黄土的三维微结构定量化模型，模型范围为 800μm×800μm×1000μm，对反映颗粒特征的微结构参数进行定量对比。

1) 颗粒尺寸

图 6.32 为四组试样颗粒尺寸分布，可以看出，原状黄土的平均粒径最大，为 18.5μm，其次为剪切带上盘和剪切带内部，均为 17.5μm，剪切带下盘平均粒径最小，为 16.0μm。压密变形越严重的区域，颗粒破损程度越高，尺寸越小。实际上，剪切破坏前后以及破坏后试样不同位置平均粒径变化并不明显，其微小差异很可能由样品之间以及样品内部的空间差异引起。

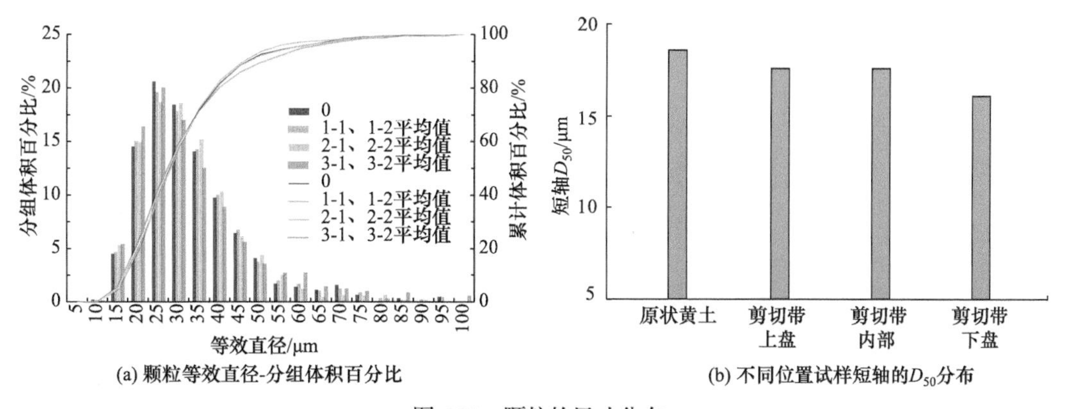

(a) 颗粒等效直径-分组体积百分比　　(b) 不同位置试样短轴的D_{50}分布

图 6.32　颗粒的尺寸分布

2) 颗粒形貌

图 6.33 为四组试样颗粒的球度与数量百分比之间的关系。颗粒球度分布近似高斯分布，球度大小主要介于 0.45～0.85 之间[图 6.33(a)～(d)]。原状黄土的球度平均值为 0.64，剪切后试样球度平均值略有增加[图 6.33(e)]，球度分布曲线向右侧移动，峰值增大[图 6.33(a)～(d)]。但是，这种变化并不明显。

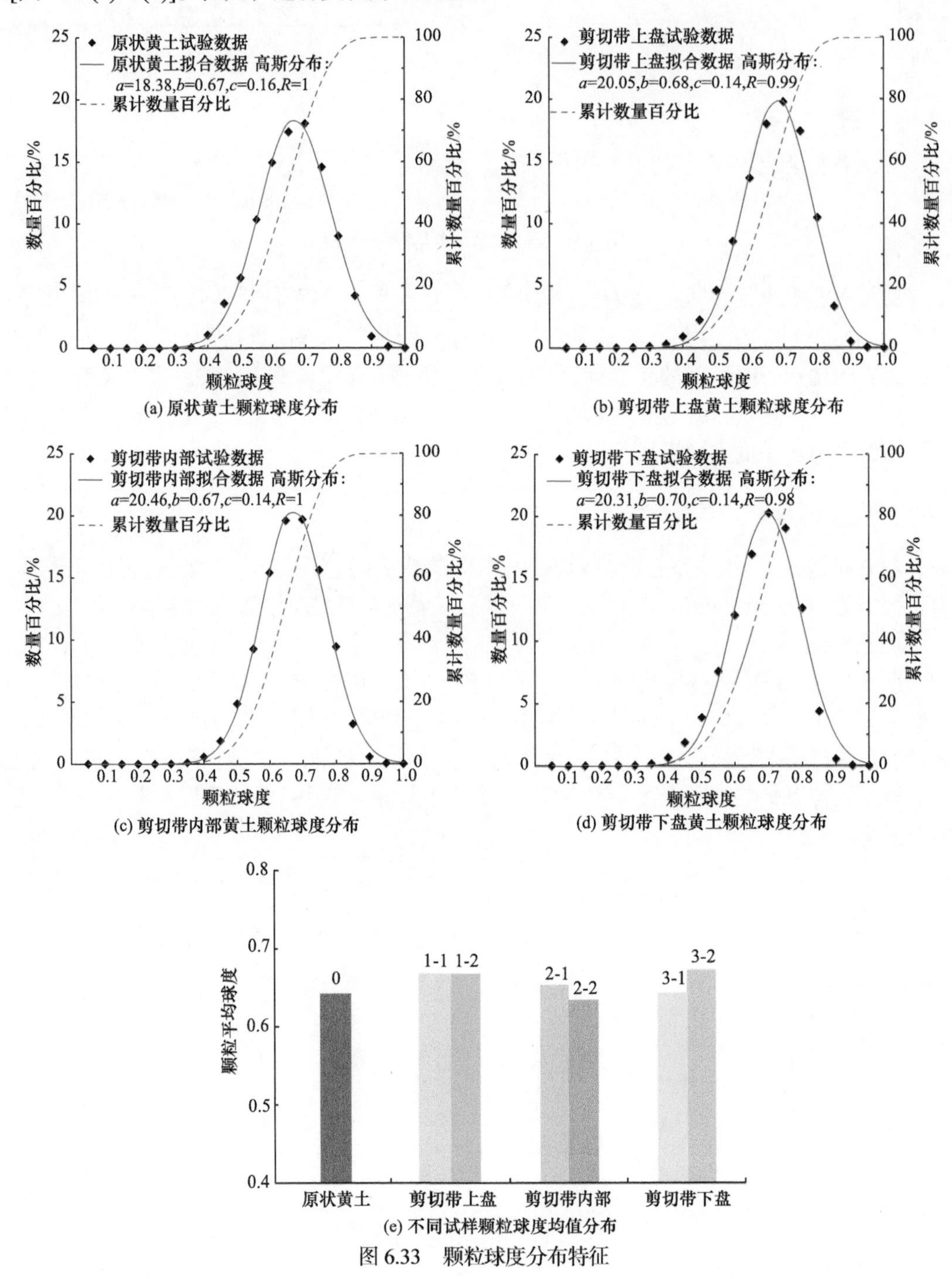

图 6.33　颗粒球度分布特征

四组试样颗粒扁平率和细长率分布如图 6.34、图 6.35 所示，颗粒扁平率和细长率分布近似高斯分布。颗粒扁平率大小主要介于 0.2～0.8 之间[图 6.34(a)～(d)]。原状黄土的扁平度平均值为 0.49，剪切后试样扁平度的平均值小幅度降低[图 6.34(e)]，剪切带上盘和下盘颗粒的扁平度分布曲线向左侧轻微移动[图 6.34(a)～(d)]。颗粒细长率大小主要介于 0.2～0.8 之间[图 6.35(a)～(d)]，原状黄土的细长率平均值为 0.48，剪切后试样细长率的平均值[图 6.35(e)]及细长率分布曲线[图 6.35(a)～(d)]均无明显变化。

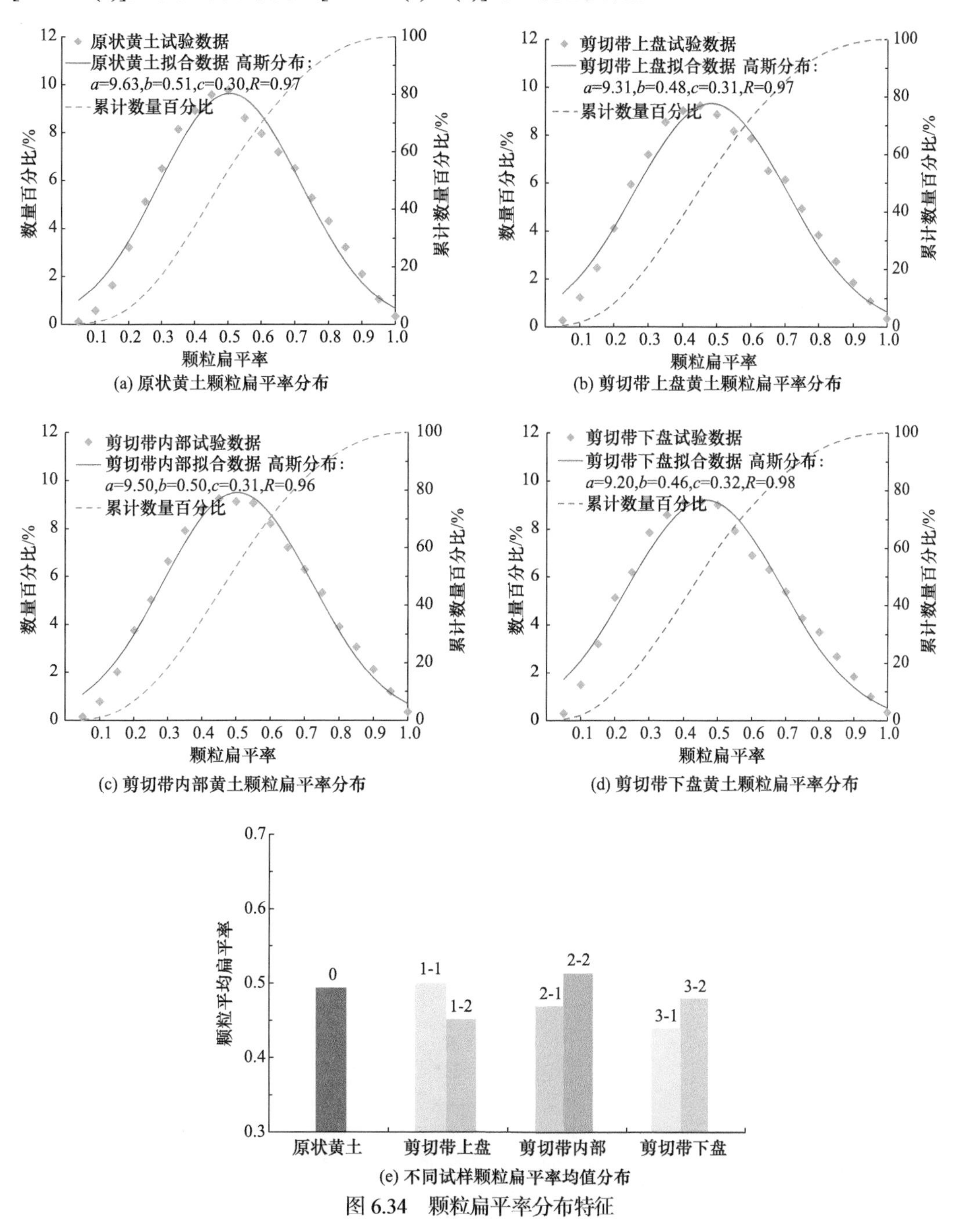

(a) 原状黄土颗粒扁平率分布

(b) 剪切带上盘黄土颗粒扁平率分布

(c) 剪切带内部黄土颗粒扁平率分布

(d) 剪切带下盘黄土颗粒扁平率分布

(e) 不同试样颗粒扁平率均值分布

图 6.34 颗粒扁平率分布特征

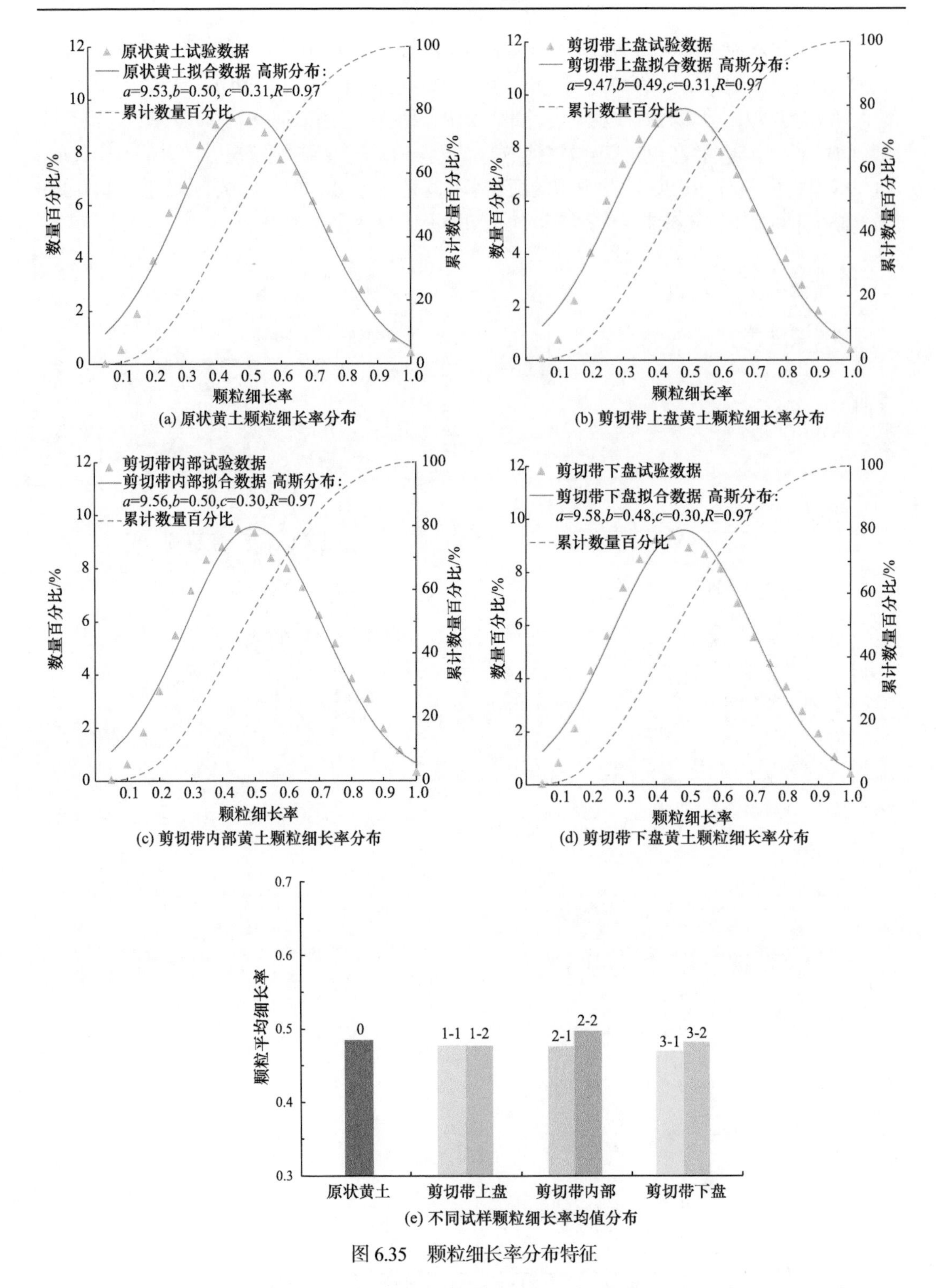

(a) 原状黄土颗粒细长率分布

(b) 剪切带上盘黄土颗粒细长率分布

(c) 剪切带内部黄土颗粒细长率分布

(d) 剪切带下盘黄土颗粒细长率分布

(e) 不同试样颗粒细长率均值分布

图 6.35　颗粒细长率分布特征

以上分析可以得出，颗粒形貌在剪切破坏后无明显变化，其微小差异很可能由样品之间以及样品内部的空间差异引起。

3) 颗粒定向性

图 6.36 为原状及剪切破坏后黄土试样内颗粒长轴与短轴 φ^g 角分布曲线。可以看出，四组试样七个样品中，颗粒长轴 φ^g 角主要介于 60°～90°之间，尤其剪切带上盘和下盘的颗粒所占比例较大，剪切带内部长轴 φ^g 角介于 60°～90°之间的颗粒占比最小。由此说明，在剪切过程中，剪切带上盘和下盘的颗粒主要受压，颗粒的长轴向近水平方向旋转，导致大角度颗粒占比增加，而试样的剪切带角度约为 58°，所以剪切带内部小角度颗粒所占比例增加。颗粒短轴 φ^g 角分布与长轴基本相反。

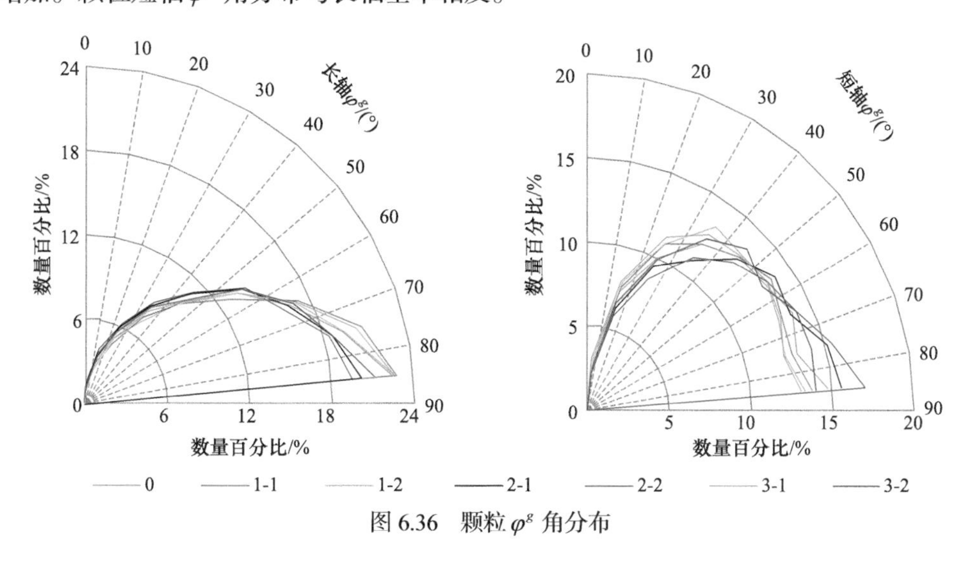

图 6.36　颗粒 φ^g 角分布

6.2.5　三维微结构参数敏感度分析

以上分析了黄土试样剪切破坏前后以及剪切带内外不同位置颗粒及孔隙尺寸、形貌、定向以及孔喉尺寸等微结构参数的分布规律及变化特征。这些参数变化程度各异，整体而言，颗粒指标仅有微小差异，而孔隙指标呈明显的变化规律。利用相对熵对孔隙指标进行敏感性排序，以便确定对黄土剪切变形响应较大的参数，为黄土剪切破坏机理的探讨提供基础数据。

1) 分析方法

熵是用来描述一个随机变量分布 $p(x)$的“混乱程度”。当 $p(x)$的曲线形状越尖突，熵值越小；曲线形状越平缓，熵值越大；自然界系统的熵值在没有外力的情况下都会逐渐增加。熵可以用来描述黄土微结构中某一参数的有序性，连续分布数据的熵可以通过式(6.1)来计算，离散数据的熵可以通过式(6.2)来计算。需要注意的是离散数据的熵值大于 0，而连续分布的熵值可以为负值。

$$\text{连续数据：} H[x] = -\int p(x)\lg p(x)\mathrm{d}x \tag{6.1}$$

$$\text{离散数据：} H[x] = -\sum_i p_i \cdot \lg p_i \tag{6.2}$$

$p(x)$表示数据的真实分布，而 $q(x)$表示通过样本点进行拟合得到的分布，目的是让分

布 $q(x)$越接近 $p(x)$越好，常用相对熵式(6.3)来描述这种近似程度。

$$\mathrm{KL}(p\,\|\,q)=-\int p(x)\ln\left\{\frac{q(x)}{p(x)}\right\}\mathrm{d}x \tag{6.3}$$

相对熵也叫 KL 散度，并且有 $\mathrm{KL}(p\|q)\geqslant 0$，当且仅当 p 与 q 的曲线重合时取 0，所以两条曲线越接近，KL 散度越小，故常用相对熵描述两种分布或两条曲线的相似程度(或差异程度)。

(1) 当样品参数分布为高斯分布时，则有

$$p(x)=\frac{1}{(2\pi\sigma_1^2)^{1/2}}\exp\left[-\tfrac{1}{2\sigma_1^2}(x-\mu_1)^2\right] \tag{6.4a}$$

$$q(x)=\frac{1}{(2\pi\sigma_2^2)^{1/2}}\exp\left[-\tfrac{1}{2\sigma_2^2}(x-\mu_2)^2\right] \tag{6.4b}$$

将式(6.4a)和式(6.4b)代入式(6.3)中，可以得到相对熵的计算公式：

$$\mathrm{KL}(p\,\|\,q)=-\ln\frac{\sigma_1}{\sigma_2}-\frac{1}{2}+\frac{\sigma_1^2+\mu_1^2}{2\sigma_2^2}-\frac{\mu_1\mu_2}{\sigma_2^2}+\frac{\mu_2^2}{2\sigma_2^2} \tag{6.5}$$

(2) 当样品参数分布为伽马分布时，则有

$$p(x)=\frac{1}{\Gamma(a_1)}b_1^{a_1}\cdot x^{a_1-1}\cdot\exp(-b_1\cdot x) \tag{6.6a}$$

$$q(x)=\frac{1}{\Gamma(a_2)}b_2^{a_2}\cdot x^{a_2-1}\cdot\exp(-b_2\cdot x) \tag{6.6b}$$

将式(6.6a)和式(6.6b)代入式(6.3)中，可以得到相对熵的计算公式：

$$\mathrm{KL}(p\,\|\,q)=-\left\{\ln\left[\frac{b_2^{a_2}}{\Gamma(a_2)}\right]+(a_2-1)\cdot\left[\psi(a_1)-\ln b_1\right]-b_2\frac{a_1}{b_1}\right\}-H(p) \tag{6.7}$$

通过和式(6.7)同样的推导方式，可求得

$$H(p)=\ln\Gamma(a_1)-(a_1-1)\psi(a_1)-\ln b_1+a_1 \tag{6.8}$$

故有

$$\mathrm{KL}(p\,\|\,q)=-\ln\left[\frac{\Gamma(a_1)}{\Gamma(a_2)}b_2^{a_2}\right]-(a_2-a_1)\cdot\psi(a_1)+a_2\cdot\ln b_1+\frac{a_1}{b_1}(b_2-b_1) \tag{6.9}$$

(3) 对于离散数据，可以用求和号代替积分号的方式来求两组离散数据的相对熵，由式(6.2)和式(6.3)得到：

$$\mathrm{KL}(p\,\|\,q)\approx-\sum_{i=1}^{N}p(x_i)\ln\left\{\frac{q(x_i)}{p(x_i)}\right\}\Delta x \tag{6.10}$$

式中，N 为离散数据点的个数。

选取原状黄土的微结构参数作为参考数据列 P [式(6.12)]，式(6.11)为微结构参数拟合

数据的自变量，N 为所取的数据点个数，剪切变形后试样的对应微结构参数作为比较数据列 q_i [式(6.13)]，i 指三个子序列，1～3 分别指剪切带上盘、剪切带内部和剪切带下盘。

$$参数自变量：X=\left\{X\left(k\right),k=1,2,\cdots,N\right\} \tag{6.11}$$

$$参考序列：p=\left\{p\left(k\right),k=1,2,\cdots,N\right\} \tag{6.12}$$

$$比较序列：q_i=\left\{q_i\left(k\right),k=1,2,\cdots,N;i=1,2,3\right\} \tag{6.13}$$

2) 分析结果

孔隙的尺寸、形貌以及孔喉尺寸、喉道长度参数均服从伽马分布，孔隙的方向角数据均为离散数据。分别计算各个参数序列的相对熵，筛选出对黄土剪切变形影响较大的指标作为黄土的微结构状态参数。相对熵计算结果见图 6.37。

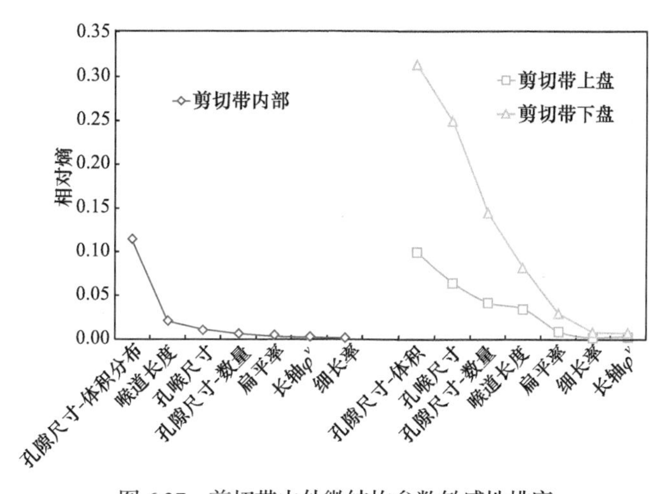

图 6.37　剪切带内外微结构参数敏感性排序

整体而言，黄土剪切破坏过程中，剪切带下盘孔隙指标敏感性高于剪切带内部及剪切带上盘。剪切带内部孔隙指标敏感性顺序为：孔隙尺寸-体积分布、喉道长度、孔喉尺寸、孔隙尺寸-数量、扁平率、方向角、细长率；剪切带外部孔隙指标敏感性顺序为：孔隙尺寸-体积、孔喉尺寸、孔隙尺寸-数量、喉道长度、扁平率、细长率、方向角。

6.3　小　结

借助环剪试验和微观观测手段研究了黄土和古土壤试样在大位移剪切条件下的破坏模式与微观机理。研究结果表明，古土壤试样破坏面为闭合破坏面，沿最大剪应力方向，黄土试样发育与水平主破坏面呈 14°～18°夹角的雁列式次生破坏面，与库仑剪切破坏面方向一致。黄土和古土壤的剪切带都发生了颗粒破碎和颗粒定向排列，且剪切带厚度与颗粒破碎程度都随法向压力增大而增大。相同试验条件下黄土和古土壤试样的剪切特性有差异，成分和结构的差异是两者表现出不同宏观剪切行为的内在原因。

借助三轴剪切试验和微观观测手段研究了三轴剪切过程中黄土孔隙率的空间分布规

律，以及剪切破坏后剪切带内外黄土微结构的变化特征。研究结果表明，黄土剪切过程中，剪切带内部变形是非均匀的，且这种非均匀性随着试样变形程度增加而显著增强；剪切带内部孔隙率持续增大，而剪切带上盘孔隙率持续降低，上部土体被压密。黄土剪切破坏后，颗粒的尺寸、形貌及定向指标相比原状黄土无明显变化；孔隙的尺寸、形貌、定向及孔喉尺寸、喉道长度指标表现出明显的变化规律，且剪切带下盘孔隙指标敏感性高于剪切带内部及剪切带上盘。孔隙体积分布在剪切破坏后变化最敏感，其次为孔喉尺寸(剪切带外)及喉道长度(剪切带内部)。

第 7 章　水-力作用下黄土微结构演化及微观湿陷机制

黄土具有复杂的微观结构，颗粒间胶结对水极其敏感，不仅荷载的作用能够导致黄土的变形和破坏，水的浸入也会造成黄土强度大幅降低。黄土往往在工程中表现出强烈的湿陷性，其本质就是黄土在水、力共同作用下力学特性的劣化。国内外学者对黄土湿陷性及其规律已进行了数十年的探索，取得大量阶段性成果(刘祖典，1997；孙建中等，2013)。然而，尽管黄土湿陷性的描述、测定、评价等方面的成果在黄土地区工程建设和地质灾害评价防治方面发挥了举足轻重的作用，但其内在的物理机理仍然不完全清楚(Dudley，1970；高国瑞，1990；关文章，1986；谢婉丽等，2015；杨运来，1988)。

微观过程决定宏观行为，对黄土微结构的深刻认识是揭示黄土湿陷性内在机理的关键所在。借助扫描电子显微镜、压汞法等观测技术，人们对黄土颗粒形貌和排列、孔隙分布和连通性、胶结结构与成分等微结构要素均做了深入的刻画(高国瑞，1980a；胡瑞林等，1999；雷祥义，1987；赵景波和陈云，1994；Delage et al., 2005；Milodowski et al., 2015)。在此基础上，通过对原状和湿陷后的黄土试样开展微结构观测，定性地或者从统计学角度来分析了水、力作用对于黄土微结构的改变，进而探讨了湿陷性的微观机理(Klukanova and Sajgalik, 1994；Liu et al., 2016；Shao et al., 2018)。

目前黄土湿陷机制研究中一个亟待解决的问题是，黄土湿陷过程中的真实微结构演化过程(如单一颗粒的运动、特定孔隙的形貌变化等)尚不清楚，缺乏直接的试验观测数据，而黄土微结构的动态演化过程对于内在机理的揭示和微观模型的准确建立至关重要。鉴于此，作者团队自主研制了微型土样水-力加载系统，该装置能够针对毫米级的黄土试样开展湿陷试验。本章以延安新区马兰黄土为例，借助高分辨率的微米 CT 扫描与图像处理技术，对湿陷前、后不同状态的同一黄土试样开展微结构观测，进而获得水和力作用下的微结构演化动态过程，如颗粒的位移和旋转、土样内部的应变场、不同类型孔隙的演化方式等，为黄土湿陷机制研究提供了重要的试验依据和参考。

7.1　水-力作用下黄土微结构演化

7.1.1　微型土样水-力加载试验

1) 试验装置

微型土样水-力加载系统由主箱体(内置控制系统)、动力驱动装置、测量装置(压力和位移传感器)以及水-力加载装置四个模块组成(图 7.1)(Yu et al., 2020)。系统主箱体包含外壳、导轨、显示器、电源及内置控制系统等部件。动力驱动装置包含步进电机、联轴器以及滚珠丝杠等部件，为加载系统提供动力。测量装置时测量土样承受的压力和产生的位移：压力测量装置固定于主箱体内侧上表面，位于压头正上方，主体部件为压力传感器，精度为0.1g；位移测量装置位于压力测量装置右侧，主要部件为自复位位移传感器，精度为0.005 mm。

水-力加载装置是本加载系统的核心组成部分，其内部结构如图 7.2 所示，包含透水垫片、试样底座、压头固定套、压头等部件，作用是固定试样并施加压力和浸水。加载时，装置整体向上移动，压头接触压力传感器探头后静止，试样承受压力并产生变形。浸水时，用注射器向加载装置注水通道内注水，水经由通道、透水垫片浸入试样内部，形成“U 形管”，在水压力和毛细力作用下实现土样完全浸润。在整个试验过程中，土样都置于厚 1mm，内径 2.7mm，高 5mm 的有机玻璃套管内。

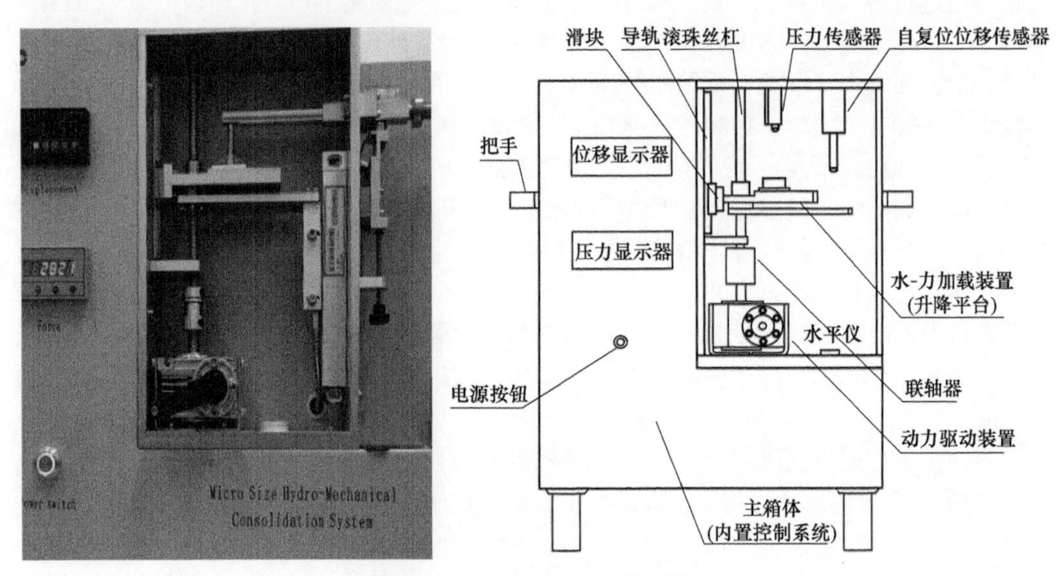

图 7.1　微型土样水-力加载系统

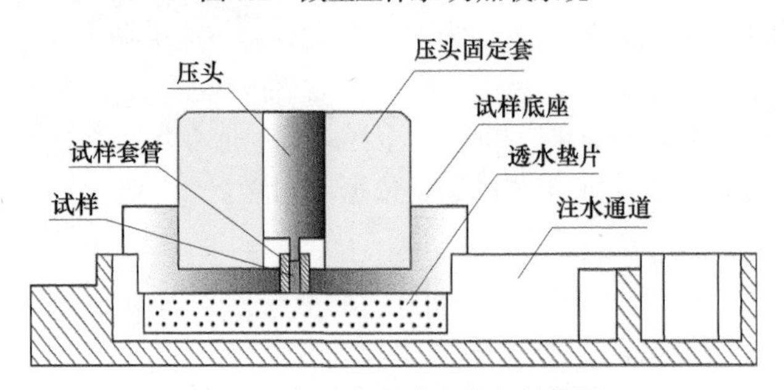

图 7.2　水-力加载装置内部结构图

2) 试验方案

试验流程如图 7.3 所示。首先对有机玻璃套管中的原状土样进行第一次微米 CT 扫描，得到土样未经扰动的微结构信息；然后将土样连同套管一同放置在微型水-力加载系统中并施加压力，当压力达到 800 kPa 且读数稳定后进行缓慢卸载，并小心取出土样，将土样放入微米 CT 设备中进行第二次扫描，获得土样受压变形后的微结构信息；再将土样及套管放入加载装置中并将压力重新加至 800kPa，读数稳定后进行浸水操作，同时通过土样位移的微调保持压力读数恒定，待位移稳定后开始缓慢卸载，取出土样进行第三次扫描，得到浸水后土样微结构信息。整个过程中，土样微结构的观测过程并非原位，因此观测到的微结构变化仅为水、力作用下产生的永久变形。

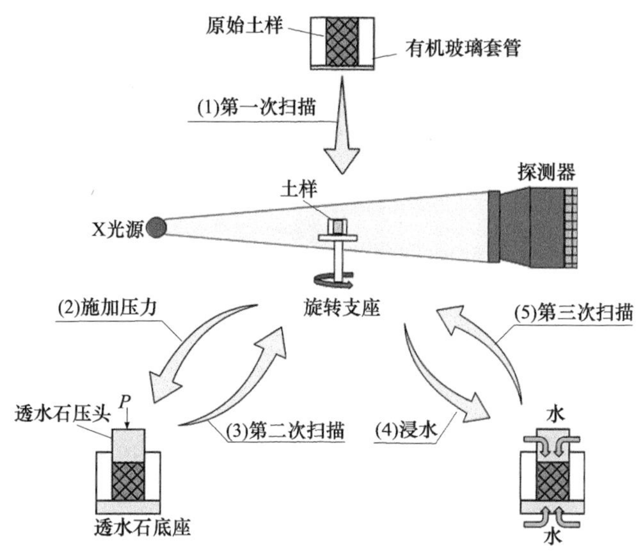

图 7.3　CT 扫描试验流程

准确捕捉内部颗粒尺度的微结构信息需要在 1μm 或者更优的分辨率下开展微米 CT 扫描，但在这样的高分辨率下无法对整个试样进行单次观测。因此对于每个状态下土样开展两次不同分辨率的扫描(图 7.4)，先对土样进行一次整体扫描，扫描范围为整个土样，分辨率为 5μm，其目的是通过土样中个别密度较大、形状特别的矿物，如赤铁矿等(在灰度图像中表现为一些白色的亮点)，后续两次预扫过程中也是寻找同一个点进行定位。整体扫描后，基于上述参考点取 1000μm×1000μm×1000μm 的目标区域(ROI)对土样进行局部扫描，分辨率为 1μm。三次扫描区域基本重合，因此能够捕捉到土样内部颗粒和孔隙在不同状态下的运动和演化信息。图 7.5 给出了土样内部同一垂直平面在湿陷前、后状态下的微米 CT 图像。

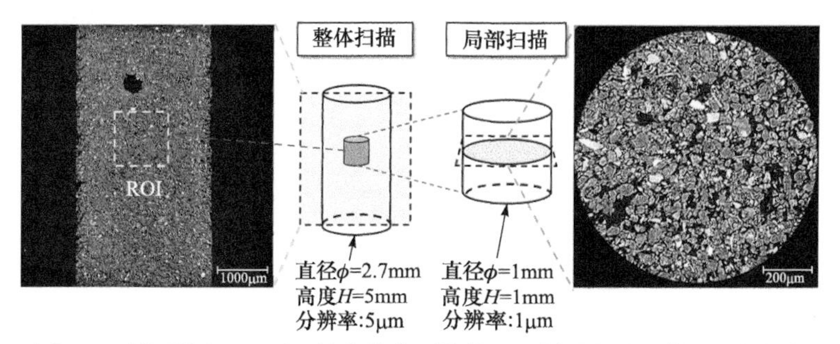

图 7.4　利用微米 CT 对于特定状态下的黄土试样进行的整体和局部扫描

图 7.5　湿陷前(a)后(b)二维 CT 图像对比

7.1.2　黄土湿陷过程中颗粒的运动学特征

基于不同状态下黄土试样的多次扫描，能够根据获得的图像对试样内部的同一特征结构进行追踪(Yu et al., 2020)。整体扫描的空间分辨率为 5 μm，只能够对尺寸较大、密度较高的矿物颗粒进行相对准确地识别和定位。尽管如此，整体扫描对于评估试样在加载和浸水过程中变形的均匀性以及局部扫描目标区域的选取至关重要。图 7.6(a)给出了基于整体扫描得到的部分高密度矿物颗粒在湿陷前、后的空间位置，虽然这部分颗粒在试样内部的分布并不均匀，但能够近似反映试样内部不同区域颗粒的位移规律，可以看出，试样在湿陷过程中整体产生了比较均匀的一维压缩变形。通过定量对比这些颗粒在湿陷前、后的垂直坐标也能够反映试样的变形规律[图 7.6(b)]，湿陷后的颗粒垂直坐标 z 和初始坐标 z_0 的关系可以用一条直线很好地拟合，再次验证试样变形的均匀性，也表明从整体试样中选取一个局部区域来研究微结构的演化特征是合理的，其结果具有代表性。

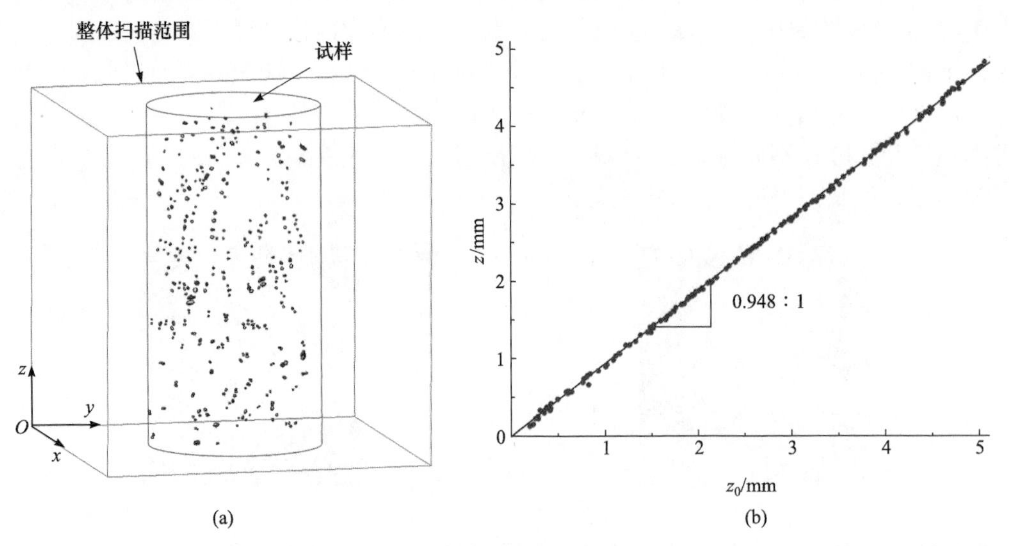

图 7.6　通过整体试样扫描获得的部分高密度矿物颗粒湿陷前(蓝色)后(黄色)的位置(a)以及选取高密度颗粒湿陷后垂直坐标 z 和初始坐标 z_0 的关系(b)

相对于整体扫描，局部扫描的分辨率更高(1 μm)，能够保证黄土内部大部分骨架颗粒和孔隙等微结构要素得到准确的观测和定量表征，从而能够对湿陷过程中微结构的演化规律进行更细致的剖析。基于图像处理技术，通过不同状态下的黄土试样内部颗粒形貌特征的识别和关联，我们实现了对未加载、加载后以及湿陷后不同状态下同一组颗粒的追踪。基于不同状态下同一颗粒在同一坐标系下的位置变化即可计算颗粒的位移大小，进而获得研究区域内颗粒尺度的三维位移场(图 7.7)。浸水后产生的颗粒相对位移相比仅在压力作用下的位移大一个数量级，表明浸水过程大大降低了颗粒间的胶结强度并导致颗粒发生大规模的相对运动。除了位移大小外，浸水前、后颗粒位移场的空间分布模式也有显著的差别。未浸水状态下压力引起的颗粒位移场非常均匀，可见在该状态下颗粒的位移以及局部的变形受微结构的影响较小，连续介质的假设在这种状态下是适用的。然而，在浸水湿陷后的颗粒位移场表现出明显的非均匀性，即同一高度的颗粒产生的竖向位移差异很大，这表明黄土在这种状态下的行为更接近颗粒材料而不是连续介质，而局部的非均匀变形则与该处的微结构特征密切相关。

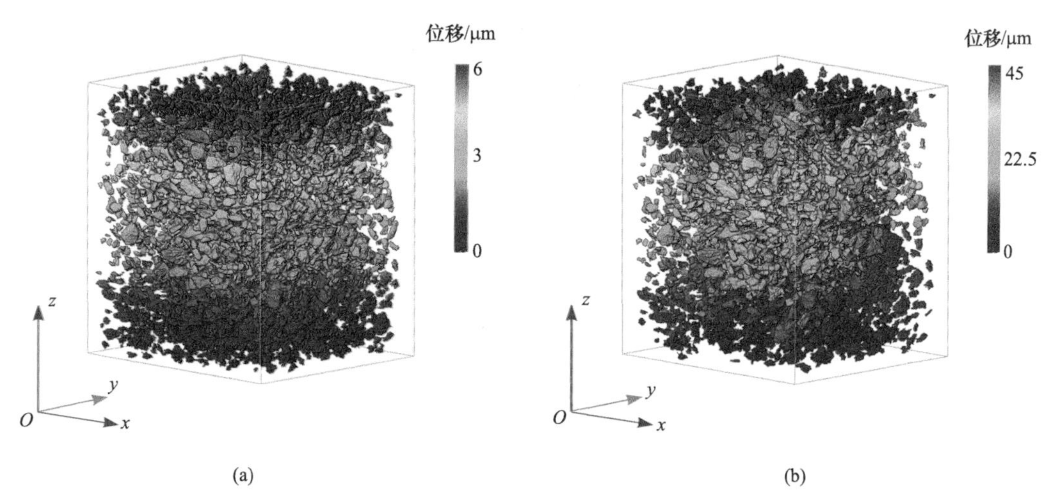

图 7.7 未浸水、800 kPa 压力下颗粒的垂直位移云图(a)以及 800 kPa 压力下浸水后颗粒的垂直位移云图(b)

图 7.8 给出了 800kPa 压力下未浸水和浸水后状态下的颗粒竖向位移和坐标的关系。可以看出，未浸水状态下的数据点能够用一条直线很好地拟合，而这条拟合线的斜率则近似代表试样尺度的竖向应变。对于浸水后状态，颗粒竖向位移的数据呈不规则带状，反映了颗粒在试样尺度下产生整体压缩变形的同时，在颗粒尺度下也产生了显著的局部变形。本次试验仅获得了未浸水状态和浸水后最终状态下的颗粒位移，由于湿陷过程非常迅速，无法捕捉到上述两个状态之间的颗粒运动过程。但可以推断，在实际的湿陷过程中颗粒的位移分布将从图 7.8 中未浸水状态演变至浸水后的最终状态，位移数据整体分布斜率增大的同时，局部的数据更加离散。因此，在试样尺度整体变形较小时，局部变形可以忽略，但随着整体变形的增大，局部变形愈发明显，微结构对局部变形的影响也更加显著。

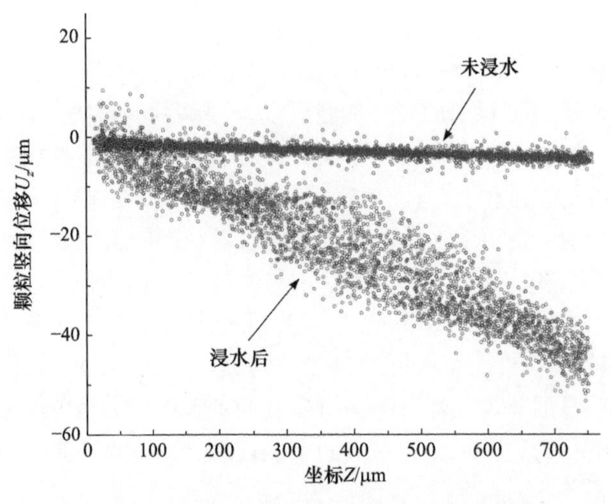

图 7.8　颗粒竖向位移与初始坐标的关系

黄土在几百微米尺度下的微结构并不均匀，既有孔隙相对集中的疏松区域，也有颗粒紧密排列的致密区域(图 7.9)。从平面内颗粒的位移矢量场可以看出，孔隙附近的颗粒产生的位移更大，且颗粒运动的方向指向孔隙内部，这是由于在孔隙内侧对颗粒没有有效的支撑。除了颗粒的位移，湿陷后试样内部的应变场也能够反映局部的变形特征。由于目前的观测精度和图像处理技术无法获得试样内部所有的颗粒，因此无法通过颗粒位移直接计算应变，而只能通过局部孔隙率的变化来计算试样内部的体积应变。通过对比平面内的孔隙率云图和体应变云图能够再次印证，越疏松的区域在湿陷过程中产生的变形越大。颗粒位移矢量场和体应变场所反映出的局部特征基本一致，二者能够很好地相互验证。

这里采用的技术方法为更加深入地揭示黄土湿陷机理提供了一个有力的手段，对湿陷过程中颗粒的运动和应变的观测与表征尚属首次，为湿陷机理和一些相关假说提供了更为直接的实验证据。尽管一些大孔隙周围的颗粒位移更大，但这些孔隙在黄土在湿陷过程中并未坍塌，基本保持了原始的形貌。此外，颗粒的排布变化也没有预期显著。试验中所施

(a)

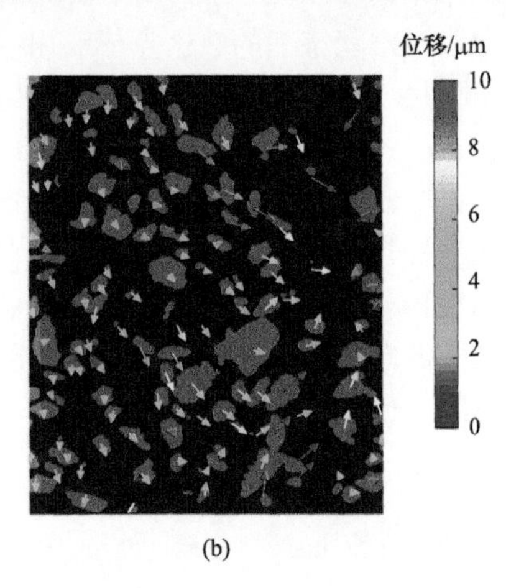

(b)

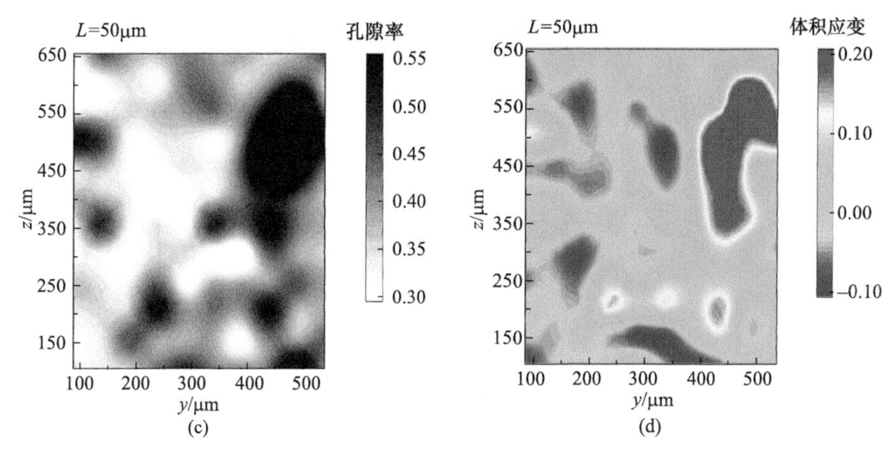

图 7.9　试样内一垂直平面的灰度图像(a)、浸水后颗粒在面内的位移矢量场(b)、该平面内的孔隙率分布云图(c)和湿陷引起的体应变云图(d)

选取区域大小为 695μm×767μm

加的荷载(800kPa)比大多实际情况下黄土承受的荷载更大，试样产生的整体压缩也较为显著，但从颗粒的局部位移大小来看，颗粒在黄土湿陷中的相对位移仅有几个微米，可见颗粒排布的微小变化就能实现湿陷过程中新的平衡状态。

湿陷过程中试样内部颗粒的识别和追踪不仅能够用于计算颗粒位移，也能够对颗粒旋转的大小和方向进行定量描述。根据欧拉旋转定理，每个颗粒在三维空间中的旋转能够用一个唯一的旋转轴和该颗粒绕该轴产生的旋转角度(欧拉角)来表征。图 7.10 给出了湿陷后试样内部颗粒旋转角度大小的云图，颗粒旋转角度在试样内部分布复杂且并不连续。从对所研究颗粒的旋转角度的统计结果来看(图 7.11)，绝大多数颗粒的旋转角度在 30°以下，这说明在湿陷过程中颗粒原有的空间排列并没有显著地被破坏，大部分颗粒仅需较小的旋转即可协调压缩过程伴随的颗粒排列的改变。

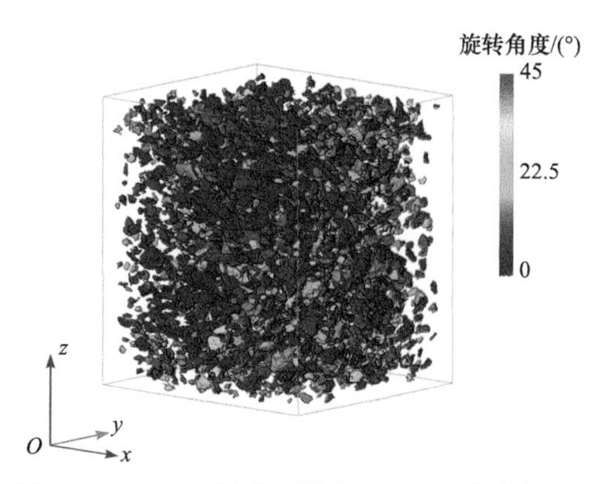

图 7.10　800 kPa 压力下浸水后颗粒的旋转角云图

颗粒的旋转与局部微结构特征关系密切，分析表明尺寸越大(如等效直径大于 35 μm)的颗粒一般产生的旋转较小。从黄土的级配情况来看，大颗粒大多嵌于尺寸较小的颗粒之中，附近一般较少存在与大颗粒尺寸相当的大孔隙，不能提供足够的空间来满足大颗粒较大幅度的旋转；相对地，尺寸相近的小颗粒之间存在的粒间孔隙则能够令颗粒的旋转更加容易。颗粒材料的旋转是一个非常复杂的问题，除了尺寸，颗粒的形貌、颗粒间的排列和接触模式等都会显著影响颗粒旋转的角度和方向，这些复杂现象的准确捕捉和全面分析需要在目前的研究框架下进一步提高观测和图像处理技术并优化试验方案。

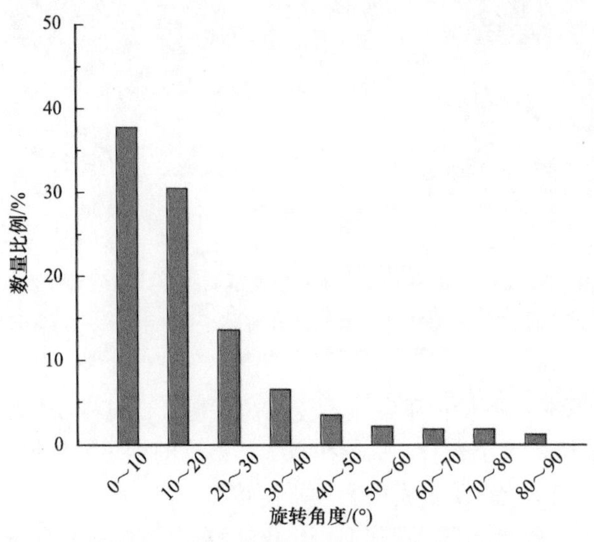

图 7.11　不同旋转角度范围的颗粒数量比

7.1.3　黄土湿陷过程中孔隙结构的演化特征

典型的黄土内部孔隙包含了微米尺度的主要由粉粒或黏粒聚集体(集粒)形成的粒间孔隙，以及纳米尺度的集粒内部以及黏粒之间形成的粒内孔隙。学者通过研究发现，湿陷过程中粒间孔隙尺寸的分布随着湿陷压力的增大逐渐向更小尺寸方向移动，而集粒内部孔隙的尺寸分布则在湿陷过程中没有变化(Ng et al.，2016；Shao et al.，2018)。目前对于湿陷过程中黄土孔隙结构演化规律存在不同的研究结果和观点。例如，Ng 等(2016)认为上述孔隙尺寸分布变化的原因是大孔隙的破坏；Luo 等(2018)提出大孔隙先破坏，而后中、小孔隙开始破坏；Li 等(2019a, 2019b)推测在湿陷过程中粒间孔隙可能转化为集粒内部孔隙等。利用微米 CT 开展湿陷前、后不同状态下黄土微结构的无损观测，不仅能够实现单个颗粒在湿陷发生后的追踪和运动学表征，也同样可以捕捉到某一特定孔隙结构在湿陷过程中的尺寸和形貌的演化，这将为湿陷过程中黄土孔隙演化规律机制提供直接和有力的证据。

图 7.12 中分别显示了同一土样内部尺寸相对较大孔隙在湿陷前[图 7.12(a)]以及 800 kPa 压力下湿陷后[图 7.12(b)]的形貌和空间分布。显然，在湿陷过程中绝大多数大孔隙并没有显著地破坏。此外，这些大孔隙的形貌变化模式也有所不同。例如，图中呈带状的 1 孔隙的体积显著减小，而呈类似球状的 2、3 孔隙则几乎没有在尺寸和形貌上显著改变。因此我们认为，在湿陷过程中孔隙结构的改变并不主要取决于孔隙的尺寸，而是与孔隙的形貌有密切的关系。图 7.13 和图 7.14 给出了微米 CT 获得的湿陷前、后特定切片上的孔隙变化，也可以看到大孔隙并没有在湿陷过程中显著地破坏，与之相对地，很多尺寸较小的通道孔隙(图中虚线标示部分)明显地发生了闭合。从图像推断，这些小尺寸通道的闭合一

方面由于颗粒的相对运动，另一方面也和浸水后黏粒、胶粒的膨胀和在水中的弥散有关。上述两类截然不同的孔隙演化行为实际上对应着两种形貌类型：闭锁孔隙(constricted pores)和自由孔隙(free proes)(Delage and Lefebvre，1984)。闭锁孔隙指流体仅能通过更小尺寸通道(喉道)才能进入相对较大的孔隙，而自由孔隙则指界面尺寸无显著变化的通道状的孔隙(Yu et al., 2021)。

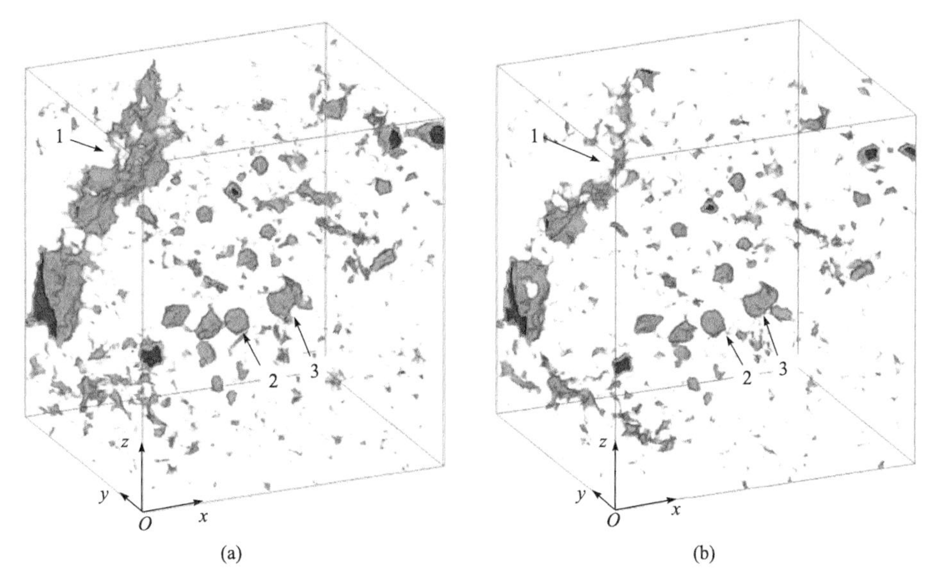

图 7.12 同一试样内部体积较大的孔隙形貌和空间分布

(a) 初始状态；(b) 800 kPa 压力下湿陷后状态

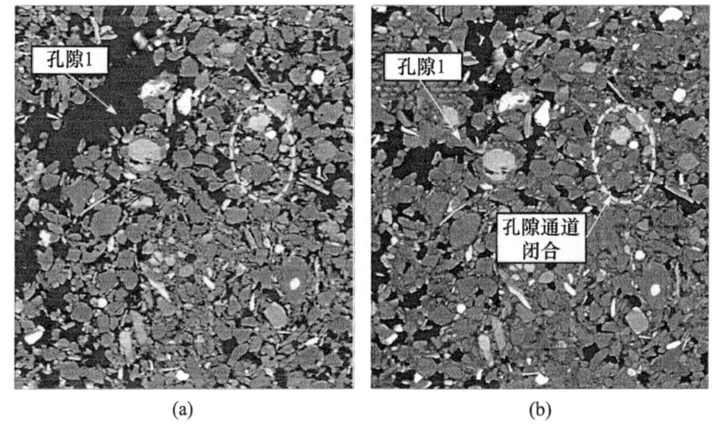

图 7.13 试样内同一竖直方向切片(切片 1)的微结构

(a) 初始状态；(b) 800 kPa 压力下湿陷后状态

通过微米 CT 对试样内部孔隙结构的观测以及基于图像处理的三维重构，我们能够在定量分析的基础上对孔隙在湿陷过程中的演化行为进行定量地表征。由于在 1μm 分辨率下，这里的定量分析只针对微米尺度以上的粒间孔隙。通过比较压汞试验与图像分析获得的孔隙尺寸分布(图 7.15)，二者反映了一致的孔隙分布特征以及伴随湿陷过程的变化趋势，这在一定程度上验证了微米 CT 图像分析结果的可靠性。

图 7.14　试样内同一竖直方向切片(切片 2)的微结构

(a) 初始状态；(b) 800 kPa 压力下湿陷后状态

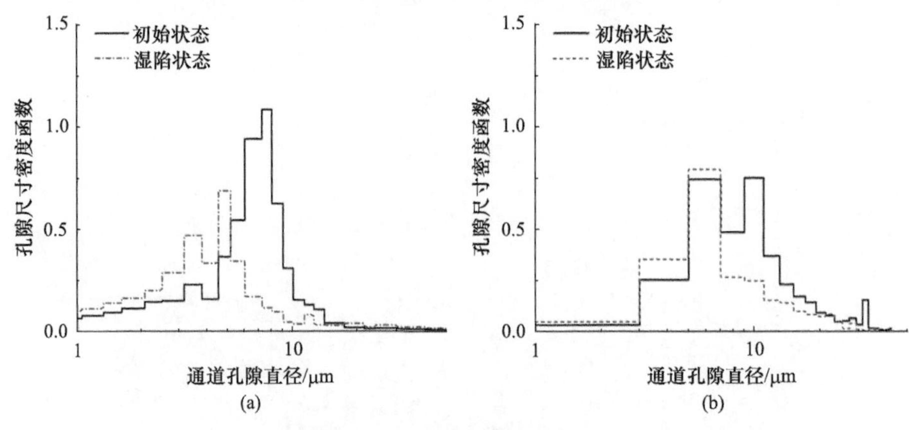

图 7.15　微米以上的孔隙尺寸分布

(a) 压汞试验结果；(b) 微米 CT 图像分析结果

由于闭锁孔隙与自由孔隙在湿陷中表现出不同的演化规律，我们分别比较了上述两类孔隙各自在湿陷过程中尺寸分布的变化(图 7.16)。二者的孔隙分布曲线在湿陷后都有显著的变化，并且与整体孔隙尺寸变化趋势类似，这似乎与定性观察到的结果(闭锁孔隙的尺寸和形貌改变较小)矛盾，实际上这是因为以压汞法为代表的孔隙尺寸分布表征中是用通道孔隙直径(entrance pore diameter)来描述的，因而曲线上表现出的闭锁孔隙尺寸显著减小实际上是其相连的尺寸较小的孔隙通道变窄或闭合导致的。显然，通道孔隙直径或孔喉尺寸作为孔隙大小的量度对于黄土孔隙结构是不准确的。

鉴于此，我们采用了另一个定量指标来描述孔隙的尺寸，即在对整体孔隙结构进行分割的基础上，用单个孔隙内部最大内切圆直径 D_{max} 来表征孔隙大小。图 7.17 给出了不同 D_{max} 取值范围内的闭锁孔隙，可以看出，该参数相比孔隙入口尺寸更能够反映闭锁孔隙的真实大小。此外，我们能够观察到，相当多的闭锁孔隙在湿陷过程中并没有发生显著的尺

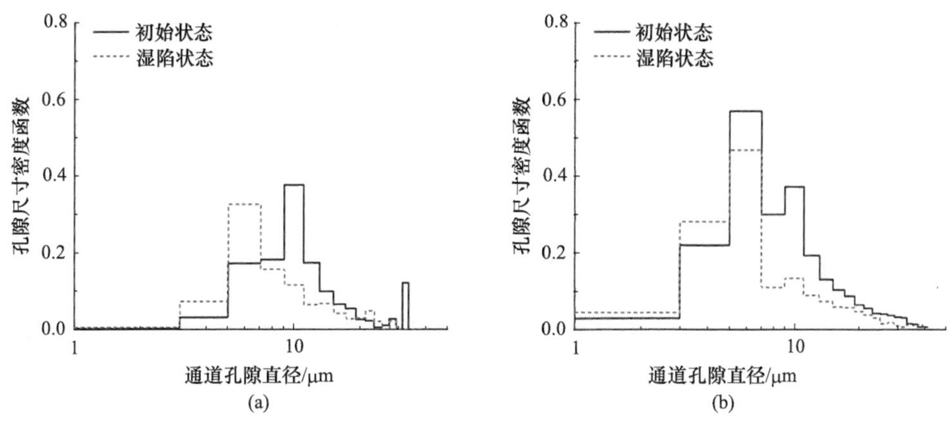

图 7.16　微米以上的孔隙尺寸分布

(a) 闭锁孔隙；(b) 自由孔隙

寸和形貌变化，这与前文定性观察的结果一致。在此基础上，我们用最大内切圆直径 D_{max} 来定量描述闭锁孔隙和自由孔隙的尺寸分布变化(图 7.18)。可以发现，相比常规的基于通道孔隙直径的尺寸分布曲线，基于 D_{max} 的孔隙尺寸分布曲线更能反映两类不同形貌孔隙显著不同的演化行为，即闭锁孔隙在湿陷过程中几乎没有变化，而湿陷中孔隙比的减小主要是自由孔隙的变窄和闭合导致的。

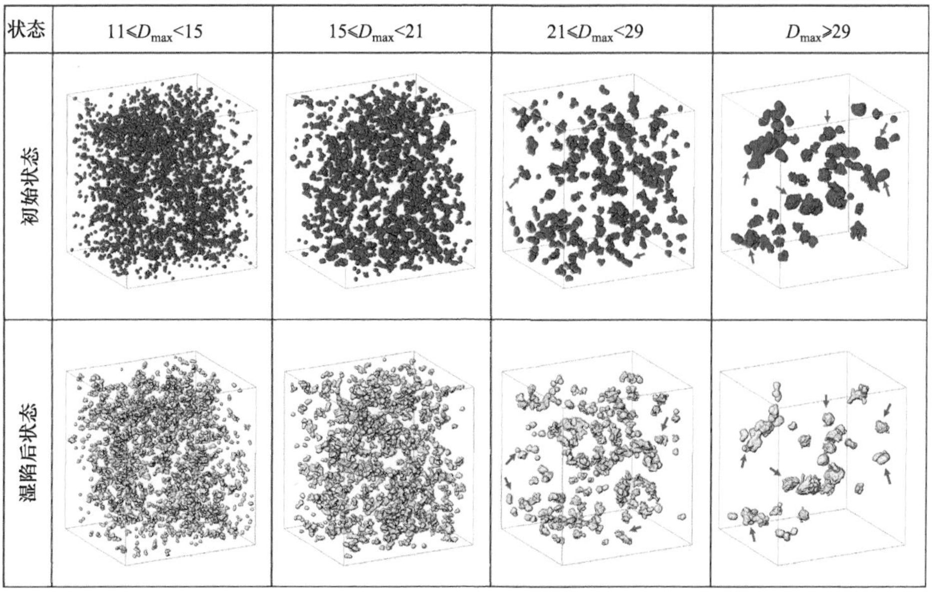

状态	$11<D_{max}<15$	$15<D_{max}<21$	$21<D_{max}<29$	$D_{max}>29$
初始状态				
湿陷后状态				

图 7.17　不同尺寸(最大内切圆直径)下初始状态和湿陷后状态下的闭锁孔隙

红色箭头标出了一些可辨认出的湿陷前、后的相同孔隙

本次研究基于微米 CT 技术，首次直接观测到了黄土孔隙结构在湿陷前、后的演化特征，指出了孔隙形貌对于孔隙变化规律的显著相关性，上述结论对于黄土孔隙的定量表征和分析具有建设意义，同时有助于基于孔隙结构更合理地对黄土的持水特性以及渗透特性进行描述。

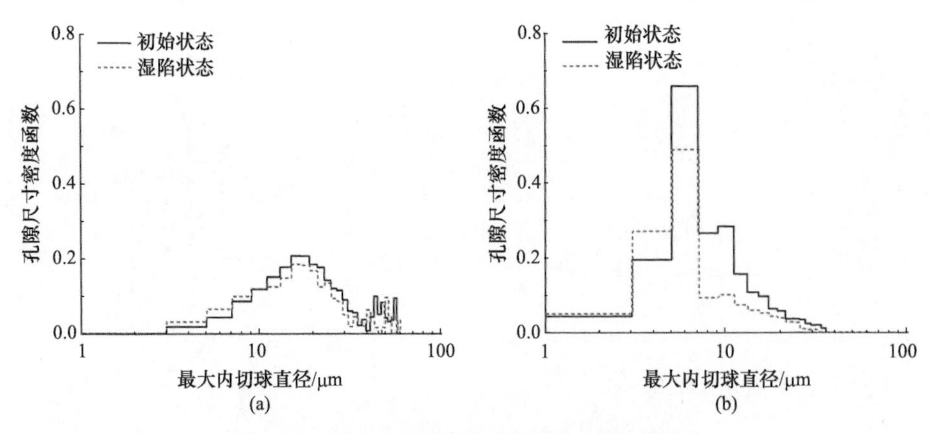

图 7.18　不同尺寸(最大内切圆直径)的孔隙分布

(a) 闭锁孔隙；(b) 自由孔隙

7.2　黄土的水化学反应分析

虽然我们观测到了在湿陷过程中黄土颗粒的运动特征以及特定孔隙的演化规律，获得了微观尺度下黄土“如何湿陷”的重要试验观测数据，但是仍不能有效解释黄土“为何湿陷”的问题。本节通过开展能谱(EDS)分析、淋滤试验以及不同溶剂湿陷试验来阐明黄土中颗粒胶结物的组成及性质，在一定程度上回答黄土“为何湿陷”的问题，为揭示黄土的湿陷机理提供依据及参考。

7.2.1　黄土物质组成

1) 试验方案

在获取延安新区马兰黄土样品 SEM 图像的基础上，结合能谱分析确定土体中碎屑颗粒，集粒以及颗粒间胶结物的元素组成及含量。本次选取四个具有代表性的区域(图 7.19)，各区域放大倍数为 3000 倍。区域中包含棱角状的碎屑颗粒、集粒以及胶结物质。在能谱

(a) 区域A

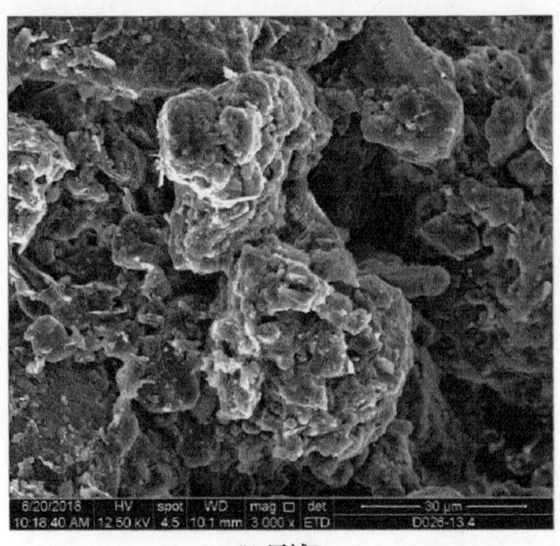

(b) 区域B

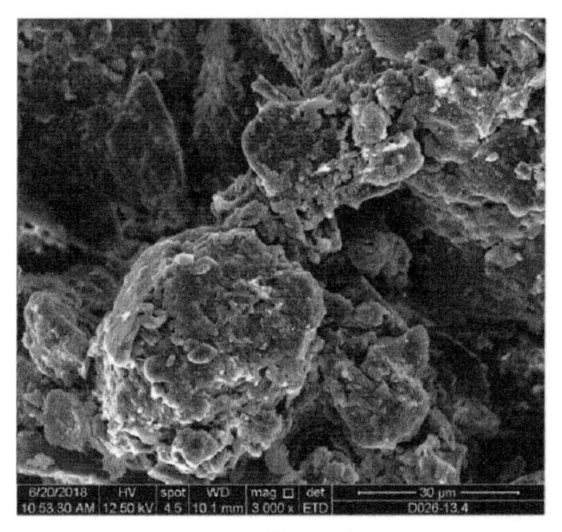

(c) 区域C

(d) 区域D

图 7.19　能谱分析观测(放大 3000 倍)

分析中沿直线近似等间隔取点，获取各点对应的物质组成及含量。

2) 结果分析

黄土矿物组成如表 7.1 所示，碎屑矿物主要包括石英、长石和方解石；黏土矿物主要包括伊蒙混层以及少量的绿泥石和高岭石。表 7.2 给出了上述矿物成分的化学组分。石英的成分是 SiO_2，钾长石和斜长石均属于硅酸盐矿物，其化学成分中含有一定的 SiO_2，因此在 Si 元素含量多的地方，其矿物成分很可能是石英或长石等碎屑矿物。黏土矿物中 Al_2O_3 含量一般较高，Fe 与黏土矿物关系密切(孙建中，2005)，因此 Al 及 Fe 的含量一定程度上反映了黏土矿物的存在。黏土矿物元素成分复杂，除了 Al、Fe 元素之外，还存在 Mg、K、Ca、Si 等元素，因此上述元素存在时，也可能代表黏土矿物的存在。方解石的主要成分是 $CaCO_3$，白云石的化学成分含有 Ca 和 Mg 等，但是 X 衍射结果显示白云石含量仅占 1.2%，因此 Ca 含量较大的地方，多为方解石。需要注意的是，能谱分析是通过某点处的元素组成及相对含量，并结合矿物及化学成分以及颗粒形态特征对物质成分进行判断，仅作为一个定性结果来参考；此外，所选取的能谱点实际为一个很小的区域，因此该点的元素含量为该区域上元素的平均值，该点可能是多种矿物的组合，根据元素进行判断时只能大致判断主要为哪种矿物。

表 7.1　黄土样品中矿物组成一览表

碎屑矿物 (75.2%)						黏土矿物 (24.8%)			
石英	方解石	钾长石	斜长石	白云石	角闪石	伊蒙混层	伊利石	绿泥石	高岭石
36.5%	14.8%	3.2%	19.1%	1.2%	0.4%	13.4%	7.2%	2.5%	1.7%

表 7.2　黄土样品中矿物主要化学成分一览表

矿物名称	化学式
石英	SiO_2
方解石	$CaCO_3$

续表

矿物名称	化学式
钾长石	$K[AlSi_3O_8]$ ($K_2O \cdot Al_2O_3 \cdot 6SiO_2$)
斜长石	无固定化学成分，由钠长石和钙长石按不同比例形成 $Na[AlSi_3O_8](Na_2O \cdot Al_2O_3 \cdot 6SiO_2)$-$Ca[Al_2Si_2O_8](CaO \cdot Al_2O_3 \cdot 2SiO_2)$
白云石	$CaMg(CO_3)_2$
蒙脱石	$(Na,Ca)_{0.33}(Al,Mg)_2[Si_4O_{10}](OH)_2 \cdot nH_2O$
伊利石	$K_{0.75}(Al_{1.75}R)[Si_{3.5}Al_{0.5}O_{10}](OH)_2$，$R$ 主要代表 Mg、Fe 等
绿泥石	$Y_3[Z_4O_{10}](OH)_2 \cdot Y_3(OH)_6$，$Y$ 主要代表 Mg、Fe、Al 等，Z 主要代表 Si、Al 等
高岭石	$Al_4[Si_4O_{10}](OH)_8$

图 7.20 给出了两个观测区域内能谱测试点的分布位置。图 7.21 为区域 A 中两条观测线上能谱点元素组成及含量，点 12～14、点 29 的 Si 含量较多，Ca 含量较少，且没有 Mg，可推测这些点处基本为碎屑类矿物；点 2～6、点 9～11，点 15～25 等，包含 O、Si、Ca、Fe、Al、K、Mg 等多种元素组分，可推测这些点为黏土矿物，但是各点的元素相对含量有所差别，尤其点 9～11、点 15～17 以及点 21 的 Ca 含量相对较多，推测黏土矿物中可能混有微晶碳酸钙；点 22、点 31 中 Fe 的含量尤其高，因此可能是一些铁的氧化物。

图 7.22 为区域 B 中两条观测线上能谱点元素组成及含量，点 6～7、点 17、点 25 等 Si 含量较多，Ca 含量较少，这些点处基本为石英、长石等碎屑类矿物；点 2～5 和点 13～14 的 Ca 含量较多，证实可能存在微晶碳酸钙；点 22～24 的 Fe 含量尤其高，判断主要是铁的氧化物；点 9～11、点 26～39 的 Ca、Si 含量曲线此起彼伏，但相差不多，其他元素 Fe、Al、K、Mg 等也均有分布，结合其 SEM 图像，该剖面上的颗粒相对破碎，黏聚在一起，无明显棱角，判断可能是一些黏粒聚集体。

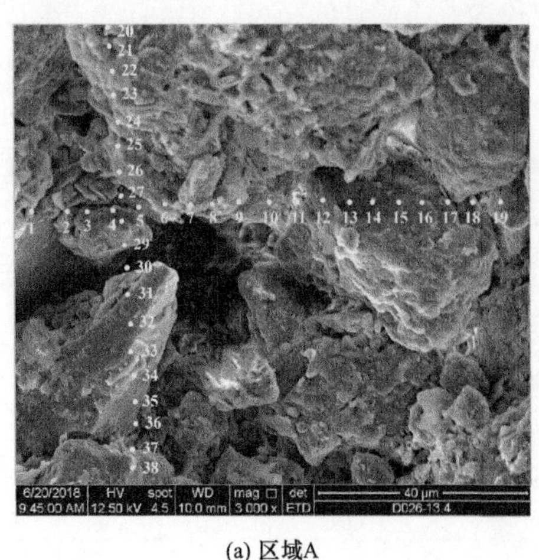

(a) 区域A

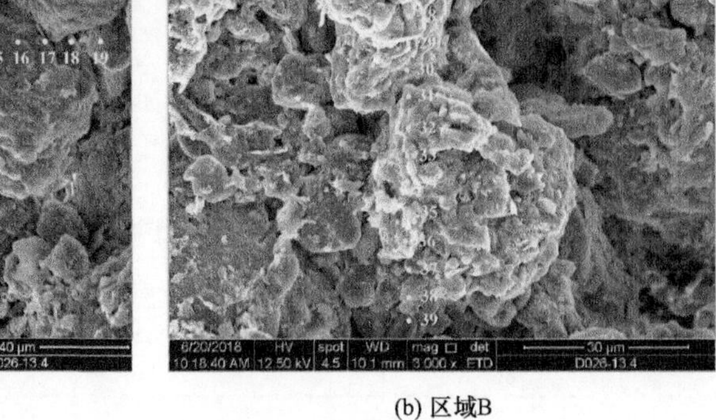

(b) 区域B

图 7.20　区域 A、B 能谱测点分布

图 7.23 为区域 C 内能谱点分布以及各点的元素组成及含量，可以明显看出在颗粒的接触处，即点 14～15 处，Ca 和 Fe 的含量出现峰值，Si 含量较低，说明接触点处可能存在铁

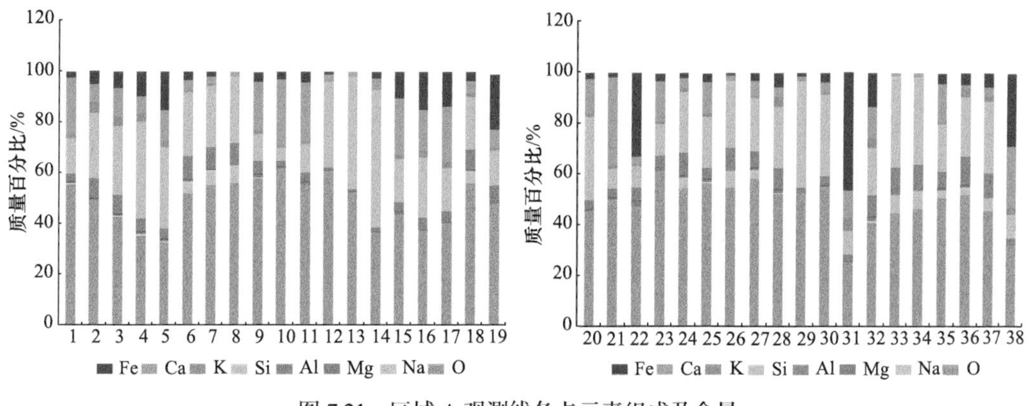

图 7.21　区域 A 观测线各点元素组成及含量

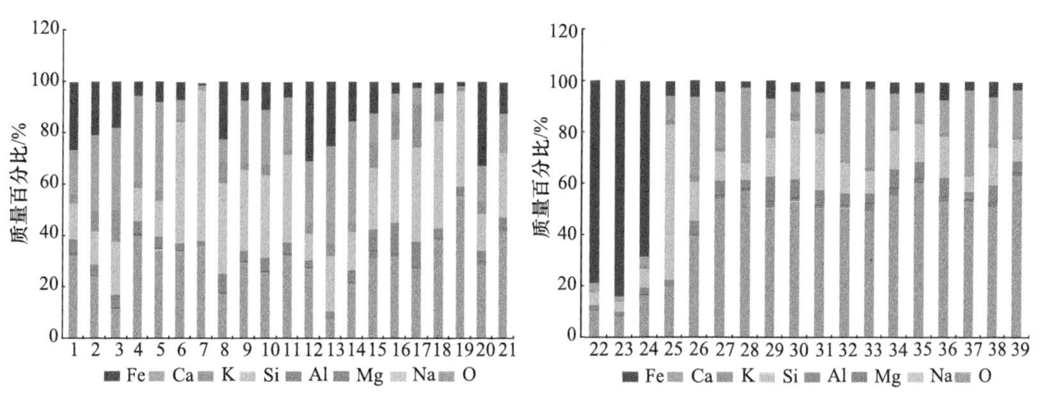

图 7.22　区域 B 观测线各点元素组成及含量

的氧化物及微晶碳酸钙；点 16～17 处，Mg 含量相比其他各点偏高，且其他元素 Si、Ca、Fe、Al、K 等也均有分布，由此推测接触点处可能存在黏土矿物。点 18～24 处，颗粒形态较完整，且能谱结果显示 Al、K 含量较高，仅次于 Si 的含量，判断可能是长石类矿物。

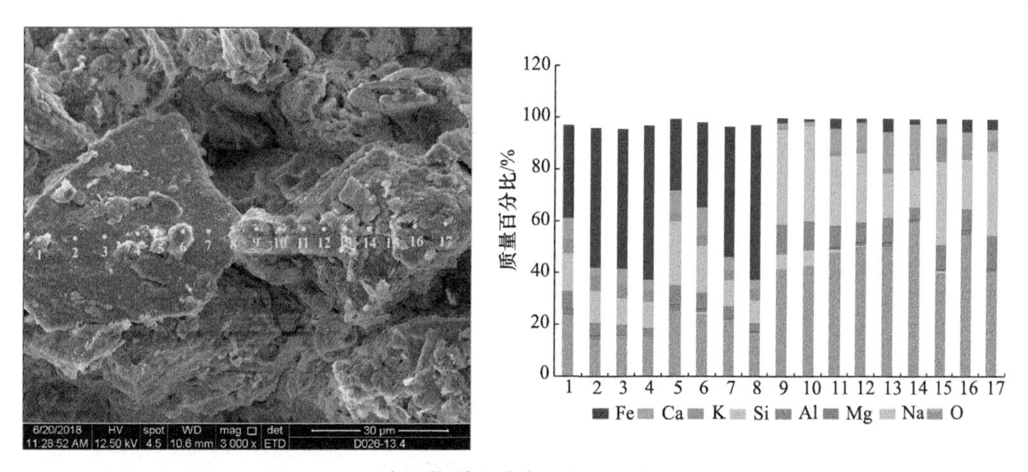

图 7.23　区域 C 能谱点分布及各点元素组成及含量

图 7.24 中，点 1～8 处 Fe 的含量偏高，推测为铁的氧化物；在颗粒接触点处，即点 9～

10，存在一定含量的 Al，Na 含量也是突然增加，判断可能为钠长石；点 11～17 包含 O、Si、Ca、Fe、Al、K、Mg 等多种元素组分，结合 SEM 图像中颗粒的形态特征，可推测这些点处为黏土矿物。

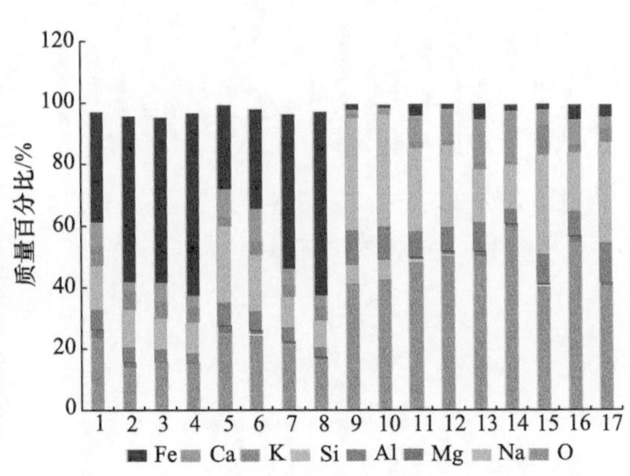

图 7.24　区域 D 能谱点分布及各点元素组成及含量

图 7.25 为放大倍数 5000 倍的 SEM 图像，从图像中可以清晰地看到颗粒的接触关系。选取颗粒接触点 1～2 及点 3～4 进行能谱分析，结果显示 Ca 和 Fe 的含量尤其偏高，如表 7.3 所示，可推测接触点处为微晶碳酸钙及铁的氧化物。

表 7.3　接触点元素组分及含量

谱图编号	C	O	Na	Mg	Al	Si	K	Ca	Fe	总和
1	1.90	39.34			2.68	11.02	4.73	15.59	24.74	100.00
2	1.17	35.79			2.79	14.88	1.90	21.45	22.02	100.00
3	0.77	49.74			2.40	9.65		22.72	14.72	100.00
4	0.46	51.82			2.24	10.70	1.01	24.92	8.85	100.00

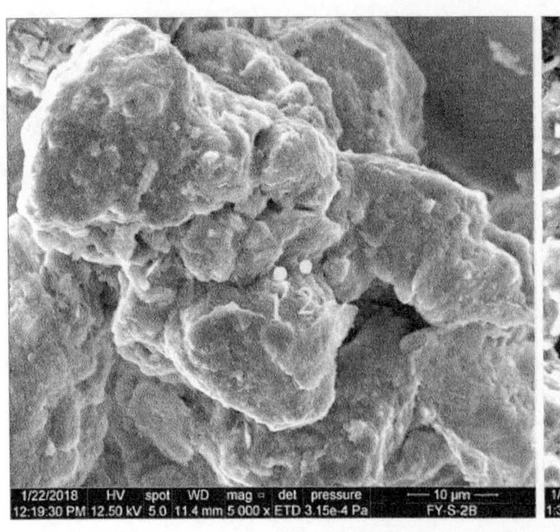

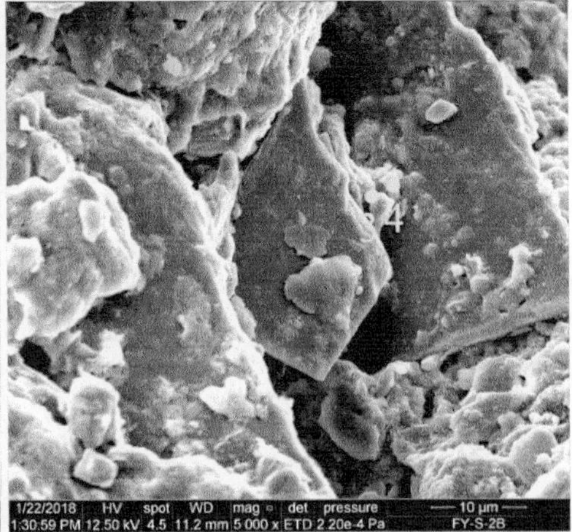

图 7.25　放大倍数 5000 倍 SEM 图像以及能谱测试点

通过以上能谱分析得出如下结论，可为黄土湿陷机理的研究提供参考。

(1)一些相邻点的元素含量差距较大，尤其是一些主要元素如 O、Si、Ca、Fe、Al 等，这一方面是由于相邻能谱点位于不同颗粒表面，另一方面可能由于碎屑颗粒表面附着有碳酸钙晶体或黏土矿物，或者黏土矿物、碳酸钙晶体及碎屑矿物等相互胶结形成集粒。

(2)整体来看，元素 Si 和 Ca 的含量变化基本呈相反趋势，Si 含量出现波峰的地方，Ca 含量一般会出现低谷，反之则 Ca 含量出现波峰。

(3)颗粒间的胶结物主要为黏土矿物、碳酸钙晶体及铁的氧化物。这与早期学者所得结论类似(高国瑞，1990)。胶结物中黏土矿物的类型、性质及含量在一定程度上决定了其对湿陷的影响程度。

7.2.2　黄土中的可溶盐

1) 试验仪器

淋滤试验装置如图 7.26(a)所示。整套装置为上部开放，底部有一定封口的圆柱体，内径为 105mm，材料选用无色透明的亚克力材料，方便试验过程中对淋滤液高度及样品进行观测。装置上部通过橡胶管引入稳定、流量可控的水流。装置侧壁出水孔通过透明橡胶管连接以控制水头高度基本恒定。黄土样品直接固定在环刀内，环刀内径为 100mm，略小于圆柱体的内径，环刀高 30 mm。环刀上下均放有滤纸和透水石，上部透水石尺寸与环刀尺寸一致，下部透水石尺寸比环刀大，但是小于圆柱体的内径。淋滤液的高度设计为 60 mm，会随淋滤过程中土样的胀缩性发生变化。通过下部透水石，淋滤出的水溶液流入装置下部的容器内，以便收集取样，对水中离子成分进行分析。

(a)

(b)

图 7.26　淋滤试验仪器装置

2) 试验方法

环刀取样后在放入圆柱体之前，用生料带将其四周缠绕，直至刚好紧密嵌入圆柱体内，以便阻止水流未经土样直接从侧壁流入下方容器。当容器内出现第一滴淋出液时开始记录时间，每间隔半小时取样并测定水样离子成分。当水样中离子浓度基本稳定时终止试验。共进行三组平行试验，结果重复性良好。

3) 结果分析与讨论

利用离子色谱仪对每组试验中水样成分进行测定，并取平均值。本次采用纯净水作为淋滤液，确保各离子初始含量均为 0。从图 7.27 可以看出，水能够溶解黄土中的可溶盐，包括 Na^+、Cl^-和 SO_4^{2-}离子。随时间的延续，浓度开始时最大，随后迅速降低，直至稳定趋近于 0。在最开始的半小时之内，各离子的含量最大也仅为 40×10^{-6}～50×10^{-6}，浓度非常低。淋滤一段时间之后，会发现环刀中的土样有明显的膨胀，如图 7.26(b)所示。

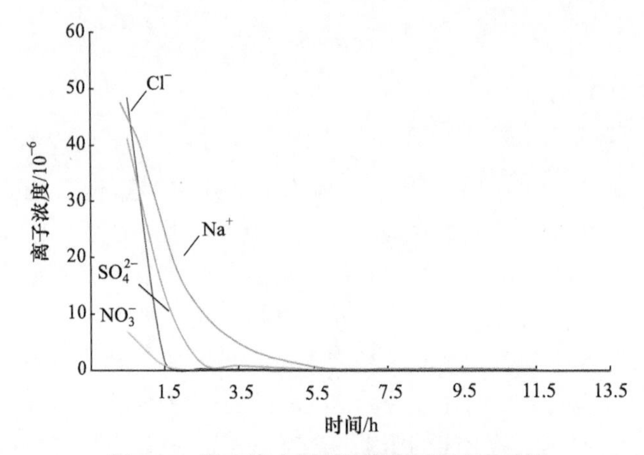

图 7.27 淋出液中离子浓度随时间变化曲线

本次所研究黄土有一定含水率，那么淋出液中的离子是在黄土内部就已经溶解还是淋滤过程中才发生溶解？参考杨运来(1988)的研究，假设易溶盐的溶解度按 19.4 计算，其在黄土中的含量假定为 0.1%，当黄土中的含水量为 0.52%时，易溶盐已经全部处于溶解状态。本次所研究黄土的可溶盐含量为 0.06%，含水率为 14.95%，因此易溶盐很可能在黄土中已经处于溶解状态，只是在试验过程中被淋滤出来。高国瑞(1990)向极度分散的黏胶悬液中滴入氯化钙溶液，发现悬液立即凝聚，由此认为易溶盐即使是溶解状态的，仍加强了胶体物质的凝聚，当含水量增加时，易溶盐浓度的降低会引起胶体的离子交换等化学反应，影响颗粒间的引力大小，导致黏粒散化，降低胶结强度。但是，本次淋滤出的可溶盐离子浓度非常低，相比其他一些地区，如黑方台灌区，黄土中可溶盐离子浓度相差 2～3 个数量级(辛若希，2017；郑亚萌和戴福初，2017)。因此淋滤试验基本排除了可溶盐溶解对湿陷性的影响，同时通过试验观测证实了黄土中黏土矿物遇水膨胀特性。

7.2.3 不同极性溶剂对黄土湿陷性的影响

1) 试验方案

选取不同浓度 NaCl 溶液，饱和 $CaCl_2$ 溶液，环己烷、甲醇以及冰乙酸进行黄土湿陷试验。NaCl 及 $CaCl_2$ 溶液主要用来进一步验证易溶盐的影响，一些学者认为易溶盐胶结作用是黄土黏聚力的一部分，一旦浸水，易溶盐溶解，导致湿陷发生。如果易溶盐胶结在黄土中起主要作用，高浓度 NaCl 溶液会抑制可溶盐的溶解，低浓度溶液则可加速可溶盐的溶解，溶解量不同，湿陷量也会有所差别。环己烷、甲醇和冰乙酸主要用于研究介电常数与极性对湿陷性的影响。水的介电常数最大，其次为甲醇、冰乙酸、环己烷，极性大小排序与介电常数大小排序一致。需要注意的是，$CaCl_2$ 粉末溶于水时会释放大量的热，在湿陷试验之前，需要将 $CaCl_2$ 溶液放至常温，否则会影响试验结果。

2) 结果分析

图 7.28 为不同溶液作用下湿陷后放置一天的土样。环己烷中湿陷后的土样与水中湿陷后的土样外观类似，有一定湿度；甲醇由于挥发性较强，放置一天后土样基本处于干燥状态，土样颜色变浅；冰乙酸中湿陷后的土样放置一天后，表面土层已经从环刀上剥离，土样呈碎末状，一碰即碎，无黏性。

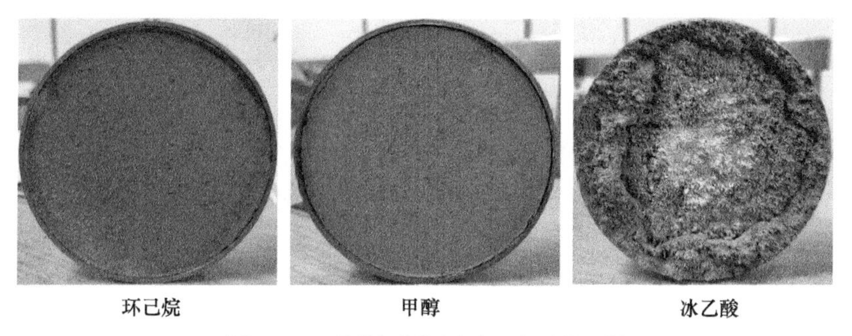

图 7.28　不同溶液作用下湿陷后的土样

图 7.29 和表 7.4 分别为不同溶液作用下湿陷试验曲线以及湿陷量的对比。可以发现，水对应的湿陷量相比 NaCl 和 $CaCl_2$ 溶液对应的湿陷量更小，且不同浓度 NaCl 溶液和其对应的湿陷量之间没有相关性。水、环己烷、甲醇以及冰乙酸四种溶液湿陷量差别较大，除冰乙酸外，湿陷量与溶液极性关系密切，极性越大，湿陷量越大。这与国外学者 Mellors(1995)所研究结果类似，即利用四氯化碳、丙酮和甲醇三种不同极性溶液进行湿陷

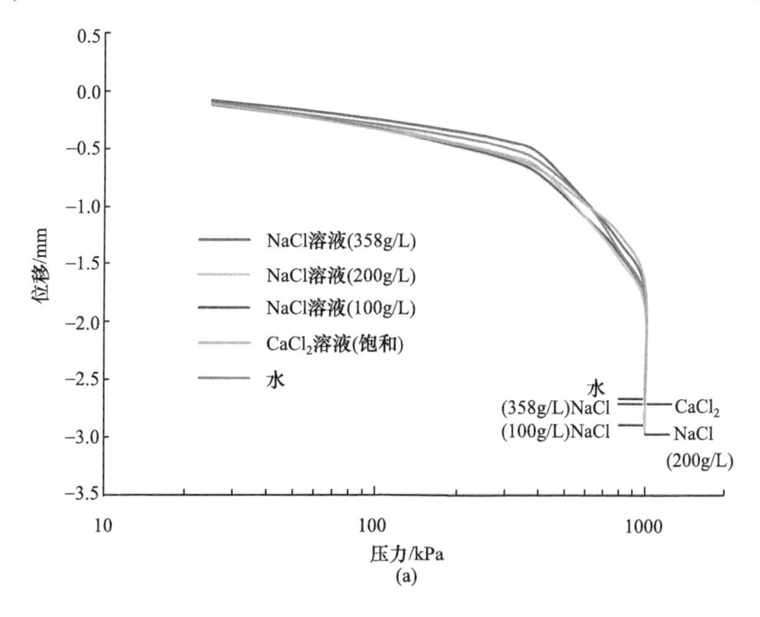

(a)

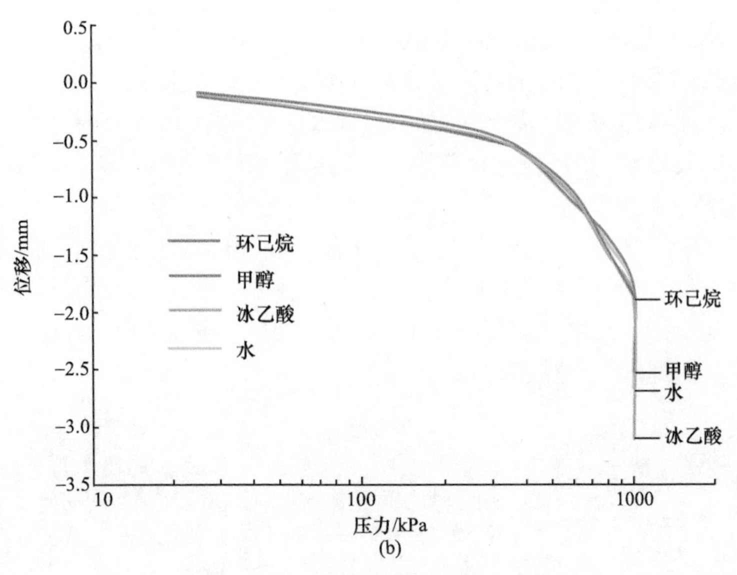

(b)

图 7.29　不同溶液湿陷试验曲线

试验，湿陷量与极性和介电常数呈正相关。冰乙酸的浸入对湿陷结果的影响在结果讨论中做详细分析。

表 7.4　不同溶液湿陷量对比

溶液	湿陷量/mm	相对介电常数(室温)
水	0.87	80.4
NaCl(100g/L)	1.04	—
NaCl(200g/L)	1.10	—
饱和 NaCl	0.99	—
饱和 $CaCl_2$	1.03	—
环己烷	0.02	2.02
甲醇	0.74	32.7
冰乙酸	1.22	6.15

3) 结果讨论

黏土矿物具有吸水后体积增大的性质，即水化膨胀。天然状态下，黏土颗粒表面存在被强烈吸附的“吸着水”层，对应双电层中的固定层，随着含水率的增加，黏粒外产生扩散层，成为“薄膜水”[图 7.30(a)]，水膜的厚度随含水率的增加而增加，黏土颗粒之间距离也随之增大[图 7.30(b)]，颗粒间强度降低。

水膜的厚度取决于溶液的种类及浓度等多种因素。水、环己烷、甲醇以及冰乙酸四种溶液对应的湿陷量不一致，这与溶液的极性关系密切。极性越大的分子越容易被带有电荷的物质吸引。水相比甲醇和环己烷，极性较大，因此更易和带有负电荷的黏土产生水化作用；环己烷极性很小，相比其他溶液要稳定得多，因此很难和黏土发生作用，故对应湿陷

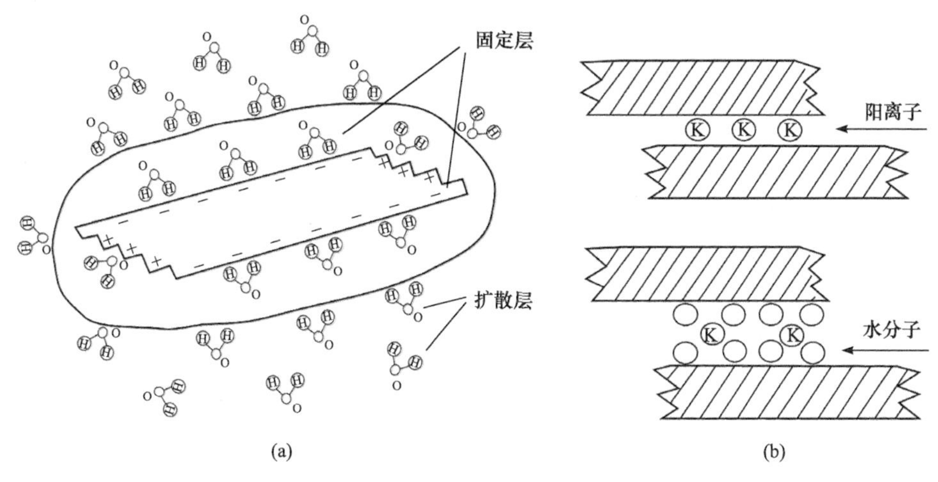

图 7.30　黏土双电层(a)和黏粒遇水膨胀(b)

量很小；甲醇极性介于上述两种溶液之间，有一定湿陷量，但较水小。对于冰乙酸，相比水明显偏小，但对应的湿陷量反而较大，主要是因为乙酸作用后，会溶解黏土中的 Al、Si、Fe 等高价金属盐类，使黏土矿物结构破坏；再者，乙酸和起胶结作用的 $CaCO_3$ 会发生化学反应，如式(7.1)所示，增大黄土孔隙度(李涛等，2008)。相比水引起的黏粒散化，这两种作用直接使黏土胶结和 $CaCO_3$ 胶结破坏，因此对应的湿陷量相比水更大。这也解释了用冰乙酸进行湿陷试验后，环刀内土样呈碎末状、无黏性的特征(图 7.28)。

$$CaCO_3 + 2CH_3COOH \mathrm{==} Ca(CHCOO)_2 + H_2O + CO_2 \tag{7.1}$$

不同浓度可溶盐溶液的湿陷结果进一步证实了可溶盐胶结的溶解对黄土的湿陷性几乎没有影响。本次湿陷曲线中，NaCl 和 $CaCl_2$ 溶液的湿陷量比水大，主要与 Na^+和 Ca^{2+}本身的水化情况有关。Na^+和 Ca^{2+}水化能力较强，吸附在黏土颗粒表面时会形成厚度较大但结构较弱的水膜，因此湿陷量比水大。一些研究指出同一盐类，浓度大者更易被吸引，水膜厚度相对较小，湿陷性相应减小；不同盐类价数高者对应湿陷量小。这也基本解释了上述不同盐类、不同浓度湿陷量不一致的现象。也有一些学者如杨运来(1988)、Mellors(1995)等分别选取 NaCl 溶液和 $CaCl_2$ 溶液进行试验，得出湿陷量反而较水对应的湿陷量小，这可能与其所研究的黄土中矿物成分，尤其是黏土矿物及可溶盐含量有关。当然，一些含盐量较高的黄土地区，如甘肃黑方台，可溶盐对黄土湿陷性影响显著。辛若希(2017)研究了该区黄土在不同含盐量条件下的湿陷性。结果表明湿陷系数与含盐量呈正相关，且含盐量高时，湿陷系数对含盐量变化相对敏感，反之则不敏感。

以上试验结果证实了黄土中黏土矿物的水化膨胀反应，当黏土矿物充当颗粒胶结物时，其遇水膨胀、散化是延安新区马兰黄土湿陷的主要原因。但是，黄土湿陷并不是单一因素所引起的，其他因素如毛细管力对黄土湿陷的影响程度尚不确定。因此，湿陷机理的研究还需进一步细化。

7.3 黄土湿陷的微观机理

黄土湿陷机理应该从两方面进行研究，一是黄土特殊的微结构特征及其在湿陷中的演化规律，二是黏土矿物成分及赋存状态对湿陷性所起到的控制作用。本章以延安新区马兰黄土为例，7.1 节从微结构角度对黄土湿陷变形微观过程进行了高精度观测，分析了湿陷过程中颗粒的运动规律和孔隙结构的演化特征，表明二者都与颗粒排列以及孔隙形貌等微结构要素密切相关。7.2 节通过开展能谱分析确定了黄土中的物质组成及分布，并通过室内淋滤试验以及不同溶液湿陷试验证实了黏土矿物的水化膨胀反应。排除了易溶盐溶解对湿陷性的影响，同时证实了黏粒胶结遇水膨胀、散化是延安新区马兰黄土湿陷的主要原因。

由以上分析提出延安新区马兰黄土的湿陷机理：黄土微结构控制着微观尺度下黄土湿陷的过程以及湿陷量的大小，颗粒胶结处的化学成分决定了黄土湿陷与否以及湿陷的条件。颗粒胶结处黏粒吸水，水膜增厚，黏粒膨胀、散化，颗粒之间引力减弱，抗剪强度降低，是颗粒发生滑移引起湿陷的主要原因。可溶盐的溶解对黄土湿陷不起主要作用。湿陷机理的概念模型如图 7.31 所示(Wei et al., 2020a)。

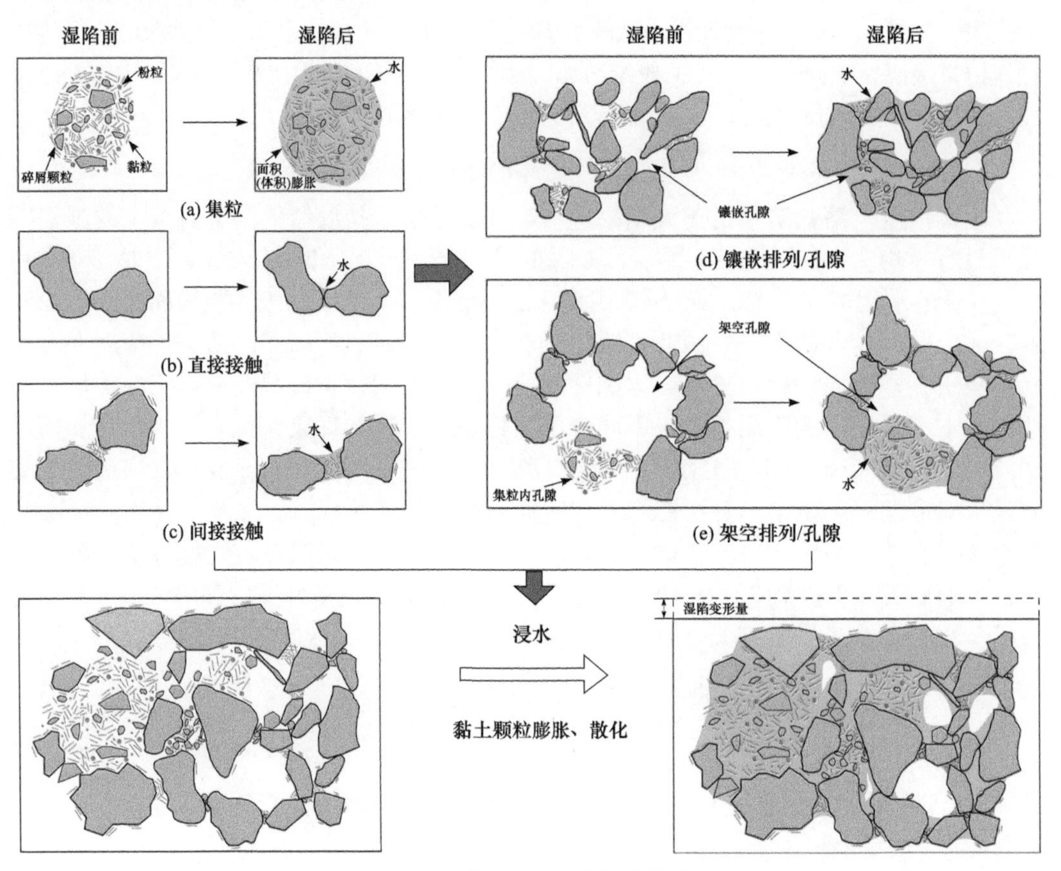

图 7.31　黄土湿陷机理概念模型

黏粒的膨胀、散化使黄土强度降低发生湿陷，当再次遇水时，黏粒会又一次膨胀、散化引发湿陷，这种不断增湿使湿陷量达到最大，该机理能够解释多次湿陷的现象。但是，湿陷性与黏粒的含量并没有较强相关性，而与黏粒的赋存形式关系更密切，当黏粒多以集粒、团粒的形式存在时，浸水后体积多表现为膨胀，对湿陷贡献不大；当黏粒主要以颗粒间胶结物存在时，对湿陷贡献较大，这时黏粒的含量与湿陷的相关性才会体现出来。

黄土的湿陷性是由其特殊的松散结构决定的。湿陷过程中，不管黏粒胶结、盐类溶解、毛细压力、水膜楔入等在破坏胶结强度中发挥多大作用，如果没有这种特殊的结构，湿陷依旧不会发生。因此松散结构是任何黄土能够发生湿陷的先决条件和首要因素。在此基础上，不同地区，不同年代，不同埋深的黄土呈现出不同的湿陷特性。例如，黄土湿陷的大小差异，一般来讲，西北地区黄土的湿陷系数普遍高于东南地区黄土的湿陷系数；黄土湿陷的时间差异，如兰州地区黄土地基在浸水后当天，建筑物出现严重破坏，而在西安地区，黄土地基浸水后数月，建筑物才产生裂缝。这些不同的湿陷特性，一方面取决于其结构类型，如架空结构、架空-镶嵌结构、镶嵌结构等；另一方面受其物理力学性质及颗粒成分的影响，如颗粒级配，初始含水率、孔隙比、胶结物类型等。这两方面因素决定了黄土不同的湿陷机理。例如，甘肃黑方台，黄土含盐量较高，可溶盐是黄土湿陷的重要因素；一些地区的黄土，其完成总湿陷量需要 14 个小时，是一般黄土湿陷所用时间的两倍之多，其湿陷可能与胶结于颗粒接触点的 $CaCO_3$ 溶解相关；而本次所研究的延安新区马兰黄土，黏粒遇水膨胀、散化是湿陷发生的主要原因。因此，黄土的湿陷机理首先是其松散结构的存在，其次由于黄土颗粒之间胶结物类型、颗粒级配、黏粒含量及分布等不同，黄土发生湿陷的主要原因也不尽相同。再者，黄土的湿陷并不是由单个因素引起，一般由某个因素占主导，其他几个因素作为次要因素对湿陷发挥不同程度的作用，单个因素很难解释某一地区黄土所有的湿陷特性。

7.4　小　　结

湿陷性一直是黄土研究中的一个焦点，而学者们对其内在机理仍未达成统一的认识。我们通过自主研制的微型土样水-力加载系统，第一次观测到了在湿陷过程中黄土颗粒的运动特征以及特定孔隙的演化规律，获得了微观尺度下黄土“如何湿陷”的重要试验观测数据。浸水前，黄土在荷载作用下的变形比较均匀，即产生荷载作用下的整体变形，接近连续介质的假设；浸水后，无论是颗粒的位移还是土样内部的变形都表现出显著的非均匀特征，在整体变形的基础上由于微结构的空间差异产生了不同程度的局部变形。这有力地证明了在湿陷过程中微结构对于黄土变形行为的显著影响。另外，不同形貌的孔隙在湿陷过程中表现出显著差异。大量狭长的自由孔隙在湿陷过程中发生闭合，而体积较大的闭锁孔隙则在湿陷前、后没有显著变化，这否定了一些文献中认为的大孔隙率先破坏的说法。本书为从微观尺度直接观测黄土湿陷提供了一种全新的方法，使我们对黄土湿陷过程有了前所未有的崭新认识，为进一步研究黄土湿陷内在机理提供了重要依据。

需要指出的是，上述观测仍不能有效解释黄土“为何湿陷”的问题，该问题解决的关键在于对黄土颗粒胶结形式及其物理化学性质的系统研究。因此，我们开展了能谱分析、淋滤试验以及不同溶液湿陷试验，进一步证实了黏粒胶结遇水膨胀、散化是湿陷发生的主要原因。基于以上研究提出了延安新区马兰黄土的湿陷机理：颗粒胶结处黏土矿物吸水，水膜增厚，黏粒膨胀、散化，颗粒之间胶结强度降低，是颗粒产生相对滑移进而引起湿陷的主要原因。但是，其他因素如毛细管力对黄土湿陷的影响程度尚不确定。因此，湿陷机理的研究还需进一步细化。

参 考 文 献

常玉鹏. 2021. 黄土高原地区黄土三维微结构区域性规律研究. 西安: 长安大学
陈存礼, 胡再强, 高鹏. 2006. 原状黄土的结构性及其与变形特性关系研究.岩土力学, (11): 1891-1896
陈永明, 石玉成, 徐晖平, 等. 2000. 1995 年永登地震黄土震陷变形特征及其形成机理.西北地震学报, 22(4): 465-475
陈正汉, 方祥位, 朱元青, 等. 2009. 膨胀土和黄土的细观结构及其演化规律研究. 岩土力学, 30(1): 1-11
褚峰, 张宏刚, 邵生俊. 2019. 陇东 Q_3 结构性黄土压剪损伤本构模型试验研究. 岩土力学, 40(10): 3855-3870
邓津, 王兰民, 张振中, 等. 2013. 我国黄土的微结构类型与震陷区域划分. 地震工程学报, 35(3): 664-670
方祥位, 申春妮, 陈正汉, 等. 2011. 原状 Q_2 黄土 CT-三轴浸水试验研究. 土木工程学报, 44(10): 98-106
方祥位, 申春妮, 汪龙, 等. 2013. Q_2 黄土浸水前后微观结构变化研究. 岩土力学, 34(5): 1319-1324
高国瑞. 1980a. 中国黄土的微结构. 科学通报, 20: 945-948
高国瑞. 1980b. 黄土显微结构分类与湿陷性. 中国科学, (12): 1203-1208
高国瑞. 1990. 黄土湿陷变形的结构理论. 岩土工程学报, 12(4): 1-10
高凌霞, 栾茂田, 杨庆. 2012. 基于微结构参数主成分的黄土湿陷性评价.岩土力学, 33(7): 1921-1926
谷天峰, 王家鼎, 郭乐, 等. 2011. 基于图像处理的 Q_3 黄土的微观结构变化研究. 岩石力学与工程学报, 30(S1): 3185-3192
关文章. 1986. 试论可溶盐与黄土湿陷机理. 桂林冶金地质学院学报, 6(3): 271-278
郭玉文, 宋菲, 加藤诚. 2005. 黄土中碳酸钙分布的能谱分析. 岩土工程学报, 27(9): 1004-1007
胡海军, 蒋明镜, 彭建兵, 等. 2014. 应力路径试验前后不同黄土的孔隙分形特征. 岩土力学, 35(9): 2479-2485
胡瑞林, 官国琳, 李向全, 等. 1999. 黄土湿陷性的微结构效应. 工程地质学报, 7(2): 161-167
胡再强, 沈珠江, 谢定义. 2000. 非饱和黄土的显微结构与湿陷性.水利水运科学研究, (2): 68-71
洪宝宁, 刘鑫. 2010. 土体微细结构理论与试验. 北京: 科学出版社
姜程程, 范文, 苑伟娜. 2021. 基于环剪试验的含钙质结核古土壤剪切特性. 西南交通大学学报, 56(4): 809-817
蒋明镜. 2019.现代土力学研究的新视野——宏微观土力学.岩土工程学报, 41(2): 195-254
蒋明镜, 张浩泽, 李涛, 等. 2019. 非饱和重塑与结构性黄土等向压缩试验离散元分析. 岩土工程学报, 41(2): 121-124
雷胜友, 唐文栋. 2004. 黄土在受力和湿陷过程中微结构变化的 CT 扫描分析. 岩土力学与工程学报, 23(24): 4166-4169
雷祥义. 1987. 中国黄土的孔隙类型与湿陷性. 中国科学(B 辑), (12): 1309-1318
雷祥义. 1989. 黄土显微结构类型与物理力学性质指标之间的关系. 地质学报, 63(2): 182-191
李广信, 张丙印, 于玉贞. 2013. 土力学(第二版). 北京: 清华大学出版社
李汉彬. 2019. 白鹿塬不同黄土地层的微结构特征. 西安: 长安大学
李涛, 胡金生, 肖红, 等. 2008. 乙酸和碳酸对粘土土工性状影响的试验. 煤田地质与勘探, 36(6): 46-48
李同录, 张辉, 李萍, 等. 2020. 不同沉积环境下马兰黄土孔隙分布与土水特征的模式分析. 水文地质工程地质, 47(3): 107-114
李喜安, 刘锦阳, 郭泽泽, 等. 2018. 马兰黄土孔隙结构参数与渗透性关系研究.工程地质学报, 26(6):

1415-1423
李晓军, 张登良. 1998. 黄土微结构定量评价的探讨与展望.西安公路交通大学学报, (S2): 104-109
李晓军, 张登良. 1999. CT 技术在土体结构性分析中的应用初探. 岩土力学, 20(2): 62-66
刘东生. 1966. 黄土的物质成分和结构. 北京: 科学出版社
刘祖典. 1997. 黄土力学与工程. 西安: 陕西科技出版社
骆亚生, 张爱军. 2004. 黄土结构性的研究成果及其新发展.水力发电学报, (6): 66-69
倪万魁, 师华强. 2014. 冻融循环作用对黄土微结构和强度的影响. 冰川冻土, 36(4): 922-927
倪万魁, 杨泓全, 王朝阳. 2005. 路基原状黄土细观结构损伤规律的 CT 检测分析. 公路交通科技, 22(6): 81-83
庞旭卿, 焦黎杰. 2018. 原状 Q_3 黄土剪切破坏机理及其本构模型研究. 公路交通科技, 35(4): 21-26, 39
蒲毅彬. 2000. 陇东黄土湿陷过程的 CT 结构变化研究. 岩土工程学报, 22(1): 49-54
钱亦兵, 叶玮. 2000. 新疆伊犁地区黄土与古土壤的微结构及矿物成分分析. 干旱区地理, 23(2): 109-111
裘国荣, 石玉成, 刘红玫. 2010. 黄土震陷时微观结构随动应力变化分析. 西北地震学报, 32(1): 42-46
邵生俊, 周飞飞, 龙吉勇. 2004. 原状黄土结构性及其定量化参数研究.岩土工程学报, (4): 531-536
孙建中. 2005. 黄土学(上篇). 香港: 香港考古学会
孙建中, 王兰民, 门玉明, 等. 2013. 黄土学(中篇). 西安: 西安地图出版社
孙强, 张晓科, 李厚恩. 2008. 湿陷性黄土变形的微结构突变模型研究. 岩土力学, (3): 663-666
王慧妮, 倪万魁. 2012. 基于计算机 X 射线断层术与扫描电镜图像的黄土微结构定量分析. 岩土力学, 33(1): 243-247
王兰民, 邓津, 黄媛, 等. 2007. 黄土震陷性的微观结构量化分析. 岩石力学与工程学报, 26(S1): 3025-3031
王梅. 2010. 中国湿陷性黄土的结构性研究. 太原: 太原理工大学
王梅, 白晓红. 2006. 强夯法加固湿陷性黄土的微观研究. 岩土力学, 27(增 2): 810-814
王谦, 钟秀梅, 高中南, 等. 2020. 冻融作用下兰州饱和黄土的液化特性研究. 岩石力学与工程学报, 39(S1): 2986-2994
王永焱, 滕志宏. 1982. 中国黄土的微结构及其在时代上和区域上的变化. 科学通报, 17(2): 102-105
王永焱, 林在贯. 1990. 中国黄土的结构特征及物理力学性质. 北京: 科学出版社
王永焱, 等. 1982. 黄土与第四纪地质. 西安: 陕西人民出版社
魏婷婷. 2020. 荷载作用下黄土三维微结构演化及变形破坏机理研究. 西安: 长安大学
魏亚妮. 2020. 水作用下黄土三维微结构演化及湿陷机理研究. 西安: 长安大学
韦雅之, 姚志华, 种小雷, 等. 2021. 非饱和 Q_3 黄土微细观结构特征及对强度特性影响机制. 岩土工程学报, 1-7
吴义祥. 1991. 工程粘性土微观结构的定量评价. 中国地质科学院院报, 23: 143-150
肖东辉, 冯文杰, 张泽. 2014. 冻融循环作用下黄土孔隙率变化规律. 冰川冻土, 36(4): 907-912
谢定义. 2001. 试论我国黄土力学研究中的若干新趋势. 岩土工程学报, 23(1): 3-13
谢定义, 齐吉琳. 1999. 土结构性及其定量化参数研究的新途径. 岩土工程学报, (6): 651-656
谢巧勤, 陈天虎, 徐晓春, 等. 2008. 中国黄土中磁性矿物赋存形式研究. 中国科学, 38(11): 1404-1412
谢婉丽, 王延寿, 马中豪, 等. 2015. 黄土湿陷机理研究现状与发展趋势. 现代地质, 29(2): 397-407
辛若希. 2017. 可溶盐含量对黑方台黄土湿陷性影响的试验研究. 郑州: 华北水利水电大学
徐张建, 林在贯, 张茂省. 2007. 中国黄土与黄土滑坡. 岩石力学与工程学报, 26(7): 1297-1312
延恺, 谷天峰, 王家鼎, 等. 2018. 基于显微 CT 图像的黄土微结构研究.水文地质工程地质, 45(3): 71-77
苑伟娜, 范文, 邓龙胜, 等. 2021. 黄土颗粒结构特征及其对剪切行为的影响. 工程地质学报, 29(3): 871-878
杨运来. 1988. 黄土湿陷机理的研究. 中国科学(B 辑), (7): 756-766
叶万军, 李长清, 董西好, 等. 2018. 冻融环境下黄土微结构损伤识别与宏观力学响应规律研究. 冰川冻土, 40(3): 546-555

余凌竹, 鲁建. 2019. 扫描电镜的基本原理及应用. 实验科学与技术, 17(5): 85-93
张礼中, 胡瑞林, 李向全, 等. 2008. 土体微观结构定量分析系统及应用. 地质科技情报, 27(1): 108-112
张晓周, 卢玉东, 李鑫, 等. 2019. 增湿条件下泾阳南塬马兰黄土孔隙率变化研究. 干旱区资源与环境, 33(6): 99-104
张宗祜. 1964. 我国黄土类土显微結构的研究. 地质学报, 44(3): 357-370
张宗祜. 2003. 中国黄土. 石家庄: 河北教育出版社
张伟朋, 孙永福, 谌文武, 等. 2018. 一种基于 SEM 图像研究土体颗粒及孔隙分布特征的分析方法. 海洋科学进展, 36(4): 605-613
张英, 邴慧. 2015. 基于压汞法的冻融循环对土体孔隙特征影响的试验研究. 冰川冻土, 37(1): 169-174
赵景波, 陈云. 1994. 黄土的孔隙与湿陷性研究. 工程地质学报, 2(2): 76-83
郑亚萌, 戴福初. 2017. 灌溉淋滤对原状黄土物理力学性质的影响. 地球科学与环境学报, 39(4): 575-584
朱成莲. 2017. 两个广义伽玛分布之间的相对熵及其性质. 统计与决策, (24): 30-34
朱海之. 1963. 黄河中游马兰黄土颗粒及结构的若干特征——油浸光片法观察的结果. 地质科学, (2): 36-48, 50
朱海之. 1964. 黄土结构某些特征的初步研究//中国科学院地质研究所.第四纪地质问题. 北京: 科学出版社
朱海之. 1965. 黄土的显微结构及埋藏土壤中的光性方位粘土.中国第四纪研究, 4(1): 62-76
朱元青, 陈正汉. 2009. 原状 Q_3 黄土在加载和湿陷过程中细观结构动态演化的 CT 三轴试验研究. 岩土工程学报, 31(8): 1219-1228
Andrade J E, VlahiniĆ I, Lim K W, et al. 2012. Multiscale 'tomography-to-simulation' framework for granular matter: the road ahead. Géotechnique Letters, 2(3): 135-139
Arthur J R F, Dunstan T, Al-Ani Q A J L, et al. 1977. Plastic deformation and failure in granular media. Géotechnique, 27(1): 53-74
Barden L, Mcgown A, Collins K. 1973. The collapse mechanism in partially saturated soil. Engineering Geology, 7(1): 49-60
Blott S J, Pye K. 2008. Particle shape: a review and new methods of characterization and classification. Sedimentology, 55(1): 31-63
Cheng Z, Wang J F. 2018. Experimental investigation of inter-particle contact evolution of sheared granular materials using X-ray micro-tomography. Soils and Foundations, 58(6): 1492-1510
Delage P, Lefebvre G. 1984. Study of the structure of a sensitive Champlain clay and of its evolution during consolidation. Canadian Geotechnical Journal, 21 (1): 21-35
Delage P, Cui Y J, Antoine P. 2005. Geotechnical problems related with loess deposits in Northern France. Famagusta: International Conference on Problematic Soils
Deng L S, Fan W, Liu S P, et al. 2020. Quantitative research and characterization of the loess microstructure in the Bai Lu tableland, Shaanxi Province, China. Advances in Civil Engineering, 2020: 1-14
Deng L S, Fan W, Chang Y P, et al. 2021. Microstructure quantification, characterization and regional variation in the Ma Lan loess on the Loess Plateau in China. International Journal of Geomechanics, 21(8): 1-15
Derbyshire E, Mellors T W. 1988. Geological and geotechnical characteristics of some loess and loessic soils from China and Britain: A comparison. Engineering Geology, 25(2-4): 135-175
Dibben S C, Jefferson I F, Smalley I J. 1998a. The Monte Carlo model of a collapsing soil structure. Problematic Soils, 1: 317-320
Dibben S C, Jefferson I F, Smalley I J. 1998b. The "Loughborough Loess" Monte Carlo model of soil structure. Computers & Geoscience, 24(4): 345-352
Dijkstra T A, Rogers C D F, Smalley I J, et al. 1994. The loess of north-central China: Geotechnical properties and their relation to slope stability. Engineering Geology, 36: 153-171

Dijkstra T A, Smalley I J, Rogers C D F. 1995. Particle packing in loess deposits and the problem of structure collapse and hydroconsolidation. Engineering Geology, 40(1-2): 49-64

Dudley J H. 1970. Review of Collapsing soils. Journal of the Soil Mechanics and Foundations Division, 96(3): 925-947

Fonseca J, O'sullivan C, Coop M R, et al. 2013. Quantifying the evolution of soil fabric during shearing using directional parameters. Geotechnique, 63(6): 487-499

Gibbs H J, Holland W Y. 1960. Petrographic and engineering properties of loess. Engineering Monographs, 28: 1-37

Grabowska-Olszewska B. 1988. Engineering-geological problems of loess in Poland. Engineering Geology, 25(2-4): 177-199

Grabowska-Olszewska B. 1989. Skeletal microstructure of loesses - its significance for engineering-geological and geotechnical studies. Applied Clay Science, 4(4): 327-336

Hall S A, Bornert M, Desrues J, et al. 2010. Discrete and continuum analysis of localised deformation in sand using X-ray mu CT and volumetric digital image correlation. Geotechnique, 60 (5): 315-322

Hu R L, Yeung M, Lee C, et al. 2001. Mechanical behavior and microstructural variation of loess under dynamic compaction. Engineering Geology, 59(3): 203-217

Jiang M J, Zhang F G, Hu H J, et al. 2014. Structural characterization of natural loess and remolded loess under triaxial tests. Engineering Geology, 181: 249-260

Klukanova A, Sajgalik J. 1994. Changes in loess fabric caused by collapse: an experimental study. Quaternary International, 24: 35-39

Krinsley D H, Smalley I J. 1973. Shape and nature of small sedimentary quartz particles. Science, 180(4092) : 1277-1279

Lambe T W. 1953. The structure of inorganic soil. Proceedings of the American Society of Civil Engineers, 79

Lange D A, Jennings H M, Shah S P. 1994. Image analysis techniques for characterization of pore structure of cement-based materials. Cement & Concrete Research, 24(5): 841-853

Li P, Xie W L, Pak R Y S, et al. 2019a. Microstructural evolution of loess soils from the Loess Plateau of China. Catena, 173: 276-288

Li X, Lu Y D, Zhang X Z, et al. 2019b. Quantification of macropores of Malan loess and the hydraulic significance on slope stability by X ray computed tomography. Environmental Earth Sciences, 78: 522

Li X A, Li L C. 2017. Quantification of the pore structures of Malan loess and the effects on loess permeability and environmental significance, Shaanxi Province, China: an experimental study. Environmental Earth Sciences, 76: 523

Li X A, Li L C, Song Y X, et al. 2019c. Characterization of the mechanisms underlying loess collapsibility for land-creation project in Shaanxi Province, China—a study from a micro perspective. Engineering Geology, 249: 77-88

Li Y. 2013. Effects of particle shape and size distribution on the shear strength behavior of composite soils. Bulletin of Engineering Geology and the Environment, 72(3): 371-381

Li Y R, He S D, Deng X H, et al. 2018. Characterization of macropore structure of Malan loess in NW China based on 3D pipe models constructed by using computed tomography technology. Journal of Asian Earth Sciences, 154: 271-279

Liu Z, Liu F Y, Ma F L, et al. 2016. Collapsibility, composition, and microstructure of loess in China. Canadian Geotechnical Journal, 53(4): 673-686

Lu Y. 2010. Reconstruction, characterization, modeling and visualization of inherent and induced digital sand microstuctures. Atlanta: Georgia Institute of Technology

Luo H, Wu F, Chang J, et al. 2018. Microstructural constraints on geotechnical properties of Malan Loess: A case study from Zhaojiaan landslide in Shaanxi province. Engineering Geology, 236: 60-69

Mandl G, Jong L N J, Maltha A. 1977. Shear zones in granular material. Rock Mechanics, 9(2-3): 95-144

Matalucci R V, Shelton J W, Hady M A. 1969. Grain orientation in Vicksburg loess. Journal of Sedimentary Research, 39(3): 969-979

Matalucci R V, Hady M A, Shelton J W. 1970a. Influence of grain orientation on direct shear strength of a loessial soil. Engineering Geology, 4(2): 121-132

Matalucci R V, Hady M A, Shelton J W. 1970b. Influence of microstructure of loess on triaxial shear strength. Engineering Geology, 4(4): 341-351

Mellors T W. 1995. The influence of the clay component in loess on collapse of the soil structure //Derbyshire E, Dijkstra T, Smalley I J. Genesis and Properties of Collapsible Soils. Netherland: Kluwer Academic Publisher: 207-216

Milodowski A E, Northmore K J, Kemp S J, et al. 2015. The mineralogy and fabric of 'Brickearths' in Kent, UK and their relationship to engineering behaviour. Bulletin of Engineering Geology and the Environment, 74: 1187-1211

Moro F, Böhni H. 2002. Ink-Bottle Effect in Mercury Intrusion Porosimetry of Cement-Based Materials. Journal of Colloid and Interface Science, 246(1): 135-149

Ng C W W, Sadeghi H, Hossen S B, et al. 2016. Water retention and volumetric characteristics of intact and re-compacted loess. Canadian Geotechnical Journal, 53(8): 1258-1269

Osipov V I, Sokolov V N. 1995. Factors and mechanism of loess collapsibility//Derbyshire E, Dijkstra T, Smalley I J. Genesis and Properties of Collapsible Soils. Netherland: Kluwer Academic Publisher: 49-64

Phien-wej N, Pientong T, Balasubramaniam, A S. 1992. Collapse and strength characteristics of loess in Thailand. Engineering Geology, 32(1-2): 59-72

Pye K. 1984. Loess. Progress in Physical Geography, 8: 176

Rogers C D F. 1995. Types and distribution of collapsible soils //Derbyshire E, Dijkstra T, Smalley I J. Genesis and properties of collapsible soils. Netherland: Kluwer Academic Publisher: 1-18

Rogers C D F, Smalley I J. 1993. The shape of loess particles. Naturwissenschaften, 80: 461-462

Sadrekarimi A, Olson S M. 2009. Shear band formation observed in ring shear tests on sandy soils. Journal of Geotechnical and Geoenvironmental Engineering, 136(2): 366-375

Santamarina J C, Cho G C. 2004. Soil behaviour: The role of particle shape. Skempton: Advances in Geotechnical Engineering

Shao X X, Zhang H Y, Tan Y. 2018. Collapse behavior and microstructural alteration of remolded loess under graded wetting tests. Engineering Geology, 233(31): 11-12

Smalley I J. 1966. The expected shapes of blocks and grains. Notes, 36(2): 626-629

Smalley I J, Cabrera J G. 1970. The shape and surface texture of loess particles. Geological Society of America Bulletin, 81(5): 1591-1596

Tan T K. 1988. Fundamental properties of loess from Northwestern China. Engineering Geology, 25(2-4): 103-122

Wang J D, Li P, Ma Y, et al. 2019. Change in pore-size distribution of collapsible loess due to loading and inundating. Acta Geotechnica, 15: 1081-1094

Wang M, Bai X H. 2006. Collapse property and microstructure of loess. Geotechnical Special Publication: 111-118

Wang M, Bai X H, Frost J D. 2010. Influence of initial water content on the collapsibility of loess. Geotechnical Special Publication, 202: 60-68

Wei T T, Fan W, Yu N Y, et al. 2019a. Three-dimensional microstructure characterization of loess based on a serial sectioning technique. Engineering Geology, 261: 105265.

Wei T T, Fan W, Yuan W N, et al. 2019b. Three-dimensional pore network characterization of loess and paleosol stratigraphy from South Jingyang Plateau, China. Environmental Earth Sciences, 78(11): 333

Wei Y N, Fan W, Yu B, et al. 2020a. Characterization and evolution of three-dimensional microstructure of Malan loess. Catena, 192: 104585

Wei Y N, Fan W, Yu N Y, et al. 2020b. Permeability of loess from the South Jingyang Plateau under different consolidation pressures in terms of the three-dimensional microstructure. Bulletin of Engineering Geology and the Environment, 79(9): 4841-4857

Wen B P, Yan Y J. 2014. Influence of structure on shear characteristics of the unsaturated loess in Lanzhou, China. Engineering Geology, 168: 46-58

Yu B, Fan W, Fan J H, et al. 2020. X-ray micro-computed tomography (μ-CT) for 3D characterization of particle kinematics representing water-induced loess micro-fabric collapse. Engineering Geology, 279: 105895

Yu B, Fan W, Dijkstra T A, et al. 2021. Heterogeneous evolution of pore structure during loess collapse: Insights from X-ray micro-computed tomography. Catena, 201: 105206

Yuan W N, Fan W, Jiang C C, et al. 2019. Experimental study on the shear behavior of loess and paleosol based on ring shear tests. Engineering Geology, 250: 11-20

Zhang L X, Qi S W, Ma L N, et al. 2020. Three-dimensional pore characterization of intact loess and compacted loess with micron scale computed tomography and mercury intrusion porosimetry. Scientific Reports, 10 (1): 8511

Zingg T. 1935. Beitrag zur Schotteranalyse. Schweizerische Mineralogische Und Petrographische, 15: 39-140